高等院校理工科类大学物理"十四五"系列教材

大学物理
实验指导

主　编◎刘　洋　周本元
副主编◎喻　莉　何　艳
主　审◎王志勇　黄美荣　邓　磊
编　委◎程　龙　罗志娟　刘鹏程
　　　　李泽疆

华中科技大学出版社
http://press.hust.edu.cn
中国·武汉

内 容 简 介

本书按照中央军委训练管理部下发的军队院校教学大纲要求,结合大学物理实验室实际,根据编写组成员多年实验教学经验并借鉴兄弟单位实验教学情况编写而成。

本书主要包括测量误差与数据处理、基础性实验、综合性实验、设计性实验、虚拟仿真实验和居家物理实验等内容。本书注重挖掘实验中的军事应用和育人元素,突出理论与实践相结合、基本技能与基本素质的训练和培养。

为方便读者查阅,本书在第 7 章介绍了常用仪器设备,在附录中给出了常用物理常数。本书可作为军队院校理工科各专业物理实验教材或教学参考书,亦可作为士官大专各个专业物理实验选修教材。

图书在版编目(CIP)数据

大学物理实验指导/刘洋,周本元主编.—武汉:华中科技大学出版社,2024.3
ISBN 978-7-5680-9554-9

Ⅰ.①大… Ⅱ.①刘… ②周… Ⅲ.①物理学-实验-高等学校-教学参考资料 Ⅳ.①O4-33

中国国家版本馆 CIP 数据核字(2023)第 096941 号

大学物理实验指导
Daxue Wuli Shiyan Zhidao

刘 洋 周本元 主编

策划编辑:张　毅
责任编辑:刘　静
封面设计:孢　子
责任监印:朱　玢
出版发行:华中科技大学出版社(中国·武汉)　　电话:(027)81321913
　　　　　武汉市东湖新技术开发区华工科技园　　邮编:430223
录　　排:华中科技大学惠友文印中心
印　　刷:武汉科源印刷设计有限公司
开　　本:787mm×1092mm　1/16
印　　张:14.5
字　　数:366 千字
版　　次:2024 年 3 月第 1 版第 1 次印刷
定　　价:49.80 元

▶ 前言

　　大学物理实验是高等理工科院校对学员进行科学实验基本训练的必修基础课程,是本科学员接受系统实验方法和实验技能训练的开端,能够很好地培养学员实事求是的科学作风,勇于探索、认真严谨的科学态度,以及遵守纪律、团结协作的优良品德。

　　本书按照中央军委训练管理部下发的军队院校教学大纲要求,结合大学物理实验室实际,根据编写组成员多年实验教学经验并借鉴兄弟单位实验教学情况编写而成。本书将课程体系分为基础性实验、综合性实验、设计性实验、虚拟仿真实验和居家物理实验,涵盖了力学、热学、光学、电磁学和近代物理等方面。考虑到大学物理实验是学员需要动手操作的科学实验,我们在编写本书时力求尽可能将实验原理叙述清楚,并详尽推导理论公式,由浅入深、循序渐进地组织内容,让学员在预习时能够充分掌握实验的理论依据;实验内容和实验步骤也尽可能具体,便于学员熟练掌握实验的基本技巧、技能和数据处理方法。在大纲的指导下,本书共精选了 36 个实验,其中基础性实验 9 个,综合性实验 18 个,设计性实验 2 个,虚拟仿真实验 2 个,居家物理实验 5 个。本书安排居家物理实验旨在满足学生的不时之需,并增强物理实验的趣味性。

　　另外,本书在实验内容上更注重时代性和先进性,在编写过程中融入了现代科学技术应用部分,同时注重挖掘实验中的军事应用和育人元素,凸显军校特色和立德树人要求。本书中还配置了相关应用的二维码,便于学员浏览以达到开阔视野和提升创新思维的目的。

　　本书的编写工作主要由刘洋、周本元、喻莉、何艳、程龙、罗志娟、刘鹏程、李泽疆等分工完成。刘洋和周本元完成全书的统稿和校对工作,程龙、李泽疆和刘鹏程完成了大量的编辑工作。徐生求、段永法和邓磊三位教授对本书的编写提出了许多具体的指导意见,王志勇、黄美荣和邓磊三位教授对全书进行了审阅,在此对五位教授提供的指导和帮助表示衷心的感谢!

　　限于编者水平,且编写时间比较仓促,书中的缺点和错误在所难免,敬请使用和阅读本书的教员、学员批评指正。

编　者

目录

第1章　测量误差与数据处理

　　大学物理实验是学生进入大学后学习的第一门实验课程,实验过程中需要通过测量得到物理量的量值,由于测量时误差是不可避免的,因此误差理论与数据处理在物理实验中占有非常重要的地位。本章主要介绍测量误差理论、实验数据处理和实验结果表述等方面的初步理论和知识,这些内容在今后实验中经常用到,是开展科学实验必备的基本知识。

1.1　测量与测量误差

一、测量

　　测量就是用一定的量具或仪器,通过某种方法,将待测物理量与所选定的标准单位量进行比较的实验过程。待测物理量与标准单位量的比值即是待测物理量的数值,测量结果包括测量的数值和选定的单位两部分。测量可分为直接测量和间接测量。

1.直接测量

　　将待测物与标准物或计量器直接进行比较而获得测量结果的过程称为直接测量;相应的物理量称为直接测量量,简称直接量。例如,用米尺测量物体的长度,用秒表测量时间间隔,用电流表测量电流的大小等,均属于直接测量。

2.间接测量

　　利用若干个直接测量量,根据一定的函数关系进行计算得出所求物理量的过程称为间接测量。例如,用单摆测某地重力加速度 g,先直接测得摆长 l 和单摆小角度摆动的周期 T,然后代入公式 $g=\dfrac{4\pi^2 l}{T^2}$ 算出重力加速度,这个过程就是间接测量。

3.仪器的精确度等级

　　测量要尽可能精确,不同的测量目的对测量仪器的精确度要求不尽相同。例如,测量黄金首饰的天平要精确到 $0.01\ \mathrm{g}$,而称量人的体重精确度达到 $0.1\ \mathrm{kg}$ 就可以了,仪器选取不当对实验仪器和操作均不利。一般来说,测量范围和精确度等级是表征仪器性能的基本指标。

二、测量误差

1.真值

　　任何一个物理量的大小都是客观存在的,也就是说所有物理量都有一个实实在在、不以人的意志为转移的客观值,称为真值。一切测量的目的都是使测量值尽可能贴近真值(记为 x)。

2.测量值

　　通过人为测量得到的物理量的量值称为测量值,记为 x_i。设在相同条件下对某一物理量

1

进行了 n 次重复测量(等精度测量),且测量值为 $x_1,x_2,\cdots,x_i,\cdots,x_n$,则它们的算术平均值为

$$\bar{x} = \frac{1}{n}\sum_{i=1}^{n}x_i \tag{1.1.1}$$

后面我们会证明该算术平均值是测量结果的最佳值。

3.测量误差

由于任何精密的仪器都有一定的精确度,同时测量环境也可能在变化,测量方法中可能含有近似计算,因此任何测量都不可能获得真值,总存在一定的偏差。我们把待测物理量的测量值与真值之间的偏差称为测量误差,记为 ε_i,即

$$\varepsilon_i = x_i - x \tag{1.1.2}$$

由式(1.1.2)定义的误差 ε_i 被称为绝对误差,它同时体现误差量值的大小和误差的正负;而 $\dfrac{|\varepsilon_i|}{x}\times100\%$ 被称为相对误差,通常以百分数表示。

误差存在于一切测量之中,并且贯穿于测量的全过程,误差的大小反映了人们的认识接近客观真实的程度。由于测量过程中误差是不可避免的,而真值又是一个理想的概念,是无法精确获得的,因此测量的目的应当是在尽可能减小和消除误差之后,求出在该条件下被测量的最优值,并对它的精度做出正确的估计。误差理论就是为了实现这一目的而发展起来的。

三、误差的分类

产生误差的原因多种多样,根据误差产生的原因及其性质,可将误差分为系统误差(又称非随机误差)和随机误差。

1.系统误差

在同一条件下多次测量同一量时,误差的大小和正负总是保持恒定,或者在条件改变时按确定的规律变化,这种误差就是系统误差。系统误差具有可预知性,它起源于某些确定的因素,如仪器误差、附加误差、方法误差和人为误差。仪器误差来源于仪器本身固有的缺陷,如天平不等臂、分光仪读数装置有偏心差和刻度不准、螺旋测微器零点未校正、仪器安装不合格、部分元件老化等;附加误差来源于实验环境的改变或干扰,如温度、气压、湿度等发生变化;方法误差由测量所依据的理论公式的近似性或实验条件达不到理论公式的要求而造成;人为误差则是不同的实验人员存在心理或生理差异导致测量中出现的误差。

按照误差的特性,系统误差可分为定值系统误差和变值系统误差:定值系统误差的大小和正负在测量过程中恒定不变,如螺旋测微器没有进行零点修正;变值系统误差的大小和正负在测量过程中呈现某种规律性的变化,如分光仪读数装置的偏心差造成的读数误差。按照误差被掌握的程度,系统误差可分为可定系统误差和未定系统误差:可定系统误差的大小和正负可以确定,因此可以进行修正和消除;未定系统误差在实验中不能确定大小和正负,在进行数据处理时,常用估计误差限的方法得出,例如,1.0 级电流表,测量范围为 $0\sim500$ mA 的误差限为 ±5 mA。

由于系统误差服从因果规律,因此任何一种系统误差都有确定的发生原因。减小和消除系统误差是个较复杂的问题,只有在很好地分析了整个实验所依据的原理、测量方法的每一步以及所用的每台仪器之后,找出产生误差的各个原因,才有可能设法在测量结果中减小或消除系统误差的影响。实际上,消除系统误差非常困难,需要实验操作者具备丰富的实践经验。常用

的消除系统误差(定值系统误差和变值系统误差)的方法如下。

(1)对测量结果引入修正值。

对测量结果引入修正值通常包括两个方面:一是对仪器或仪表的示值引入修正值,这可通过与精确度级别较高的仪器做比较而获得;二是根据理论分析,导出补正公式,如精密称衡的空气浮力补正、量热学实验中的热量补正等。

(2)选择适当的测量方法。

常用的能够抵消系统误差,使得系统误差不会影响测量值的方法如下。

①对换法:例如,用电桥测电阻时,把被测电阻与标准电阻交换位置进行测量,使产生系统误差的原因对测量结果起相反的作用,从而抵消了系统误差。

②替代法:在一定条件下,可用某一已知量替换被测量,以达到消除系统误差的目的。例如:在精密称衡中,为了消除天平两臂不等长的影响就常采用替代法;用电桥精确测量电阻,为了消除测量结果中的仪器误差影响,也可采用替代法。

③半周期偶数测量法:按正弦(或余弦)规律变化的周期性系统误差(如度盘仪器的偏心差)可用半周期偶数测量法予以消除。这种误差在 0、180°、360°处为零,而在任何相差半个周期的两对应点处绝对值相等、符号相反。因此,如果每次都在相差半周期处测两个值,并计算平均值作为测量结果,就可消除此项系统误差。使用测角仪器(如分光仪、糖量计等)进行测量时广泛使用这种测量方法。

2.随机误差

在测量过程中,即使消除了系统误差,在相同条件下对同一量进行多次重复测量时,一般情况下测量结果仍会出现一些无规律的随机性起伏,如果测量仪器的灵敏度或测量者的分辨能力足够高,就可观察到这种起伏。这种由于偶然或不确定因素所造成的测量值的无规则涨落被称为随机误差,也称偶然误差。

随机误差源自一些随时随地都可能发生微小的、不可控制的变化的因素,如无规则的温度变化,气压起伏,地基或桌面的振动,气流、噪声、电磁场的干扰,光的闪动,电流、电压的波动,以及观察者感官(听觉、视觉、触觉)分辨能力的微小变化等。这些因素既不可控制,又无法预测和消除,综合在一起后导致了随机误差的出现。

随机误差的特征是它的数值时大时小、时正时负,不可预知。但是,若测量次数足够多,测量结果的误差分布就会显示出明显的规律性。

实践和理论都证明,当测量次数足够多时,随机误差服从一定的统计规律——正态分布规律。随机误差的正态分布曲线如图1.1.1所示。横坐标 ε 表示被测量 x 的误差,纵坐标 $f(\varepsilon)$ 为概率密度函数,误差出现在 $(\varepsilon, \varepsilon + d\varepsilon)$ 范围内的概率为 $f(\varepsilon)d\varepsilon$。根据统计理论可以证明

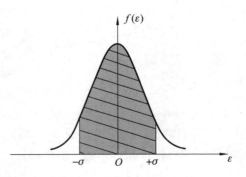

图 1.1.1 随机误差的正态分布曲线

$$f(\varepsilon) = \frac{1}{\sigma\sqrt{2\pi}} e^{-\frac{\varepsilon^2}{2\sigma^2}} \qquad (1.1.3)$$

式中, σ 为标准偏差。

设 ε_i 为第 i 次测量的误差, n 为测量次数,则

$$\sigma = \lim_{n \to \infty} \sqrt{\frac{\sum\limits_{i=1}^{n} \varepsilon_i^2}{n}} \tag{1.1.4}$$

从正态分布曲线可以发现,服从正态分布的随机误差具有以下特性。

(1)单峰性:绝对值小的随机误差出现的概率比绝对值大的随机误差出现的概率大,随机误差为零的概率密度最大。

(2)有界性:在一定条件下,随机误差的绝对值不会超过一定的范围。

(3)对称性:绝对值相等的正随机误差和负随机误差出现的概率相等。

(4)抵偿性:随机误差的算术平均值随着测量次数的增加而越来越趋于零,即

$$\lim_{n \to \infty} \frac{1}{n} \sum_{i=1}^{n} \varepsilon_i = 0 \tag{1.1.5}$$

根据测量误差的定义 $\varepsilon_i = x_i - x$,由正态分布的特征可知,在区间 $(\bar{x} - \sigma_{\bar{x}}, \bar{x} + \sigma_{\bar{x}})$($\sigma_{\bar{x}}$ 是算术平均值的标准偏差,见下一节)内,当测量次数趋近于无穷时

$$\bar{x} = \lim_{n \to \infty} \frac{1}{n} \sum_{i=1}^{n} x_i = x \tag{1.1.6}$$

由式(1.1.6)可知:

(1)在排除系统误差的影响后,测量量的算术平均值的误差随着测量次数 n 的增加而减小,当 $n \to \infty$ 时,测量量的算术平均值趋于真值。因此,可将测量量的算术平均值 $\bar{x} = \dfrac{1}{n} \sum\limits_{i=1}^{n} x_i$ 作为测量结果的最佳值。

(2)在确定的测量条件下,增加测量次数可减小测量结果的随机误差。

增加测量次数可提高算术平均值的可靠性,但在实际实验中,并不是测量次数越多越好,因为增加测量次数必定要延长测量时间,这将给保持稳定的测量条件带来困难,同时也会导致实验者疲劳,进而导致较大的人为误差。另外,增加测量次数只对降低随机误差有利,而与系统误差的减小无关。误差理论指出,随着测量次数的不断增加,随机误差的降低越来越慢。图1.1.2所示是算术平均值的标准偏差 $\sigma_{\bar{x}}$ 随测量次数 n 的变化情况。可以看出,当测量次数 $n > 10$ 后,$\sigma_{\bar{x}}$ 的减小极慢。所以,在实际测量中测量次数不必过多,在科研中一般取 10~20 次,而在大学物理实验中一般取 5~10 次。

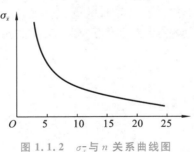

图 1.1.2 $\sigma_{\bar{x}}$ 与 n 关系曲线图

必须说明的是,在整个测量过程中,还可能发生读数、记录、运算上的错误,以及仪器损坏、操作不当等造成的测量上的错误等。错误不是误差,它是不允许存在的,错误的数据在数据处理过程中应当剔除(下一节会详细介绍)。

四、测量的精密度、准确度和精确度

在测量过程中,可以用精密度、准确度和精确度对测量结果进行评价。

1.精密度

精密度是指重复测量所得的测量值相互接近的程度,它表示测量结果随机误差的大小。测

量精密度高是指测量数据的离散性小（即测量的重复性好），测量结果的随机误差小，但系统误差的大小不明确。

2. 准确度

准确度是指测量结果与真值符合的程度，它表示测量结果系统误差的大小。测量准确度高是指测量数据的平均值偏离真值的程度小，测量结果的系统误差小，但随机误差的大小不明确。

3. 精确度

精确度是测量结果系统误差与随机误差的综合评定指标。测量精确度高说明测量数据比较集中且逼近真值，即测量的随机误差与系统误差都比较小。在实验中总是希望尽量提高测量精确度。

以打靶时弹着点的分布情况（见图 1.1.3）为例，分别说明上述三个概念的意义；图 1.1.3（a）表示弹着点精密度高，但准确度较差，即随机误差小，系统误差大；图 1.1.3（b）表示射击的准确度高，但精密度较差，即系统误差小，随机误差大；图 1.1.3（c）表示精密度和准确度都较高，即精确度高，也就是说随机误差和系统误差都小。

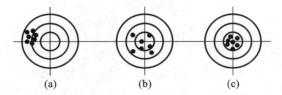

(a)　　　　　(b)　　　　　(c)

图 1.1.3　精密度、准确度和精确度

1.2　随机误差的处理

上一节重点介绍了测量误差的特点、原因及其分类，由于系统误差具有一定的确定性和因果关系，减小或消除的方法比较确定和直观，因此，可认为在测量过程中消除了系统误差或者系统误差对整个测量结果影响不大，接下来重点介绍随机误差的估计方法。

一、单次直接测量随机误差的估计

在物理实验中，由于条件不许可或测量精度要求不高等原因，对一个物理量的直接测量只进行一次。这时测量误差是根据仪器上标明的仪器误差（如电阻箱误差、表头误差、砝码误差等）以及测量条件来定的。没有标明仪器误差时，可取仪器最小分度值的一半作为单次测量误差。例如，用米尺测量物体的长度，最小分度值为 1 mm，误差可取 0.5 mm。

二、多次直接测量随机误差的估计

为了减小随机误差，依据其特点，常在相同条件下对同一物理量进行多次测量（等精度测量），然后求其平均值及误差。

1. 标准偏差（方均根偏差）

设在相同条件下对某物理量进行了 n 次重复测量，各测量值为 x_i，真值为 x，各次测量误差

为 $\varepsilon_i = x_i - x, i = 1, 2, \cdots, n$，取 ε_i 平方的平均值后开方，可得标准偏差或方均根偏差。

$$\sigma = \sqrt{\frac{\sum\limits_{i=1}^{n} \varepsilon_i^2}{n}} \tag{1.2.1}$$

标准偏差 σ 的物理意义如下：当随机误差服从正态分布时，概率密度函数 $f(\varepsilon)$ 由式(1.1.3)表示，误差落在 $(\varepsilon, \varepsilon + d\varepsilon)$ 范围内的概率为 p，所以误差出现在 $(-\sigma, \sigma)$ 区间内的概率 p_1 就是图1.1.1中该区间内 $f(\varepsilon)$ 曲线下所围的面积（即图中阴影部分的面积）。

$$p_1 = \int_{-\sigma}^{\sigma} f(\varepsilon) d\varepsilon = \int_{-\sigma}^{\sigma} \frac{1}{\sigma \sqrt{2\pi}} e^{-\frac{\varepsilon^2}{2\sigma^2}} d\varepsilon = 68.27\% \tag{1.2.2}$$

标准偏差 σ 还可以这样理解：任一个测量值的误差落在 $(-\sigma, \sigma)$ 范围内的概率 p_1 为 68.27%，概率 p_1 称为置信概率或置信水平。同理，误差出现在 $(-2\sigma, 2\sigma)$ 范围内的概率 p_2 及出现在 $(-3\sigma, 3\sigma)$ 范围内的概率 p_3 分别为

$$p_2 = \int_{-2\sigma}^{2\sigma} \frac{1}{\sigma \sqrt{2\pi}} e^{-\frac{\varepsilon^2}{2\sigma^2}} d\varepsilon = 95.45\% \tag{1.2.3}$$

$$p_3 = \int_{-3\sigma}^{3\sigma} \frac{1}{\sigma \sqrt{2\pi}} e^{-\frac{\varepsilon^2}{2\sigma^2}} d\varepsilon = 99.73\% \tag{1.2.4}$$

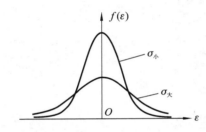

图 1.2.1　σ 取不同值时 $f(\varepsilon)$ 的曲线

图 1.2.1 是 σ 取不同值时 $f(\varepsilon)$ 的曲线。容易看出，由于曲线下的总面积不变（概率和为 1），σ 值小，曲线变得高而窄；σ 值大，曲线的峰较低，曲线较平坦。这说明标准偏差反映了测量数据的离散程度，σ 值小，绝对值小的误差出现的机会多，测量数据相对集中，重复性好，测量的精密度高。

必须注意，标准偏差 σ 与各测量值的误差 ε_i 有着完全不同的含义。ε_i 是测量误差值（又称真误差），而 σ 并不是测量列中任一个具体的测量误差值，它反映了在一定条件下等精度测量列随机误差的概率分布情况，只具有统计性质的意义，是一个统计特征值。

由于真值 x 不能确知，因此不能计算得到标准偏差 σ。但如前述，我们可以将测量列的算术平均值 $\bar{x}$ 作为测量结果的最佳值，代替真值 x。我们把待测物理量的测量值与算术平均值之间的偏差称为残差，记为 υ_i，即

$$\upsilon_i = x_i - \bar{x} \tag{1.2.5}$$

残差又被称为偏差，可以计算得到。标准偏差可用残差近似表示为

$$\sigma = \sqrt{\frac{\sum\limits_{i=1}^{n} \upsilon_i^2}{n-1}} = \sqrt{\frac{\sum\limits_{i=1}^{n} (x_i - \bar{x})^2}{n-1}} \tag{1.2.6}$$

从前面的讨论中已知，$\bar{x}$ 的可靠性比每一次测量值 x_i 都高，因此，$\bar{x}$ 的标准偏差 $\sigma_{\bar{x}}$ 肯定比 σ 要小。可以证明

$$\sigma_{\bar{x}} = \frac{\sigma}{\sqrt{n}} = \sqrt{\frac{\sum\limits_{i=1}^{n} \upsilon_i^2}{n(n-1)}} = \sqrt{\frac{\sum\limits_{i=1}^{n} (x_i - \bar{x})^2}{n(n-1)}} \tag{1.2.7}$$

$\sigma_{\bar{x}}$ 的物理意义如下：在 $(\bar{x}-\sigma_{\bar{x}},\bar{x}+\sigma_{\bar{x}})$ 区间内包含真值的概率为 68.27％。

在科学实验和文献资料中，随机误差常表示为 $S_x=K\sigma_{\bar{x}}$，其中 K 为置信因子。置信概率 p 不同，K 值不同，如：$p=68.27\%$，$K=1$；$p=95.45\%$，$K=2$；$p=99.73\%$，$K=3$。根据国际规范和我国计量规范，在物理实验教学中，置信概率取 $p=95\%$，$K=1.96$。

上述结论都是在测量次数 n 趋于无限多次，随机误差严格服从正态分布的情况下推导出来的。实际实验中只能测量有限次，随机误差不严格服从正态分布，而是遵从 t 分布，t 分布的峰值低于正态分布，在 $n\to\infty$ 时趋近于正态分布。因此，在有限次测量的情况下，随机误差的估计值要适当取大些，置信因子 K 换成 t，t 值与测量次数 n 和置信概率 p 有关。表 1.2.1 给出了 $p=95\%$ 时的 n-t 对应值，供实验时查用。

表 1.2.1　$p=95\%$ 时 n-t 对应值

n	2	3	4	5	6	7	8	9	10	20	60	∞
t	12.71	4.30	3.18	2.78	2.57	2.45	2.36	2.31	2.26	2.09	2.00	1.96

至此，在消除系统误差的情况下，对一物理量进行 n 次等精度测量，测量结果的随机误差 S_x 为

$$S_x=t\sigma_{\bar{x}}=t\sqrt{\frac{\sum\limits_{i=1}^{n}(x_i-\bar{x})^2}{n(n-1)}} \tag{1.2.8}$$

式（1.2.8）为随机误差的常用处理公式，它的物理意义是：在 $(\bar{x}\pm S_x)$ 范围内，包含待测量真值 x 的概率为 95％。

2. 异常数据的剔除

在一个测量列中，有时会出现某个值与其余各值的差异特别大，但又没有确切的理由说明它是错误数据的情况，此时可以根据随机误差分布的规律，决定它的取舍。

如前所述，随机误差服从正态分布时，任一测量值的误差落在 $(-3\sigma,3\sigma)$ 范围内的概率为 99.73％。由此可见，测量值出现在 $(\bar{x}-3\sigma,\bar{x}+3\sigma)$ 区间外的概率仅为 0.27％，可以认为任何一次测量值的误差的绝对值大于 3σ 的可能性几乎不存在，故常取极限误差 $\varepsilon_{\lim}=3\sigma$。极限误差就是测量列中可疑数据取舍的准则，若某一测量值的误差的绝对值超过极限误差，便可认为该测量值是由某种错误造成的，应予剔除。

如果测量次数 n 为有限次时，那么随机误差不再服从正态分布，此时的极限误差就不再是 3σ，它必然与测量次数 n 有关。肖维勒提出了一个测量次数有限时判定可疑数据是否应当剔除的标准——肖维勒准则，即当某一测量值 x_i 满足

$$|x_i-\bar{x}|>\omega\sigma$$

时，x_i 应剔除。其中，ω 值与测量次数 n 有关，可查阅表 1.2.2 得到。剔除 x_i 后，利用剩余数据重新计算平均值及相应的标准偏差。

表 1.2.2　肖维勒准则

n	3	4	5	6	7	8	9	10	11
ω	1.38	1.53	1.65	1.73	1.80	1.86	1.92	1.96	2.00
n	12	13	14	15	16	17	18	19	20

ω	2.03	2.07	2.10	2.13	2.15	2.17	2.20	2.22	2.24
n	21	22	23	24	25	30	40	50	100
ω	2.26	2.28	2.30	2.31	2.33	2.39	2.49	2.58	2.81

三、间接测量随机误差的估计

一般情况下,在物理实验中进行的测量都是间接测量。间接测量的结果由若干直接测量结果根据一定的数学公式计算得到。由于各直接测量结果都存在误差,计算时误差会通过计算公式传递给间接测量结果,因此,间接测量结果也必然存在误差。

设间接测量量(简称间接量)N 与彼此独立的各直接测量量 $x_1, x_2, \cdots, x_m$ 有下列函数关系:

$$N = f(x_1, x_2, \cdots, x_m) \tag{1.2.9}$$

1. 误差传递的基本公式

对式(1.2.9)求全微分,有

$$dN = \frac{\partial f}{\partial x_1}dx_1 + \frac{\partial f}{\partial x_2}dx_2 + \cdots + \frac{\partial f}{\partial x_m}dx_m \tag{1.2.10}$$

上式表示,当 $x_1, x_2, \cdots, x_m$ 有微小改变 $dx_1, dx_2, \cdots, dx_m$ 时,N 有微小改变 dN。

若对式(1.2.9)取自然对数后再求全微分,可得

$$\ln N = \ln f(x_1, x_2, \cdots, x_m) \tag{1.2.11}$$

$$\frac{dN}{N} = \frac{\partial \ln f}{\partial x_1}dx_1 + \frac{\partial \ln f}{\partial x_2}dx_2 + \cdots + \frac{\partial \ln f}{\partial x_m}dx_m \tag{1.2.12}$$

式(1.2.10)和式(1.2.12)就是误差传递的基本公式。公式等号右边每一项被称为分误差,其中 $\frac{\partial f}{\partial x_i}$ 和 $\frac{\partial \ln f}{\partial x_i}(i=1,2,\cdots,m)$ 被称为误差传递系数。由此可见,一个直接测量量的误差对间接测量量的误差的影响,并不只由直接测量量的误差决定,而且还需考虑误差传递系数。

2. 标准偏差的传递公式

设实验中有 m 个直接测量量,每个都测量了 n 次,则根据式(1.2.10)有

$$dN_j = \frac{\partial f}{\partial x_1}dx_{1j} + \frac{\partial f}{\partial x_2}dx_{2j} + \cdots + \frac{\partial f}{\partial x_m}dx_{mj} \quad (j=1,2,\cdots,n)$$

将上式等号两边各自平方,然后求和并除以测量次数 n 得到

$$\frac{1}{n}\sum dN_j^2 = \frac{1}{n}\left(\frac{\partial f}{\partial x_1}\right)^2\sum dx_{1j}^2 + \cdots + \frac{1}{n}\left(\frac{\partial f}{\partial x_m}\right)^2\sum dx_{mj}^2 + \frac{2}{n}\left(\frac{\partial f}{\partial x_1}\right)\left(\frac{\partial f}{\partial x_2}\right)\sum dx_{1j}dx_{2j} + \cdots$$

由于各直接测量量 $x_1, x_2, \cdots, x_m$ 彼此独立,各直接测量量的 $dx_1, dx_2, \cdots, dx_m$ 互不相关地时正时负、时大时小,因此,当 n 逐渐增加时,上式中各交叉乘积项的和将趋于零,即有

$$\frac{2}{n}\left(\frac{\partial f}{\partial x_1}\right)\left(\frac{\partial f}{\partial x_2}\right)\sum dx_{1j}dx_{2j} + \cdots = 0$$

所以,在测量次数 n 较大时有

$$\frac{1}{n}\sum dN_j^2 = \frac{1}{n}\left(\frac{\partial f}{\partial x_1}\right)^2\sum dx_{1j}^2 + \frac{1}{n}\left(\frac{\partial f}{\partial x_2}\right)^2\sum dx_{2j}^2 + \cdots + \frac{1}{n}\left(\frac{\partial f}{\partial x_m}\right)^2\sum dx_{mj}^2$$

按照标准偏差的定义,即式(1.2.1)有

$$\sigma_N^2 = \left(\frac{\partial f}{\partial x_1}\right)^2 \sigma_{x_1}^2 + \left(\frac{\partial f}{\partial x_2}\right)^2 \sigma_{x_2}^2 + \cdots + \left(\frac{\partial f}{\partial x_m}\right)^2 \sigma_{x_m}^2 \tag{1.2.13}$$

同样,由式(1.2.12)可得

$$\left(\frac{\sigma_N}{N}\right)^2 = \left(\frac{\partial \ln f}{\partial x_1}\right)^2 \sigma_{x_1}^2 + \left(\frac{\partial \ln f}{\partial x_2}\right)^2 \sigma_{x_2}^2 + \cdots + \left(\frac{\partial \ln f}{\partial x_m}\right)^2 \sigma_{x_m}^2 \tag{1.2.14}$$

式(1.2.13)和式(1.2.14)就是标准偏差的传递公式。它们可进一步写成如下形式:

$$\sigma_N = \sqrt{\left(\frac{\partial f}{\partial x_1}\right)^2 \sigma_{x_1}^2 + \left(\frac{\partial f}{\partial x_2}\right)^2 \sigma_{x_2}^2 + \cdots + \left(\frac{\partial f}{\partial x_m}\right)^2 \sigma_{x_m}^2} \tag{1.2.15}$$

$$\frac{\sigma_N}{N} = \sqrt{\left(\frac{\partial \ln f}{\partial x_1}\right)^2 \sigma_{x_1}^2 + \left(\frac{\partial \ln f}{\partial x_2}\right)^2 \sigma_{x_2}^2 + \cdots + \left(\frac{\partial \ln f}{\partial x_m}\right)^2 \sigma_{x_m}^2} \tag{1.2.16}$$

一般来说,实际应用时,对于和差关系的函数,使用式(1.2.15)计算较方便;对于积商关系的函数,使用式(1.2.16)计算较方便。此外,式(1.2.15)和式(1.2.16)还可以用来分析各直接测量量误差对间接测量量误差的影响,为改进实验指明了方向,也为设计性实验提供了必要的依据。

一般情况下,对间接测量量误差起主要影响作用的往往是其中一、两项或少数几项直接测量量误差。当某一项分误差对总误差的影响很小(如只占总误差的 1/10 以下)时,可把该项分误差略去不计,这被称为微小误差准则。因此,在使用式(1.2.15)和式(1.2.16)进行较烦琐的计算时,如果某一分项值小于最大分项值的 1/3,那么就可以略去该分项值,这样可以简化计算。但对于初学者,我们希望能计算出每一个分量值,以便能判别出各分量对于总量所起作用的大小,这对于正确掌握误差分析方法、不断积累实验经验是大有好处的。

1.3　测量的不确定度和测量结果的表述

任何实际的测量都不可能获得真值,都必然存在误差却又不可能给出误差数值,所以很难用测量误差来表征测量的精确度。根据我国当前的计量技术规范,在计量工作和精密测试中,普遍使用"不确定度"来评定实验结果的精确度,物理实验也普遍采用测量的不确定度来评价测量质量。

一、测量的不确定度

由于测量误差的存在,被测量不能得到肯定的测量结果。衡量这种不确定程度的参数,就是不确定度。也就是说,不确定度是由于测量误差的存在而对被测量的真值不能确定的误差范围的评定,它在数学形式上非常类似标准偏差。"不确定度"一词相比"误差"更能体现测量结果特征,而且它包含了各种不同来源的误差对测量结果的影响,它的计算又反映了这些误差所服从的分布规律。不确定度的实质是对误差的一种估计。

在将可以修正的系统误差修正后,测量的不确定度可以分为用统计方法计算得到的 A 类分量 Δ_A 和用非统计方法计算得到的 B 类分量 Δ_B。不确定度 Δ 通常由上述两分量用方和根法合成。

$$\Delta = \sqrt{\Delta_A^2 + \Delta_B^2} \tag{1.3.1}$$

应当注意,不确定度和误差是两个完全不同的概念,它们之间既有紧密的联系,又有本质的区别。我们在物理实验中用不确定度来评价测量结果的质量,而在实验的设计、分析处理中经常需要进行误差分析。

二、直接测量的不确定度估计和结果的表述

1. 算术平均值

在相同条件下,对同一物理量进行多次重复测量,可以计算测量列的算术平均值

$$\overline{x} = \frac{1}{n}\sum_{i=1}^{n} x_i \tag{1.3.2}$$

作为测量的最佳值。

2. 测量的不确定度

在表示测量结果时,还需要给出测量的不确定度 Δ_x,并写成 $x = \overline{x} \pm \Delta_x$ 的形式,这表示被测量的真值在 $(\overline{x} - \Delta_x, \overline{x} + \Delta_x)$ 范围之内的概率很大。

在物理实验中,我们约定取

$$\Delta_A = S_x$$
$$\Delta_B = \Delta_0$$

式中,S_x(在上一节中引入)为多次直接测量的随机误差,Δ_0 为仪器误差。因此,有

$$\Delta_x = \sqrt{S_x^2 + \Delta_0^2} \tag{1.3.3}$$

取仪器误差作为不确定度的 B 类分量,是一种方便、简化的处理方法。可以证明,采用这种处理方法,在测量次数 $n \geqslant 5$ 的条件下,测量结果的置信概率 $p \geqslant 95\%$。

3. 相对不确定度

测量结果的优劣,不仅要看不确定度的大小,还要看被测量 x 本身的大小,为此引入"相对不确定度"概念。相对不确定度被定义为

$$E_x = \frac{\Delta_x}{\overline{x}} \times 100\% \tag{1.3.4}$$

E_x 能更好地反映测量结果的质量。

例如:测得两物体的长度分别为 $l_1 = (100.00 \pm 0.05)$ cm,$l_2 = (1.00 \pm 0.05)$ cm。虽然它们的不确定度均为 0.05 cm,但它们的相对不确定度分别为 $E_{l_1} = \dfrac{\Delta_{l_1}}{\overline{l_1}} = \dfrac{0.05}{100.00} \times 100\% = 0.05\%$,$E_{l_2} = \dfrac{\Delta_{l_2}}{\overline{l_2}} = \dfrac{0.05}{1.00} \times 100\% = 5\%$。显然,$l_1$ 的测量相比 l_2 的测量质量更优。测量结果的优劣,主要由相对不确定度来确定。

4. 直接测量的结果表述

根据上述说明,直接测量结果可表述为

$$\begin{cases} x = \overline{x} \pm \Delta_x \\ E_x = \dfrac{\Delta_x}{\overline{x}} \times 100\% \end{cases} \tag{1.3.5}$$

式中,

$$\Delta_x = \sqrt{S_x^2 + \Delta_0^2}$$

$$S_x = t\sigma_{\overline{x}} = t\sqrt{\dfrac{\sum\limits_{i=1}^{n}(x_i-\overline{x})^2}{n(n-1)}}$$

若被测量 x 有公认值或理论值 x_0,可将结果表述为

$$\begin{cases} x=\overline{x} \\ E_x=\dfrac{|\overline{x}-x_0|}{\overline{x}}\times100\% \end{cases} \tag{1.3.6}$$

若被测量 x 只进行了一次测量,测量的不确定度 Δ_x 可简单地取仪器误差 Δ_0,结果表述为

$$\begin{cases} x=测量值\pm\Delta_0 \\ E_x=\dfrac{\Delta_0}{测量值}\times100\% \end{cases} \tag{1.3.7}$$

三、间接测量的不确定度合成和结果的表述

1. 间接测量的最佳值

多数情况下,物理实验中进行的都是间接测量。设间接测量量 N 与各直接测量量 $x_1,x_2,\cdots,x_m$ 的函数关系为 $N=f(x_1,x_2,\cdots,x_m)$。在直接测量中,我们以算术平均值为各直接测量量的最佳值。在间接测量中,可以证明,间接测量量的最佳值由各直接测量量的算术平均值代入函数关系式而求得,即

$$\overline{N}=f(\overline{x}_1,\overline{x}_2,\cdots,\overline{x}_m) \tag{1.3.8}$$

2. 间接测量的结果表述

间接测量结果的表述与直接测量结果的表述形式相同,为

$$\begin{cases} N=\overline{N}\pm\Delta_N \\ E_N=\dfrac{\Delta_N}{N}\times100\% \end{cases} \tag{1.3.9}$$

根据式(1.2.15)和式(1.2.16),用不确定度 Δ_{x_i} 代替标准偏差 σ_{x_i},便得到在物理实验中简化计算间接测量量的不确定度 Δ_N 的公式:

$$\Delta_N=\sqrt{\left(\dfrac{\partial f}{\partial x_1}\right)^2\Delta_{x_1}^2+\left(\dfrac{\partial f}{\partial x_2}\right)^2\Delta_{x_2}^2+\cdots+\left(\dfrac{\partial f}{\partial x_m}\right)^2\Delta_{x_m}^2} \tag{1.3.10}$$

$$\dfrac{\Delta_N}{N}=\sqrt{\left(\dfrac{\partial\ln f}{\partial x_1}\right)^2\Delta_{x_1}^2+\left(\dfrac{\partial\ln f}{\partial x_2}\right)^2\Delta_{x_2}^2+\cdots+\left(\dfrac{\partial\ln f}{\partial x_m}\right)^2\Delta_{x_m}^2} \tag{1.3.11}$$

在物理实验中,不确定度一般取 1 位有效数字,相对不确定度取 2 位有效数字。为了保证有较高的置信水平,去尾数时都采用进位法。这部分内容在下一节中再做介绍。

例 1.3.1　已知一个圆柱体的质量 $m=(14.06\pm0.01)$ g,高度 $h=(6.715\pm0.005)$ cm,用螺旋测微器(又名千分尺,仪器误差 $\Delta_0=0.004$ mm)测得的直径 D 的数据见表 1.3.1,求圆柱体的密度 ρ。

表 1.3.1　直径 D 测量数据

次数	1	2	3	4	5	6
D/cm	0.564 2	0.564 8	0.564 3	0.564 0	0.564 9	0.564 6

解　(1)先求 D 的最佳值和不确定度。

$$\overline{D} = \frac{1}{n} \sum D_i = 0.564\ 47\ \text{cm}$$

$$S_D = t \sqrt{\frac{\sum\limits_{i=1}^{n} (D_i - \overline{D})^2}{n(n-1)}} = 2.57 \times \sqrt{\frac{63.34 \times 10^{-8}}{6 \times 5}}\ \text{cm} = 0.000\ 37\ \text{cm} \approx 0.000\ 4\ \text{cm}$$

其中,通过查表 1.2.1 得出 $t = 2.57$。

$$\Delta_0 = 0.004\ \text{mm} = 0.000\ 4\ \text{cm}$$

$$\Delta_D = \sqrt{S_D^2 + \Delta_0^2} = 0.000\ 56\ \text{cm} \approx 0.000\ 6\ \text{cm}$$

$$D = \overline{D} \pm \Delta_D = (0.564\ 5 \pm 0.000\ 6)\ \text{cm}$$

(2)求圆柱体的密度 $\rho = \dfrac{4m}{\pi D^2 h}$,其最佳值为

$$\overline{\rho} = \frac{4\overline{m}}{\pi \overline{D}^2 \overline{h}} = \frac{4 \times 14.06}{3.141\ 6 \times 0.564\ 5^2 \times 6.715}\ \text{g/cm}^3 = 8.366\ \text{g/cm}^3$$

(3)由于函数关系为积商形式,先计算 E_ρ 较方便。

$$\ln\rho = \ln\frac{4}{\pi} + \ln m - 2\ln D - \ln h$$

$$\frac{\partial \ln\rho}{\partial m} = \frac{1}{m}, \quad \frac{\partial \ln\rho}{\partial D} = -\frac{2}{D}, \quad \frac{\partial \ln\rho}{\partial h} = -\frac{1}{h}$$

由式(1.3.11)有

$$E_\rho = \frac{\Delta_\rho}{\overline{\rho}} = \sqrt{\left(\frac{\Delta_m}{\overline{m}}\right)^2 + \left(\frac{-2\Delta_D}{\overline{D}}\right)^2 + \left(\frac{-\Delta_h}{\overline{h}}\right)^2} = \sqrt{\left(\frac{0.01}{14.06}\right)^2 + \left(\frac{-2 \times 0.000\ 6}{0.564\ 5}\right)^2 + \left(\frac{-0.005}{6.715}\right)^2}$$

$$= 2.36 \times 10^{-3} \approx 0.24\%$$

$$\Delta_\rho = \overline{\rho} \cdot E_\rho = 8.366\ \text{g/cm}^3 \times 0.24\% \approx 0.02\ \text{g/cm}^3$$

(4)圆柱体的密度测量结果完整表达式为

$$\begin{cases} \rho = \overline{\rho} \pm \Delta_\rho = (8.37 \pm 0.02)\ \text{g/cm}^3 \\ E_\rho = 0.24\% \end{cases}$$

1.4　有效数字及其运算

直接测量量的读数必定含有误差,所以是近似数,而由直接测量量通过计算得到的间接测量量也是近似数。近似数的表示和计算有一定的规则。

一、有效数字

例如,用一个最小分度值为 1 mm 的直尺测量一个物体的长度,读出该物体的长度为 221.5 mm,其中前 3 位数 221 mm 是直接从尺上刻度读出的,是可靠数字;而第 4 位 0.5 mm 是根据最小分度值估读出来的,所以是不可靠数字,也被称为可疑数字。由于第 4 位数字已经是不确定的读数,因此后面各位数的估计已无意义。把测量结果中的可靠数字加上 1 位可疑数字统称为测量结果的有效数字,因此上述例子中的读数 221.5 mm 为 4 位有效数字。有效数字的位数标志着测量的准确程度,有效数字的位数越多,测量结果的准确程度越高、相对误差越小。例

如,测量一物体的长度,用米尺测量结果为 12.3 mm,是 3 位有效数字;用螺旋测微器测量结果为 12.345 mm,是 5 位有效数字。很明显,采用后一种测量方法得到的结果更为精确。

记录有效数字时应注意以下几点。

(1)注意"0"的位置:若"0"的前面有非"0"数字,此"0"为有效数字;若"0"的前面都是"0"数字或首位是"0",此"0"不是有效数字。例如,0.310 m、0.031 mm 和 0.003 010 m 分别为 3 位、2 位和 4 位有效数字,而 127.2 mm、0.127 2 mm、0.001 272 km 都是 4 位有效数字。

(2)由于不确定度本身是对误差的一种估计值,因此,在物理实验中,不确定度一般取 1 位有效数字,相对不确定度取 2 位有效数字。但为了保证有较高的置信水平,去尾数时都采用进位法:去尾数时,如果保留数位的下一位不为 0,则保留数位的数字加 1。例如,计算得 $\Delta_x = 0.012$ cm,$E_x = 0.143\%$,使用进位法后,$\Delta_x = 0.02$ cm,$E_x = 0.15\%$。

(3)测量结果的末位应当与不确定度的数位对齐,测量结果需要按凑偶法来去尾数:小于 5 舍去;大于 5 舍去后上一位增加 1;正好等于 5 时要看保留数位的数字是偶数还是奇数,是奇数加 1,是偶数舍去。可见,凑偶法可概括为"4 舍 6 入 5 凑偶"。采用这种方法可使得进位和舍去的概率相同。例如,测量结果 $L = 65.392\ 5$ mm,$\Delta_L = 0.006$ mm,不确定度在千分位,测量值千分位后的数字要舍弃,使用凑偶法得 $L = (65.392 \pm 0.006)$ mm,写成 $L = (65.392\ 5 \pm 0.006)$ mm 是错误的。

(4)如果测量结果很大或很小,可以采用科学记数法记录,即将测量结果写成数字乘以 10 的幂次方形式,小数点前只保留一位不为 0 的数,即 $\square.\square\square\square \times 10^n$。例如将 $t = 298\ 9$ s 写成 $t = 2.989 \times 10^3$ s,$l = (0.084\ 56 \pm 0.000\ 03)$ m 写成 $l = (8.456 \pm 0.003) \times 10^{-2}$ m。采用科学记数法可以方便地看出较大或较小数值的有效数字位数。

二、有效数字的运算规则

有效数字进行数学运算时,可靠数字与可靠数字之间的运算,结果仍是可靠的;可靠数字与可疑数字之间的运算,结果则是可疑的。

1.有效数字加减法运算规则

在下面的运算中,有效数字的可疑位用下划线"＿"表示。

$$
\begin{array}{r}
32.\underline{1} \\
+\quad 3.27\underline{6} \\
\hline
35.\underline{376}
\end{array}
\qquad
\begin{array}{r}
26.6\underline{5} \\
-\quad 3.92\underline{6} \\
\hline
22.7\underline{24}
\end{array}
$$

根据有效数字只能保留一位可疑数字的规定,35.$\underline{376}$ 应记为 35.$\underline{4}$,22.7$\underline{24}$ 记为 22.7$\underline{2}$。所以,当几个有效数字相加减时,运算结果的最后一位与参与运算的各量中的最高可疑位对齐。

2.有效数字乘除法运算规则

$$
\begin{array}{r}
5.3\ 4\ 8 \\
\times\quad 2\ 0.\ 5 \\
\hline
2\ 6\ 7\ 4\ 0 \\
0\ 0\ 0\ 0 \\
1\ 0\ 6\ 9\ 6 \\
\hline
1\ 0\ 9.\ 6\ 3\ 4\ 0
\end{array}
\qquad
\begin{array}{r}
1\ 3\ 0.\ 7 \\
2\ 7.\ 1\ )\ \overline{3\ 5\ 4\ 4} \\
2\ 7\ 1 \\
\hline
8\ 3\ 4 \\
8\ 1\ 3 \\
\hline
2\ 1\ 0\ 0 \\
1\ 8\ 9\ 7 \\
\hline
2\ 0\ 3
\end{array}
$$

根据有效数字只保留一位可疑数字的规定，10 9.6 3 4 0 应记为 11 0，13 0.7 应记为 13 1。所以，乘除运算结果的有效位应与参与运算的各量中有效位最少者相等。

3. 对数、指数、开方及三角函数有效数字取位

对数、指数及开方都是先用微分公式求出误差，再由误差所在位确定有效数字的位数。

例 1.4.1 $y=\ln x=\ln 57.8=4.056\,988\,77\cdots$，应保留几位？

答：因 $x=57.8$，故取 $\Delta_x=0.1$。根据误差保留 1 位的规定，有

$$\Delta_y=\frac{\Delta_x}{x}=\frac{0.1}{57.8}=0.002$$

y 的误差在小数点后第 3 位，所以 $y=\ln 57.8=4.057$。

例 1.4.2 $y=e^x=e^{9.34}=11\,384.408\,24\cdots$，应保留几位？

答：因 $x=9.34$，故取 $\Delta_x=0.01$。根据误差保留 1 位的规定，有

$$\Delta_y=e^x\Delta_x=e^{9.34}\times 0.01=1\times 10^2$$

y 的误差在百位，因此 $y=e^x=e^{9.34}=1.14\times 10^4$。

例 1.4.3 $y=\sqrt[n]{x}=\sqrt[14]{9.346}=1.173\,087\,515\cdots$，应保留几位？

答：$n=14$，$x=9.346$，取 $\Delta_x=0.001$，根据误差保留 1 位的规定，有

$$\Delta_y=\frac{\Delta_x}{n\,(\sqrt[n]{x})^{n-1}}=\frac{0.001}{14\,(\sqrt[14]{9.346})^{13}}\approx 0.000\,009$$

可见，y 值应取到小数点后 6 位，因此，$y=1.173\,088$。

对于三角函数，先取其微分，再依据测角仪器的精度确定其有效位。

例 1.4.4 用分光计测得偏转角 $\beta=9°24'$，$\cos\beta=0.986\,572\,161\cdots$ 应保留几位？（仪器精度为 $1'$）

答：用微分法求其误差，因 $\Delta(\cos x)=(\sin x)\Delta_0$，其中 $\Delta_0=1'=0.000\,291$ rad，故 $\Delta(\cos 9°24')=(\sin 9°24')\Delta_0=0.163\,325\,963\times 0.000\,291=0.000\,047\,5\approx 0.000\,05$，误差位在小数点后第 5 位，所以 $\cos\beta=0.986\,57$。

对于常数 $e,\pi,\sqrt{2},\cdots$，应根据情况取值，计算过程中宜多取一位有效数字。

需要说明的是，为防止多次运算中因数字的舍入带来附加误差，中间运算结果应多取一位数字，但最后结果仍只保留一位可疑数字。

1.5 数据常用处理方法

实验中，记录下来的原始数据还需经过适当的处理和计算才能反映出物理过程的内在规律，这种数据的处理和计算过程称为数据处理。数据处理是物理实验报告的重要组成部分，包含的内容较多，如数据的记录、整理、计算、作图和分析等。数据处理方法很多，根据不同的需要，可采取不同的数据处理方法。实验数据还可以采用计算机软件，如 Origin、MATLAB、Excel 等处理。使用这些软件，不但可以快速地绘制实验数据曲线，而且可以对实验数据进行各种数学处理和函数拟合分析，为迅速揭示数据所表达的内在规律、检验理论的正确性以及探索新的规律提供了强有力的高效处理方法。关于使用计算机处理实验数据，本书不做介绍，但读者应该至少掌握一种计算机数据处理方法，请参阅相关书籍或相关实验仪器设备说明书学习

并掌握。本节介绍物理实验中一些的常用数据处理方法。

一、列表法

将实验数据按一定规律用列表的方式呈现出来即为列表法。该方法可以将物理量之间的关系简明、醒目地表现出来,也有助于发现其间的规律,如递增或递减关系等。列表法是记录和处理实验数据最常用的方法。列表时应注意以下几点。

(1)表格的设计要求对应关系清楚、简单明了、便于观察,有利于发现相关量之间的物理关系。

(2)在标题栏中应注明物理量名称、符号、数量级和单位等。

(3)各物理量排列顺序尽量与测量顺序一致,以便于寻找规律。

(4)根据需要还应在原始数据之后列出计算栏目和统计栏目等。

(5)写明表格名称,主要测量仪器的型号、量程和准确度等级,有关环境条件参数如温度、湿度等。

本书中的许多实验已列出数据表格可供参考,但有一些实验的数据表格需要自己设计。表1.5.1 是一个空心圆柱体密度测定的数据表格实例,可供参考。

表 1.5.1　空心圆柱体密度的测定

使用仪器:0～125 mm 游标卡尺(最小分度 0.02 mm);0～1 000 g 物理天平(感量 100 mg,仪器误差 50 mg)

次数	1	2	3	4	5	平均值
外径 D/mm						
内径 d/mm						
高度 H/mm						
深度 h/mm						
质量 m/g						

二、作图法

以自变测量量作横坐标、因变测量量作纵坐标,在坐标纸上找出一一对应点(称为实验点),再把这些实验点连成曲线,从而发现两个测量量之间的关系,这种数据处理方法称为作图法。坐标纸分为直角坐标纸、单对数坐标纸、双对数坐标纸、极坐标纸等多种,使用时可根据需要选择。

作图法可以非常形象地表达物理量间的变化关系。从图线上还可以简便求出实验需要的某些结果,如直线的斜率和截距值、没有进行观测的对应点的数据等。此外,还可以把某些复杂的函数关系,通过一定的变换用直线图表示出来。

要特别注意的是,实验作图不是作示意图,而是用图来表达实验中得到的物理量间的关系,同时反映出测量量的准确程度,所以必须满足一定的作图要求。

1. 作图方法和规则

(1)作图必须使用坐标纸。按需要可以选用毫米方格的直角坐标纸、单对数坐标纸、双对数坐标纸或极坐标纸等。数据之间相差不很大,如都在 3 个数量级内时,可选用方格纸,方格纸的大小要适当,若太小则可能损失测量数据的有效数字位数。数据间差距过大,如相差 3 个数量级以上时,选用对数坐标纸较为方便。

(2)作图前,先将两组数据列成表格,表中数据为测得的有效数字,表内各量应注明符号及单位。

(3)选坐标轴。以横坐标轴代表自变测量量、纵坐标轴代表因变测量量,在轴的末尾注明物理量的符号及单位,且单位用括号括起来。根据数据选择比例,方格纸上宜选择1:1或1:2及其整数倍,不宜选择1:1.5或1:1.3等。依据选好的比例标注分度值,可只标1、2、5等数。在某些情况下,坐标起点不一定为0,原则是使曲线匀称地充满整张图纸。

(4)确定坐标分度。坐标分度要保证图上实验点的坐标读数的有效数字位数与实验数据的有效数字位数相同。例如,对于直接测量的物理量,轴上最小格的标度可与测量仪器的最小刻度相同。两轴的交点不一定从0开始,一般可取比数据最小值再小一些的整数开始标值,要尽量使图线占据图纸的大部分,不偏于一角或一边。

(5)描点和连曲线。根据表上的对应数据寻找实验点,用削尖的硬铅笔在图上描点,实验点可用"+""×""⊙""△"等符号表示,如果每个实验点均系多次测量而获得,那么应该选用"|"符号,并以平均值确定实验点的位置,以"|"符号的长度代表标准偏差。符号在图上的大小应与该两物理量的不确定度大小相当。实验点要清晰,图线不能盖过实验点。连线时要纵观所有实验点的变化趋势,得到的曲线一定是光滑的(特殊情况除外),但也不能连成"蛇线"。连线不能通过的偏差较大的那些实验点,应均匀地分布于图线的两侧。如果一张图上画两条以上的曲线,且共用横、纵坐标轴,那么必须用不同符号加以区别。

(6)图的名称和实验条件。通常在坐标纸空旷位置处写明完整的图名并标明能影响实验结果的实验条件和环境。图1.5.1是电阻伏安特性曲线示例。

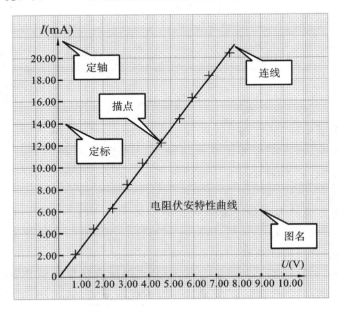

图 1.5.1　电阻伏安特性曲线

2.作图法的应用

(1)求间接测量值。绘制了 y-x 曲线后,可以省去繁杂的计算,通过曲线求出与任意 x 对

应的 y 值,也可以求出与任意 y 所对应的 x 值。在实验点之间求值称为内插,在曲线延长线上求值称为外推。对于那些难以测量的特殊点,如 $x=0$ 或 $y=0$ 等点,用外推法求值尤为优越。当两个变量之间为线性关系时,通过作图法求直线的斜率和截距,可计算某些物理量的值。

（2）给出经验公式。通过物理实验得出的两个物理量之间的函数关系式称为经验公式。原则上只要有了两个物理量之间一一对应的数据,均可用作图法求得经验公式。如果两个物理量之间是线性关系,先绘制 y-x 曲线,再根据曲线求得其斜率 a 和截距 b,从而得经验公式为 $y=ax+b$；如果两个物理量之间是非线性关系,则先绘制 y-x 曲线,再根据曲线的形状初步假定二者之间的函数形式,并用曲线改直法来加以验证。这种方法叫作经验公式拟合。

（3）用作图方法验证物理定律或者寻找统计规律。

（4）用作图方法为仪表的读数定标或对其刻度进行校正。

此外,作图法也可用来研究测量值的系统误差或剔除坏值。当然,作图法也有一些不足。例如,利用同一组数据,不同的实验操作者画出来的图像不一定相同；当数据变化的幅度较大时,往往很难在有限大小的坐标纸上画出曲线。

3. 曲线的线性化——曲线改直法

由于线性函数是研究和画图最简单的函数,而且曲线线性化以后也变得更加直观,因此,在许多情况下,常常把曲线图变为直线图。

常用的可以线性化的函数如下。

（1）$y=ax^b$,a、b 为常数。

$\lg y=b\lg x+\lg a$,$\lg y$ 为 $\lg x$ 的线性函数,斜率为 b,截距为 $\lg a$。

（2）$y=ae^{-bx}$,a、b 为常数。

$\ln y=-bx+\ln a$,$\ln y$ 为 x 的线性函数,斜率为 $-b$,截距为 $\ln a$。

（3）$y=ab^x$,a、b 为常数。

$\lg y=x\lg b+\lg a$,$\lg y$ 为 x 的线性函数,斜率为 $\lg b$,截距为 $\lg a$。

（4）$xy=c$,c 为常数。

$y=\dfrac{c}{x}$,y 为 $\dfrac{1}{x}$ 的线性函数,斜率为 c。

（5）$y^2=2px$,p 为常数。

$y^2 \sim x$ 为线性函数,斜率为 $2p$；或 $y \sim \sqrt{x}$ 为线性函数,斜率为 $\pm\sqrt{2p}$。

（6）$x^2+y^2=a^2$,a 为常数。

$y^2=a^2-x^2$,y^2 为 x^2 的线性函数,斜率为 -1,截距为 a^2。

（7）$y=\dfrac{x}{a+bx}$,a、b 为常数。

$\dfrac{1}{y}=\dfrac{a}{x}+b$,$\dfrac{1}{y}$ 为 $\dfrac{1}{x}$ 的线性函数,斜率为 a,截距为 b。

（8）$y=a_0+a_1x+a_2x^2$,a_0、a_1、a_2 为常数。

$\dfrac{y-a_0}{x}=a_2x+a_1$,$\dfrac{y-a_0}{x}$ 为 x 的线性函数,斜率为 a_2,截距为 a_1。

三、逐差法

逐差法是物理实验中常用的数据处理方法之一。该方法可以有效提高数据的利用率。设测量数据可以分成数量相等的前后两组，即 $x_1,x_2,x_3,\cdots,x_n$ 和 $x_{n+1},x_{n+2},x_{n+3},\cdots,x_{2n}$，以第二组数据作被减数、第一组对应的数据作减数，有

$$\Delta x_j = x_{n+j} - x_j \quad (j=1,2,3,\cdots,n)$$

然后求所得的差值的算术平均值：

$$\overline{\Delta x} = \frac{1}{n}\sum \Delta x_j$$

最后测量结果取平均值时，所有的数据都得到了利用，将多次测量的优势发挥了出来，可以有效减小测量误差。需要注意的是，逐差法要求数据的变化是等间距的。

四、最小二乘法

最小二乘法是一种数学优化技术，人们很早就利用其处理实验测量或观测数据。1809 年高斯在其著作《天体运动论》中就利用了最小二乘法处理当时的天文观测数据，计算得到了谷神星的轨道，并被天文学家观测到。从一组数据中找到一条最优的拟合曲线（或直线）常用的方法就是最小二乘法。假设某物理量 y 与另一物理量 x 有关，通过实验测量得到 $x_1,x_2,x_3,\cdots,x_n$，相应地得到 $y_1,y_2,y_3,\cdots,y_n$。然后根据这 n 对数据利用最小二乘法得到经验公式 $y=f(x)$，该函数关系被称为回归方程。

下面以最简单的线性函数来初步说明最小二乘法的基本原理，其他复杂情形可参阅专门的书籍。假设 x 和 y 存在线性关系，即

$$y=ax+b$$

现在的问题是怎样给出最优的 a 和 b 值。由于测量误差的存在，实验点不可能完全落在拟合的直线上，测量结果 y_j 与相应的计算值 y_j' 的偏差记为

$$\Delta y_j = y_j - y_j' \quad (j=1,2,3,\cdots,n)$$

根据最小二乘法，应当使偏差尽可能小，但是偏差 Δy_j 有正有负，且大小不一，所以应当使

$$s = \sum \Delta y_j^2 = \sum (y_j - y_j')^2 = \sum (y_j - ax_j - b)^2 \tag{1.5.1}$$

取极小值。s 取极小值的条件可写为

$$\frac{\partial s}{\partial a}=0, \quad \frac{\partial s}{\partial b}=0, \quad \frac{\partial^2 s}{\partial a^2}>0, \quad \frac{\partial^2 s}{\partial b^2}>0$$

由此可得

$$\frac{\partial s}{\partial a} = -2\sum (y_j - b - ax_j)x_j = 0 \tag{1.5.2}$$

$$\frac{\partial s}{\partial b} = -2\sum (y_j - b - ax_j) = 0 \tag{1.5.3}$$

从上述两式可得

$$a = \frac{\sum (x_j y_j) - \sum x_j \sum y_j}{\sum x_j^2 - \left(\sum x_j\right)^2} \tag{1.5.4}$$

$$b = \frac{\sum x_j \sum y_j - \sum x_j \sum (x_j y_j)}{\sum x_j^2 - \left(\sum x_j\right)^2} \tag{1.5.5}$$

式(1.5.4)和式(1.5.5)给出的 a 和 b 值就是我们要找的值。需要指出的是，上述方法并不是没有误差的，有关其误差的讨论请参阅专门的书籍。

1.6 物理实验流程

一、预习

虽然大学物理实验课程中的很多实验是验证性的实验,但也应像从事科学研究一样,要有明确的目的和实验思路。开展某个实验需要哪些理论知识、采取怎样的实验方法、选用何种仪器、如何进行调试和操作等问题,在课前都要搞清楚。这项工作就是预习。预习时,除了要仔细阅读教材外,还要写预习报告。预习报告的内容和格式如下。

1. 实验目的

可参考教材和查阅相关资料,并结合自己的理解,言简意赅列出。

2. 实验原理

在充分理解了实验教材内容之后,用严谨的科学语言概括性地描述该实验的基本原理和实验方法,包括理论依据、所用公式的细致推导,并画出原理图等。

3. 实验仪器

根据实验原理和参考教科书列出本实验所需仪器,通过阅读参考资料弄清楚实验仪器的基本构造、工作原理、使用方法以及注意事项等。

4. 数据记录

根据教材要求列出数据表格,实验过程中可先在草稿纸上简略列表并填写数据,经任课教师批改无误签字后再抄在实验报告的相应栏目中。

二、实验过程

在实验操作之前,首先要认真听教师讲解基本原理、仪器使用方法和使用注意事项。然后严格按照要求正确操作,调整仪器至正常使用状态。只有在熟悉和调整好实验仪器后,才能开始测量相关数据。将测量得到的原始数据及时填写到预习报告中已经画好的表格中。注意原始数据的正确性,不要拼凑原始数据,发现偏差比较大的数据时,要利用误差分析的知识进行分析和剔除。如果确实找不到确切原因,不要轻易剔除,要如实反映仪器测量出的结果,实验结束后及时找教师交流讨论。

三、实验报告

实验报告的基本内容有:①实验目的;②实验原理;③实验仪器;④数据记录;⑤数据处理;⑥误差产生的原因和分析;⑦实验后的思考。

需要注意的是,完成实验报告的过程也是学习和思考的过程,绝不仅是抄写记录和计算结果,而是要思索,在思索中提高科学素养,增强独立开展实验的能力。以下介绍的几点,可能对写实验报告有参考作用。

1. 对不确定度的分析与计算

分析与计算不确定度是实验工作的重要内容。计算不确定度的意义在于:

（1）可以有效评定实验的效果；

（2）分析各来源的不确定度分量，可以发现测量有待改进和需要重点关注的方面；

（3）比较仪器引入的不确定度和非仪器引入的不确定度，可以说明仪器配置是否合理；

（4）有助于实验者增强分析不确定度的能力，为以后独立开展科学实验、预测不确定度打下坚实的基础。

2. 对测量结果的评价

在实际实验中，对测量的质量总是有要求的，如实验要求相对不确定度不能大于百分之几。在大学物理实验中往往不明确提出具体的质量指标，在这种情况下如何评价测量的质量呢？

（1）计算不确定度和相对不确定度。如果总的不确定度没有显著大于来源于仪器的不确定度，则可以认为测量达到了仪器可以达到的精度。

（2）测量结果（x）和其公认值在测量误差范围内是一致的。

（3）导致 $|x_i - \bar{x}| > \omega\sigma$ 的可能原因有：

①测量有错误；

②存在未发现的比较大的不确定度来源；

③实验原理或仪器存在问题。

3. 分析与思考

实验后可供分析与思考的问题很多，具体如下。

（1）实验中遇到了怎样的困难？是如何克服的？

（2）实验设计的特点是什么？对我们将来从事科学实验有怎样的启发？

例如拉伸法测金属丝的杨氏模量，实验的原理并不复杂，但是在实验过程中，怎样测量金属丝微小的拉伸量是个难点，而该实验利用光杠杆放大法很好地解决了这个困难。实际上类似的设计在灵敏电流计、冲击电流计和光点检流计中也得到了很好的应用。

（3）对实验设计进一步加以改进的设想。

（4）对实验中出现的异常现象进行分析与判断。

大学物理实验一般是按照指定方法，使用指定仪器进行的。由于实验方法与仪器是经仔细设计和反复实验检验过的，一般均可能获得较好的结果。对于大学物理实验，虽然希望实验完成后有好的测量结果，但从根本上讲，重要的不是结果如何好，而是加深对实验设计的认识，以及在实验过程中对自身能力素质的锻炼。

第 2 章　基础性实验

2.1　密度的测量

物质密度是反映物质特性的重要参数之一。物质的许多力学和热学性能都与物质的密度有关。物质密度的测量方法有很多种,通常情况下可根据与物质密度有关的物理现象和规律来确定物质密度。

【预习思考】

(1)如何测量固体的密度? 如何测量规则或者非规则物体的密度?

(2)物理天平的操作需要注意哪些事项?

(3)如何准确评估测量结果的不确定度?

【实验目的】

(1)了解游标卡尺和螺旋测微器的结构,明确其测量原理,掌握其使用方法;

(2)了解物理天平的结构,明确其测量原理,掌握其使用方法;

(3)掌握利用物理天平测量规则物体和不规则物体密度的方法;

(4)掌握列表法等数据处理方法;

(5)掌握实验数据的不确定度评估与表示方法。

【实验内容】

应用游标卡尺和螺旋测微器等常用测量仪器测量物体的几何尺寸,用物理天平测量物体的质量,运用正确的数据处理方法,计算出物体的密度。

【实验原理】

对于一质量为 m、体积为 V 的物体,其密度定义为

$$\rho = \frac{m}{V} \tag{2.1.1}$$

因此,只要测出了质量 m 和体积 V,就可以计算物体的密度。其中,质量 m 可以直接用天平测量,所以体积的测量就成了密度测量的关键。下面分两种情况来分析。

1. 形状规则的均匀物体

对于形状规则的物体,可直接测量其几何尺寸,先利用公式计算其体积,再利用式(2.1.1)计算其密度。下面以球体和空心圆柱体为例进行讨论。

（1）球体。

测量球体直径 D 和质量 m，计算体积：

$$V = \frac{1}{6}\pi D^3 \tag{2.1.2}$$

因此球体的密度为

$$\rho = \frac{m}{V} = \frac{6m}{\pi D^3} \tag{2.1.3}$$

（2）半空心圆柱体。

测量半空心圆柱体质量 m、外圆直径 D、高度 H、内孔直径 d、深度 h，计算体积：

$$V = \frac{1}{4}\pi(D^2 H - d^2 h) \tag{2.1.4}$$

因此半空心圆柱体的密度为

$$\rho = \frac{m}{V} = \frac{4m}{\pi(D^2 H - d^2 h)} \tag{2.1.5}$$

2. 形状不规则的均匀物体

对于形状不规则的均匀物体，可采用流体静力称衡法测量其密度，即根据阿基米德定律，利用浮力测量物体的体积，再求物体的密度。

（1）密度大于水且不溶于水的物体。

首先利用物理天平测出待测物体在空气中的质量 m_1，再用细线将该物体悬挂在物理天平左边的挂盘钩下，使该物体完全浸没并悬于水中，读出此时物理天平的读数 m_2。根据阿基米德定律，该物体所受到的浮力为

$$F = m_1 g - m_2 g = \rho_0 g V \tag{2.1.6}$$

式中，ρ_0 为水的密度。因此该物体的体积为

$$V = \frac{m_1 g - m_2 g}{\rho_0 g} = \frac{m_1 - m_2}{\rho_0} \tag{2.1.7}$$

进而得该物体的密度为

$$\rho = \frac{m_1}{V} = \frac{m_1}{m_1 - m_2}\rho_0 \tag{2.1.8}$$

（2）密度小于水且不溶于水的物体。

将一小铁块系于待测物体下方，并将这一系统整体挂在物理天平左边的挂盘钩下，使待测物体在水面之上，而小铁块全浸没于水中，读出此时物理天平的读数 m_1；而后将小铁块和待测物体都浸没于水中，调节物理天平，记录物理天平平衡时的读数 m_2；根据阿基米德定律，待测物体的体积为

$$V = \frac{m_1 g - m_2 g}{\rho_0 g} = \frac{m_1 - m_2}{\rho_0} \tag{2.1.9}$$

测出待测物体在空气中的质量 m，从而得其密度为

$$\rho = \frac{m}{V} = \frac{m}{m_1 - m_2}\rho_0 \tag{2.1.10}$$

【实验仪器】

物理天平、螺旋测微器、游标卡尺、待测物体若干。

【实验步骤】

1. 测量钢质均匀小球的密度

(1)用物理天平测量小球质量 m,用螺旋测微器测量小球直径 D,各测量 6 次,将数据填入表 2.1.1 中。

表 2.1.1　钢质均匀小球密度测量数据

测量项目	1	2	3	4	5	6	平均值
质量 m/g							
直径 D/mm							

(2)数据处理。先求出各直接测量量的平均值,再求出小球密度的平均值,并用完整的表达式表示测量结果。

$$\begin{cases} \rho = \bar{\rho} \pm \Delta_{\rho} \\ E_{\rho} = \dfrac{\Delta_{\rho}}{\bar{\rho}} \times 100\% \end{cases}$$

① 计算小球质量的平均值 $\overline{m}$ 和直径的平均值 $\overline{D}$。

② 利用 $\bar{\rho} = \dfrac{\overline{m}}{\overline{V}} = \dfrac{6\overline{m}}{\pi \overline{D}^3}$,计算出 $\bar{\rho}$。

③ 利用以下两式计算小球质量的随机误差 S_m 和直径的随机误差 S_D。

$$S_m = t\sigma_{\overline{m}} = t\sqrt{\frac{\sum\limits_{i=1}^{n}(m_i - \overline{m})^2}{n(n-1)}}, \quad S_D = t\sigma_{\overline{D}} = t\sqrt{\frac{\sum\limits_{i=1}^{n}(D_i - \overline{D})^2}{n(n-1)}}$$

④ 结合质量、直径的系统误差,计算质量的不确定度 Δ_m 和直径的不确定度 Δ_D。

$$\Delta_m = \sqrt{S_m^2 + \Delta_0^2}, \quad \Delta_D = \sqrt{S_D^2 + \Delta_0^2}$$

⑤ 通过 $E_N = \dfrac{\Delta_N}{N} = \sqrt{\left(\dfrac{\partial \ln f^2}{\partial x_1}\right)\Delta_{x_1}^2 + \left(\dfrac{\partial \ln f^2}{\partial x_2}\right)\Delta_{x_2}^2 + \cdots + \left(\dfrac{\partial \ln f^2}{\partial x_m}\right)\Delta_{x_m}^2}$,利用

$$E_{\rho} = \frac{\Delta_{\rho}}{\rho} = \sqrt{\left(\frac{\partial \ln \rho}{\partial m}\right)^2 \Delta_m^2 + \left(\frac{\partial \ln \rho}{\partial D}\right)^2 \Delta_D^2}$$

计算出 E_{ρ}。

⑥ 利用 $\Delta_{\rho} = E_{\rho}\bar{\rho}$,计算出 Δ_{ρ}。

⑦ 写出最终结果完整表达式。

2. 测量铜质均匀圆柱体(半空)的密度

(1)利用物理天平测量圆柱体质量 m;利用游标卡尺测量圆柱体外圆直径 D、高度 H、内孔直径 d、深度 h。每项测量 6 次,将数据填入表 2.1.2 中。

表 2.1.2　铜质均匀圆柱体(半空)密度测量数据

测量项目	1	2	3	4	5	6	平均值
质量 m/g							
外圆直径 D/mm							

测量项目	1	2	3	4	5	6	平均值
高度 H/mm							
内孔直径 d/mm							
深度 h/mm							

（2）数据处理。先求出各直接测量量的平均值，再求出圆柱体密度的平均值，并用完整的表达式表示测量结果。

$$\begin{cases} \rho = \bar{\rho} \pm \Delta_\rho \\ E_\rho = \dfrac{\Delta_\rho}{\bar{\rho}} \times 100\% \end{cases}$$

计算过程同钢质均匀小球。

3．测定不规则均匀物体的密度

（1）测量密度大于水且不溶于水的不规则均匀物体的密度。

①按照物理天平的使用方法，称出待测物体在空气中的质量 m_1。

②采用流体静力称衡法，通过悬挂的方法，让待测物体完全浸没并悬于水中，读出此时物理天平的读数 m_2。

③计算待测物体的密度 $\rho = \dfrac{m_1}{V} = \dfrac{m_1}{m_1 - m_2} \rho_0$，并与标准值相比较，计算相对误差。

（2）测定密度小于水且不溶于水的不规则均匀物体的密度。

①按照物理天平的使用方法，称出待测物体在空气中的质量 m。

②利用流体静力称衡法，通过悬挂法，读出只有小铁块浸没在水中时物理天平的读数 m_1 和小铁块与待测物体均完全浸没并悬于水中时物理天平的读数 m_2。

③计算待测物体的密度 $\rho = \dfrac{m}{V} = \dfrac{m}{m_1 - m_2} \rho_0$，并与标准值相比较，计算相对误差。

【实验思考】

（1）游标卡尺如何读数？是否需要估读？

（2）测量半空心圆柱体的密度时，系统误差的主要来源是什么？哪项是主要的？

（3）室温的高低对测量结果有何影响？

【注意事项】

（1）在托盘上放物体和砝码，移动游标或调节物理天平时都应将横梁制动，以免损坏刀口。

（2）称物体的质量时，被称物体放在物理天平的左盘，砝码放在物理天平的右盘，加减砝码必须使用镊子，严禁用手。

（3）注意螺旋测微器的零点误差。

【拓展应用】

密度的应用十分广泛。不同的物质具有不同的密度。对于某一未知物质，我们可以通过计算或是测量其密度,并与不同已知物质的密度标准值进行比较,从而来鉴别物质或是发现新的物质。此外,对于一些体积和质量不便直接测量的物体,如形状不规则物体的体积、纪念碑的质量等,可以通过密度公式的变形式 $V = m/\rho$ 或 $m = \rho V$ 来间接测量其体积或质量。在农业上,可以用密度来判断土壤的肥力和选择饱满健壮的种子。在工业生产上,在铸造金属物之前,可以根据物品模子的容积和金属的密度来估算所需的金属量。

固体密度
的测量

【人物传记】

阿基米德(公元前 287—前 212),是古希腊哲学家、数学家、物理学家,被誉为"力学之父"。阿基米德的经典名言是:"给我一个支点,我就能撬起整个地球。"在静力学和流体静力学方面,阿基米德给出了物体在液体中所受浮力与它排开液体的重量间的关系——阿基米德定律,找到了许多求几何图形重心的方法,发明了可以牵动大船的杠杆滑轮机械,提出了地球-月球-太阳的运行模型并很好地说明了日食和月食现象。在数学几何方面,他在微积分出现之前,就提出了用不断分割法求椭球体、旋转抛物体体积的方法。为纪念阿基米德在几何上的突出贡献,后人在他的墓碑上刻了一个圆柱内切球的图形。

2.2　重力加速度的测定

重力加速度是物理学中的一个重要参量。伽利略首先证明:如果忽略空气摩擦的影响,则所有落地物体都将以同一个加速度下落,这个加速度就是重力加速度 g。地球上各个地区重力加速度 g 的数值随该地区的地理纬度和相对海平面的高度不同而稍有差异。一般来说,在赤道附近地区重力加速度 g 的数值最小,愈靠近南、北两极,g 的数值愈大,g 的最大值与最小值相差仅约 1/300。研究与测定重力加速度的分布情况具有重要的科学价值与实用意义。本实验采用单摆法和自由落体法两种方法来测定重力加速度。

【预习思考】

(1)用单摆测定重力加速度 g 时,误差的来源有哪些?
(2)用单摆测定重力加速度 g 时,测量值 g 与摆长的长短选择有无关系?
(3)自由落体实验中如何消除剩磁的影响和避免测不准距离的困难?
(4)自由落体实验中为什么要调立柱铅直? 本实验中应如何调整才能满足实验要求?

【实验目的】

(1)会用自由落体实验仪及光电计时装置测定重力加速度;
(2)通过实验观察,理解自由落体运动的规律;
(3)掌握作图法等数据处理方法。

【实验内容】

应用单摆和自由落体实验仪测定重力加速度 g。

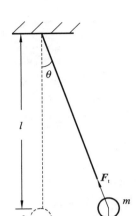

图 2.2.1　单摆原理图

【实验原理】

1. 单摆法测定重力加速度

单摆又称数学摆,是一个实际振动系统的理想模型。理想的单摆可理解为一根柔软、不可伸长、质量不计、长度为 l 的理想细线,系住一个没有体积、质量为 m 的质点,在真空中纯粹由于重力作用,在与地面垂直的竖直平面内作周期运动。实际的单摆,需考虑摆球的尺寸(摆球直径为 d),即摆长 $L=l+(d/2)$,如图 2.2.1所示。

设初始时刻单摆离最低点一小角 θ(一般 $\theta<5°$),摆球受重力 mg 和摆线的张力 $\boldsymbol{F}_t$ 的共同作用。此时,在垂直于摆线方向将受到一个拉回最低点的分力 $mg\sin\theta$ 的作用。若忽略空气阻力的影响,选取逆时针摆动方向为正方向,则通过牛顿第二定律可以写出摆球的动力学方程:

$$mL\frac{\mathrm{d}^2\theta}{\mathrm{d}t^2}=-mg\sin\theta \tag{2.2.1}$$

小角度摆动时,近似有 $\sin\theta\approx\theta$,式(2.2.1)可以变为

$$\frac{\mathrm{d}^2\theta}{\mathrm{d}t^2}+\frac{g}{L}\theta=0 \tag{2.2.2}$$

式(2.2.2)即单摆简谐振动的微分方程。进一步求解可得运动方程:

$$\theta=\theta_{\max}\cos\left(\frac{2\pi}{T}t+\varphi_0\right) \tag{2.2.3}$$

式中:$\theta_{\max}$ 为最大摆角;φ_0 为振动初相位;T 为振动周期,有

$$T=2\pi\sqrt{\frac{L}{g}} \tag{2.2.4}$$

式(2.2.4)中,g 为实验所在地的重力加速度;$L=l+(d/2)$ 为单摆的摆长,是从摆球重心到摆线悬点的距离。此式也证明了单摆的等时性原理。不过,该式是在假定摆角很小的情况下得到的。由理论分析可严格证明,单摆的振动周期 T 和摆角 θ 之间的关系为

$$T=2\pi\sqrt{\frac{L}{g}}\left[1+\left(\frac{1}{2}\right)^2\sin^2\theta+\frac{1}{2}\times\frac{3}{4}\sin^4\theta+\cdots\right] \tag{2.2.5}$$

由此可见,式(2.2.4)只是式(2.2.5)的零级近似。但由式(2.2.4)即可测得较满意的结果。显然,由式(2.2.4)可得

$$g=4\pi^2\frac{L}{T^2} \tag{2.2.6}$$

$$T^2=4\pi^2\frac{L}{g} \tag{2.2.7}$$

式(2.2.6)、式(2.2.7)即为本实验所用的测量公式。

若采用一固定摆长的单摆,实验中测出摆线的长度 l、摆球的直径 d,如果使单摆在时间 t 内连续作 50 次全振动,即周期 $T=t/50$,代入式(2.2.6)即得当地的重力加速度。若测出不同摆长下的周期,作出 T^2-L 关系曲线,所得结果为一直线,根据式(2.2.7),由直线的斜率可求出

g 值。

2. 自由落体法测定重力加速度

在重力作用下,物体的下落运动近似是匀加速直线运动,运动方程为

$$h = v_0 t + \frac{1}{2} g t^2 \tag{2.2.8}$$

式中,h 是物体在 t 时间内下落的距离,v_0 是物体运动的初速度,g 是重力加速度。

若测出 h、v_0、t,则可以求出 g 值。如果使 $v_0 = 0$,即物体从静止开始下落,则可避免测量 v_0 的麻烦,从而将测量公式简化。

但是实际测量时存在一些困难。一方面,要实现初速度 $v_0 = 0$ 这一条件,需把第一个光电门调到静止摆球恰好不挡光的临界位置,这是比较困难的。另一方面,电磁铁有剩磁,而一断电即开始计时,但是此时摆球不见得立刻下落,于是 t 就测不准了。这两点都会带来一定的测量误差。为了避免临界位置调整和电磁铁剩磁的影响,可用以下方法来测定重力加速度。

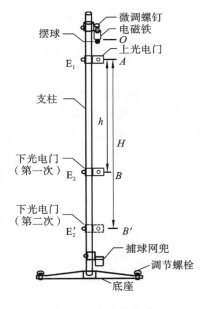

如图 2.2.2 所示,把光电门 E_1 固定于支柱顶部 A 点位置,把光电门 E_2 固定于支柱中部 B 点位置。让摆球从 O 点处开始下落,设它到 A 处的速度为 v_0,A、B 间的距离为 h,摆球由 A 处运动到 B 处的时间为 t_1,则由式(2.2.8)有

$$h = v_0 t_1 + \frac{1}{2} g t_1^2 \tag{2.2.9}$$

然后,保持光电门 E_1 的位置不变,把光电门 E_2 下移至支柱底部 B' 点位置。设经过 t_2 时间后,摆球由 A 处到达 B' 处。令 A、B' 间的距离为 H,则有

$$H = v_0 t_2 + \frac{1}{2} g t_2^2 \tag{2.2.10}$$

由式(2.2.9)和式(2.2.10)得

$$g = \frac{2(H t_1 - h t_2)}{t_1^2 t_1 - t_1^2 t_2} = \frac{2\left(\dfrac{H}{t_2} - \dfrac{h}{t_1}\right)}{t_2 - t_1} \tag{2.2.11}$$

图 2.2.2　自由落体装置

上式即为本实验的测量公式,只要测出 t_1、t_2、h、H 即可求出 g 值。h 和 H 可由支柱上的标尺读出,t_1 和 t_2 由重力加速度测定仪读出。利用上述方法巧妙地避免了调节临界位置的困难,同时还解决了剩磁所引起的时间测量困难。

【实验仪器】

单摆、秒表、游标卡尺、米尺、摆球(小钢球)、自由落体装置和重力加速度测定仪。

【实验步骤】

1. 单摆法

(1)摆长不变。

①用秒表计时,采用累积放大法,测量摆长固定不变时单摆作 50 次全振动的时间 $t = 50T$。将摆球拉离平衡位置,摆角不大于 5°,然后放开任其在竖直平面内摆动,观察单摆的运动情况。

当单摆在往复运动中均位于同一平面内,摆球无旋转时,方可开始记数、记时。待测完 50 次振动时间后,重新启动摆球,进行重复性测量 3 次,求出时间的平均值 $\bar{t}$。

②单次测出摆线的精确长度 l;多次测量摆球直径 d,然后求出平均值 $\bar{d}$。

③把测得的 l,求得的平均值 $\bar{d}$ 和 $\bar{t}$ 代入式(2.2.6),计算出 $\bar{g}$ 值。

④将计算结果与公认值进行比较,求误差,写出完整表达式,即

$$\begin{cases} g=\bar{g} \\ E_0=\dfrac{|g_0-\bar{g}|}{g_0}\times100\% \end{cases}$$

g_0 为当地重力加速度的公认值,武汉地区 $g_0=9.793\ 6\ \text{m/s}^2$。

(2)摆长变化。

①按式(2.2.7)确定需要测量的数据,自行设计实验数据记录表格。

②用秒表计时,取 5 个不同摆长 L_i,测量每个摆长下的单摆周期 T_i,重复测量 5 次,然后作出 T^2-L 图,用作图法求重力加速度 g 值。测量摆长时,要求用米尺测出悬线长度,用游标卡尺测出摆球直径 d。

③比较上述两种方法的测量结果,说明优缺点,求出误差。

2. 自由落体法

(1)将光电门和电磁铁连接线与重力加速度测定仪相连。

(2)用重锤调节自由落体装置支柱至垂直。细心调节装置三脚支架上的调节螺栓,从支柱正面观察时重锤线处于光电门的中心位置,从侧面观察时重锤线通过光电门的通光孔,即认为支柱的垂直度已调好。此时可将重锤线取下。

(3)设置重力加速度测定仪的各功能键进行测量。首先设定好摆球先后两次下落时两个光电门之间的距离(即实验的有效高差 h、H),然后按"确认"键进入实验,此时电磁铁指示灯灭,摆球被释放。当摆球通过两个光电门后,电磁铁指示灯会再次亮起。接着将摆球再次放到电磁铁上,并调整光电门 E_2 的位置距光电门 E_1 为设定值 H,再按一次"确认"键,电磁铁指示灯灭,摆球被释放。当摆球通过两个光电门后,自动循环显示实验数据 t_0、t_1、g 对应的结果。t_0 为第 1 次实验摆球从 E_1 运动到 E_2 的时间,t_1 是第 2 次实验摆球从 E_1 运动到 E_2' 的时间。测量数据也可按"人工查阅"键选数据,或按"自动查阅"键自动显示。如需要重复再做一次实验,则按"确认"键。

【数据处理】

本实验所涉及实验数据及其处理如表 2.2.1、表 2.2.2 所示。

表 2.2.1 单摆法测定重力加速度(摆长不变)

摆线长度 l/cm	摆球直径 d/cm			所用时间 t/s			重力加速度 $\bar{g}$/(cm/s^2)
	次数	各次测量值	平均值	次数	各次测量值	平均值	
	1			1			
	2			2			
	3			3			

表 2.2.2　自由落体法测定重力加速度

两光电门间的距离/cm		所用时间 t/s			重力加速度 $\bar{g}/(\text{cm/s}^2)$
		次数	各次测量值	平均值	
h		1			
		2			
		3			
H		1			
		2			
		3			

结果表示为

$$\begin{cases} g=\bar{g} \\ E_0=\dfrac{|g_0-\bar{g}|}{g_0}\times 100\% \end{cases}$$

g_0 为当地重力加速度的公认值,武汉地区 $g_0=9.793\ 6\ \text{m/s}^2$。

【实验思考】

(1)比较两种方法测定重力加速度的准确程度,说明理由。

(2)用秒表分别测量单摆摆动 1 次的时间和摆动 50 次的时间,试分析重力加速度的测量不确定度是否相近? 相对不确定度是否相近? 从中有何启示?

(3)测量单摆周期时,为什么选择最低点开始计时?

(4)在自由落体法中,怎样测量摆球经过某一点时的瞬时速度?

(5)在自由落体法中,如果用体积相同而质量不同的小木球来代替小钢球,试问实验所得到的重力加速度是否相同? 你将怎样通过实验来证实你的答案呢?

【注意事项】

(1)要注意小摆角的实验条件,控制单摆摆角 $\theta<5°$。

(2)要注意使摆球始终在同一个竖直平面内摆动,防止形成"锥摆"。

(3)单摆通过最低点开始计时。

(4)由于支柱较轻,实验时动作一定要轻,测量时一定要保证稳定不晃动,待摆球静止后再下落计时。

【拓展应用】

准确测定地球各点的重力加速度值,对经济建设、科学研究和国防建设有着十分重要的意义。重力加速度的大小不仅与各地区的纬度和海拔高度有关,还与各地区的地质结构密切相关。地下矿藏分布会引起重力加速度的微小变化,通过测定重力加速度可以发现地下矿产资源。地震中,如果地壳上升或下降 10 mm,将引起 $3\times 10^{-8}\ \text{m/s}^2$ 的重力加速度变化。因此,重力加速度的测定广泛应用于

重力加速度
的测定

地球内部结构研究、矿产资源勘探、地震活动性研究、水资源分布变化等领域，为人类带来了巨大的社会和经济效益。在军事上，为提高导弹射击准确度，必须准确测定导弹发射点和目标的位置，准确掌握地球形状和重力资料。据有关资料表明，对于 1×10^4 km 射程洲际导弹来说，若发射点有 2×10^{-6} m/s^2 的重力加速度误差，则将造成 50 m 的射程误差。

重力加速度传感器也被叫作重力传感器。该类传感器使用弹性敏感元件做成悬臂式的位移器，用储能扭簧来驱动电触点，从而慢慢完成由重力变化到电信号变化的转换。在大多数的高端智能手机和平板电脑中，都内置了重力加速度传感器。通过重力加速度传感器，可以做到软硬件结合，提升终端智能手机的用户体验。

【人物传记】

伽利略（1564—1642），是意大利数学家、物理学家、天文学家和工程师，是科学革命的先驱，被誉为"观测天文学之父""现代物理学之父""近代科学之父""科学方法之父"。他毕生致力于科学事业，研究了速度和加速度、重力和自由落体、相对论、惯性、单摆等，发明了天文望远镜、温度计等，为我们留下了众多的科学专著，以系统的实验和观察推翻了纯属思辨的传统自然观，创建了以实验事实为根据并具有严密逻辑体系的近代科学。

1582 年的一天，伽利略在教堂做礼拜，教堂里摆动着的大吊灯引起了他的注意。他发现：吊灯来回摆动一次需要的时间与摆动幅度的大小无关，具有等时性。他通过反复实验研究，证明了单摆的周期与摆长的平方根成正比，与重力加速度的平方根成反比。后来，他又提出了应用单摆的等时性测量时间的设想，并制作了世界上最早的"脉搏仪"，这也是伽利略为医学做出的一个重要贡献。单摆等时性的发现，奠定了制造摆钟的坚实基础，为人类更加精确地测量时间开辟了道路。对于伽利略的科学成就，爱因斯坦曾这样评价："伽利略的发现，以及他所用的科学方法，是人类思想史上最伟大的成就之一，而且标志着物理学的真正开端。"物理学家史蒂芬·霍金对伽利略如此评价："自然科学的诞生要归功于伽利略，他这方面的功劳大概无人能及。"

2.3　拉伸法测金属丝的杨氏模量

杨氏模量由英国物理学家托马斯·杨（Thomas Young，1773—1829）提出，是描述弹性材料抵抗形变能力的重要物理量，也是弹性材料最重要、最具特征的力学性质之一。测量杨氏模量的方法有很多，一般包括拉伸法、弯曲法、振动法和内耗法等。本实验采用拉伸法测量金属丝的杨氏模量，并提供了一种简便而准确地测量微小长度的方法——光杠杆放大法。

【预习思考】

(1)什么是材料的杨氏模量？
(2)测量物体微小尺寸的方法有哪些？

【实验目的】

(1)了解杨氏模量的概念及其计算方法；

(2)掌握杨氏模量测定仪的调整及使用方法；

(3)学会用水平仪进行水平和铅直调整；

(4)掌握测量微小伸长量的光杠杆放大法；

(5)掌握逐差法等数据处理方法；

(6)了解光杠杆放大法在工程技术中的应用。

【实验内容】

学习杨氏模量测定仪的调节与使用方法，利用拉伸法测量金属丝的杨氏模量，并用逐差法对实验结果进行数据处理。

【实验原理】

杨氏模量又称为拉伸弹性模量，是描述材料力学性质的重要物理量，可视为衡量材料产生弹性形变难易程度的指标，其值越大，使材料发生一定弹性形变所需要的应力也越大，即材料刚度越大。也就是说，在应力一定的情况下，杨氏模量越大，材料发生的弹性形变越小。杨氏模量只与材料的化学成分有关，与材料的大小、形状和是否受力无关。

1. 拉伸法测杨氏模量

任何固体材料在外力作用下都会发生形变。如果撤去外力后形变随之消失，则称之为弹性形变。固体材料的形变方式分为四种，即纵向形变、切向形变、弯曲形变和扭转形变，本实验只研究金属丝在弹性限度内的纵向形变特性，也就是金属丝的杨氏模量。

设一根粗细均匀的金属丝截面积为 S，原长为 L，使其沿长度方向伸长 ΔL 所需外力为 F。按照胡克定律，固体材料在弹性限度内所受的应力（单位面积上所受到的力）的大小 F/S 与应变（外力作用下的相对形变）$\Delta L/L$ 成正比，即

$$\frac{F}{S}=E\frac{\Delta L}{L} \tag{2.3.1}$$

式中，比例系数 E 为金属丝的杨氏模量，是仅由固体材料性质决定的量，与所受外力和固体的形状无关。

设金属丝的直径为 d，由式(2.3.1)可得金属丝的杨氏模量计算公式为

$$E=\frac{F/S}{\Delta L/L}=\frac{4FL}{\pi d^2\,\Delta L} \tag{2.3.2}$$

式(2.3.2)中的 F、L、d 可以直接测量，但伸长量 ΔL 由于很小，很难用一般的长度测量工具准确测量，此时需要用其他方法将它先放大再测量。因此，本实验采用光杠杆放大法测量 ΔL。

实验仪器如图 2.3.1 所示。杨氏模量测定仪主要包括镜尺组、测定仪和光杠杆装置。测定仪的三角底座上有一水平仪，可以通过三个调节螺钉，将三角底座调水平，使三角底座上的两根支柱处于铅直位置。两支柱上端有一横梁，金属丝上端固定于横梁内的夹头中；支柱中间有一工作平台，平台中部有一小孔，可通过螺钉调节平台的高度，使夹紧金属丝下端的夹头恰好与平

台等高。该夹头下方有一挂钩,用以承托砝码,砝码的重力即为使金属丝产生形变的外力。光杠杆装置由一可绕轴转动的平面镜和三足支架构成。将三足支架的两前足尖置于平台的凹槽内、后足尖于平台孔中的夹头上,当金属丝受外力伸长或缩短时,夹头也会跟着上下移动,此时光杠杆装置三足支架的后足尖会带动平面镜发生偏转,从而可以将 ΔL 放大。镜尺组包括望远镜和一个以中心为原点、两端对称的标尺。将该标尺放置于平面镜正前方,通过望远镜观察平面镜中标尺的像,当光杠杆装置转动时,可通过望远镜观察到标尺读数的变化。具体的光杠杆放大原理见下文。

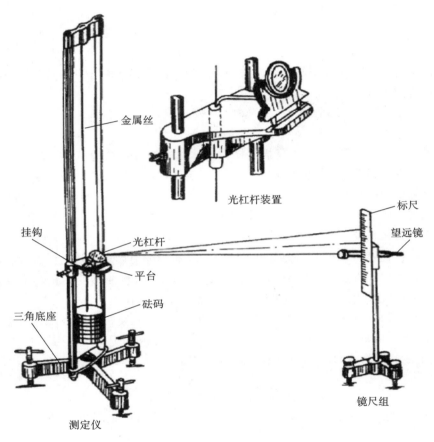

图 2.3.1　杨氏模量测定仪示意图

2.光杠杆放大原理

光杠杆放大原理图如图 2.3.2 所示。设在初始状态平面镜 M 竖直,望远镜光轴水平,标度线 n_1 发出的光,通过平面镜 M 反射后可以射入望远镜中而被观察到。当加上质量为 m 的砝码时,金属丝伸长 ΔL,光杠杆装置会带动平面镜 M 转过一个角度 θ 至 M′ 的位置,平面镜 M 的法线也对应转过 θ 角。根据光的反射定律,从 n_1 发出的光将被反射至 n_2 处,此时反射光与入射光间的夹角为 2θ。根据光路的可逆性,此时从 n_2 发出的光因经平面镜 M′ 反射后进入望远镜而被观察到,也就是说标尺的像相对于平面镜转过了 2θ,对应标尺读数的变化为 $\Delta n = n_2 - n_1$。

根据图 2.3.2 所示的几何关系可以得到:

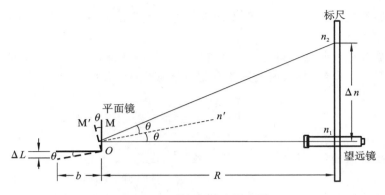

图 2.3.2　光杠杆放大原理图

$$\tan\theta = \frac{\Delta L}{b}, \quad \tan(2\theta) = \frac{n_2 - n_1}{R} = \frac{\Delta n}{R} \tag{2.3.3}$$

式中，R 为镜面到标尺的垂直距离，b 为光杠杆装置三足支架的后足尖到前足尖连线的垂直距离，Δn 为加减砝码后从望远镜里读出的标尺刻度变化量。

由于 θ 很小，因此

$$\tan\theta \approx \theta, \quad \tan(2\theta) \approx 2\theta \tag{2.3.4}$$

由式（2.3.3）和式（2.3.4）得

$$\Delta L = \frac{b}{2R}\Delta n \quad \text{或} \quad \frac{\Delta n}{\Delta L} = \frac{2R}{b} \tag{2.3.5}$$

式中，$2R/b$ 称作光杠杆装置的放大倍数。

由于 $R \gg b$，因此 $\Delta n \gg \Delta L$。这样，就将测量微小伸长量 ΔL 转换成测量数值较大的标尺读数的变化 Δn，这就是光杠杆放大的原理。将式（2.3.5）和 $F = mg$ 代入式（2.3.2），得

$$E = \frac{8mgRL}{\pi d^2 b \Delta n} \tag{2.3.6}$$

此式即为计算杨氏模量的公式。

【实验仪器】

杨氏模量测定仪（包括镜尺组、测定仪和光杠杆装置）、螺旋测微器、游标卡尺、钢卷尺、砝码。

【实验步骤】

本实验的操作共分三个部分。具体调节过程可归纳如下。

（1）底座调水平，镜子调竖直；标尺要平行，光轴要等高。

（2）三点成一线，镜外找尺像；目镜看叉丝，物镜看标尺。

（3）砝码要增减，逐差算均值。

1. 杨氏模量测定仪的调节

（1）装金属丝，调水平。将金属丝一端固定于支柱上方的夹头中、另一端固定于平台孔中的夹头中；调节底座螺钉，使水平仪中的气泡处于正中间，确保底座水平，使支柱处于竖直状态。

（2）调金属丝，放砝码。调节平台至水平且与金属丝下端夹头上表面平齐，使夹头可以在孔

中上下自由滑动,以免摩擦影响金属丝伸长;在挂钩上放置质量为 m_0 的砝码,确保金属丝处于伸直状态。

(3)正确放置光杠杆装置。将光杠杆装置三足支架的两前足尖置于平台的凹槽内;将后足尖放在夹头上,且与金属丝平行,但要注意避免与金属丝直接接触,以免产生摩擦。

2. 现象的调节

(1)将镜尺组放置于距离光杠杆装置中的平面镜 1.2～1.5 m 处;调节望远镜光轴至水平,并与平面镜中心等高;将标尺固定于竖直位置。

(2)"外观"找标尺的像。从望远镜外侧观察平面镜,看镜中是否有标尺的像;如果没有,则左右移动镜尺组支架,同时观察平面镜,直到从中找到标尺的像,并用"三点一线"瞄准它。

(3)"内视"找标尺的像。先调节望远镜目镜至聚焦,得到清晰的十字叉丝;再调节物镜调焦手轮,使标尺的像清晰地呈现在十字叉丝平面上。

(4)进行光路校正,调节平面镜与望远镜光轴至垂直。

3. 测量计算

(1)测量金属丝伸长引起的标尺读数变化 Δn。先加适量的砝码 m_0,使金属丝拉直,记录标尺初始读数 n_1,然后逐个加上 1 kg 砝码,待稳定后,记下标尺相应读数 n_i(直到 n_6);之后逐个取下砝码,并待稳定后记下标尺相应读数 n_i(直到 n_1)。数据记录表格见表 2.3.1。利用逐差法计算 $\overline{\Delta n}$。

(2)取下光杠杆装置,确保金属丝伸直,用卷尺测量平面镜与标尺之间的垂直距离 R、金属丝长度 L 和光杠杆常数 b(取光杠杆装置在白纸上轻轻一按,留下三点的痕迹,将三点连成一个等腰三角形。作其底边上的高,即可用游标卡尺测出 b)。

(3)用螺旋测微器测量金属丝直径。为减小金属丝直径分布不均匀带来的误差,我们分别在其上、中、下 3 个部分测量 6 次直径。数据记录表格见表 2.3.2。

【数据处理】

1. 一次性测量量

$b=$ _____ cm,$R=$ _____ cm,$L=$ _____ cm。

2. 多次测量量

外力与标尺读数 n_i 对应关系数据记录表如表 2.3.1 所示,金属丝的直径 d 数据记录与处理表如表 2.3.2 所示。

表 2.3.1 外力与标尺读数 n_i 对应关系

增加砝码过程		减少砝码过程	
砝码质量/kg	n_i/cm	砝码质量/kg	n_i/cm
m_0		m_0+5	
m_0+1		m_0+4	
m_0+2		m_0+3	
m_0+3		m_0+2	
m_0+4		m_0+1	
m_0+5		m_0	

表 2.3.2　金属丝的直径 d

次数	1	2	3	4	5	6	平均值
d_i/mm							

3.数据处理

本实验数据 $\overline{\Delta n}$ 处理表如表 2.3.3 所示。

表 2.3.3　$\overline{\Delta n}$ 的逐差法处理

序号	$n_6 - n_3$	$n_5 - n_2$	$n_4 - n_1$	$3\,\overline{\Delta n}$	$\overline{\Delta n}$
增加砝码 $\Delta n_i/\text{cm}$					
减少砝码 $\Delta n_i/\text{cm}$					

计算杨氏模量的平均值,并根据误差传递公式计算杨氏模量的不确定度。

【实验思考】

(1)在测量数据之前,为什么要加砝码使金属丝伸直?

(2)在测量金属丝伸长量的过程中,如何判断所测数据的正确性?

(3)为什么要用逐差法进行数据处理? 它的优点有哪些?

【注意事项】

(1)实验过程中要防止碰落光杠杆装置。

(2)杨氏模量测定仪调节好之后,在整个测量过程中,整套仪器不可有任何变动,特别是加减砝码时要格外小心,轻放轻取砝码,待砝码稳定后再读出标尺的读数 n_i。

(3)使用螺旋测微器测量金属丝直径时,切勿用力过大而将金属丝拧断;务必要将金属丝固定于螺旋测微器中间,否则会产生较大的误差。

(4)根据胡克定律,金属丝所受外力(砝码的重力)和金属丝的伸长量是成正比的。因此,在测量过程中应随时检查所得数据,如有明显误差,须及时纠正。

(5)式(2.3.5)成立的前提条件有两个:一是 θ 必须足够小;二是在初始状态,光杠杆装置三足支架的三足尖必须处于同一水平面,平面镜与标尺必须处于竖直位置,并且望远镜的光轴必须处于水平位置。否则,测出的 ΔL 会有较大的误差。

【拓展应用】

杨氏模量的
应用

杨氏模量是描述材料力学性质的重要物理量。在研究金属材料、光纤材料、纳米材料等材料的力学性质时,通常需要考虑材料的杨氏模量。另外,在机械零部件设计、生物力学、地质等领域,杨氏模量也是选定材料的重要依据。

【人物传记】

托马斯·杨(1773—1829),是英国物理学家,是光的波动说的奠基人之一。托马斯·杨从小就表现出了极强的学习天赋:2 岁会阅读;4 岁能背诵诗文;9 岁时就能自己动手制作物理仪器;14 岁时已经掌握 11 门语言;21 岁时成为英国皇家学会会员。托马斯·杨的研究领域非常广泛,涉及力学、光学、声学、数学、语言学、动物学、考古学等多种学科。他在光学上的成就尤为显著:他在牛顿的色散理论的基础上建立了三原色原理;同时,他又对牛顿的光的微粒说产生了疑问,并设计了著名的杨氏双缝干涉实验,为光的波动说奠定了坚实基础。此外,托马斯·杨还对弹性力学进行了研究,反映材料力学性质的重要物理量杨氏模量就是以他的名字而命名的。

2.4 刚体转动惯量的测定

转动惯量是刚体转动惯性大小的量度,是表征刚体特性的一个重要物理量。它与刚体的质量、质量分布和转轴的位置都有关系。对于形状简单、质量分布均匀的刚体,可以借助于数学方法直接计算其绕特定转轴的转动惯量。对于形状复杂、质量分布不均匀的刚体,如机械部件、电动机转子和枪炮的弹丸等,很难用数学方法计算其转动惯量,常采用实验方法来测定。转动惯量的测定,一般都是使刚体以一定形式运动,通过表征这种运动特征的物理量与转动惯量的关系,进行转换测定。本实验采用的方法是:使刚体作扭转摆动,通过对摆动周期及其他参数的测定计算出物体的转动惯量。

【预习思考】

(1)用力矩转动法测定刚体转动惯量的依据是什么?
(2)本实验在测定转动惯量时,力矩是怎么实现的?
(3)什么是刚体转动惯量的平行轴定理? 如何验证?

【实验目的】

(1)理解刚体转动惯量的测定原理;
(2)能够利用扭摆测定刚体的转动惯量;
(3)验证转动惯量平行轴定理。

【实验内容】

利用扭摆测定几种不同形状的刚体的转动惯量,验证平行轴定理。

【实验原理】

1.扭摆的周期

扭摆的构造如图 2.4.1 所示。在垂直轴上装有一根薄片状的螺旋状扭簧,用以产生回复力矩。在垂直轴上方可以装上各种待测物体。垂直轴与支座间装有轴承,以降低摩擦力矩。三个底脚螺钉用来调节扭摆至水平,水平仪用来指示扭摆是否水平。

在垂直轴上装上待测物体,并将待测物体在水平面内转过一个角度 θ 后,在扭簧的回复力矩的作用下,待测物体开始绕垂直轴作往复扭摆运动。根据胡克定律,扭簧受扭转而产生的回复力矩 M 与所转过的角度 θ 成正比,即

$$M = -K\theta \qquad (2.4.1)$$

式中,K 为扭簧的扭转常数。

根据转动定律可得

$$\alpha = \frac{M}{J} \qquad (2.4.2)$$

式中，α 为角加速度，J 为待测物体的转动惯量。

若令 $\omega^2 = K/J$，在忽略轴承的摩擦阻力矩的情况下，由式 (2.4.1) 和式 (2.4.2) 得

$$\alpha = \frac{\mathrm{d}^2\theta}{\mathrm{d}t^2} = -\frac{K}{J}\theta = -\omega^2\theta \qquad (2.4.3)$$

式 (2.4.3) 表示扭摆运动具有简谐振动的特性，角加速度与角位移成正比，且方向相反。此方程的解为：

$$\theta = \theta_{\mathrm{m}}\cos(\omega t + \varphi)$$

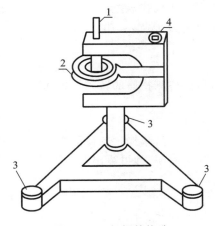

图 2.4.1　扭摆的构造

1—垂直轴；2—扭簧；3—底脚螺钉；4—水平仪

式中，θ_{m} 为谐振动的角振幅，φ 为初相位，ω 为圆频率。

此谐振动的周期为

$$T = \frac{2\pi}{\omega} = 2\pi\sqrt{\frac{J}{K}} \qquad (2.4.4)$$

由式 (2.4.4) 可知，只要实验测得 T，并再已知 K 和 J 中任意一个量，就可计算另一个量。本实验就是通过对周期 T 的测量来实现对 J 的测定。然而，实验中 K 为未知量，且每台扭摆的 K 值都不尽相同。因此，需要先测出扭簧的扭转常数 K。

2. 扭簧的扭转常数

先将载物盘装在垂直轴上，并测量其绕垂直轴的转动周期 T_0，有

$$T_0 = 2\pi\sqrt{\frac{J_0}{K}} \qquad (2.4.5)$$

式中，J_0 为载物盘绕垂直轴的转动惯量。

取一个质量为 m_1、直径为 D_1 的塑料圆柱体作为标准物体，由理论公式可直接计算出其相对几何对称轴的转动惯量 J_1 为

$$J_1 = \frac{1}{8}m_1 D_1^2 \qquad (2.4.6)$$

然后将塑料圆柱体同轴固定在载物盘里使二者一起转动，测量此系统的振动周期 T_1，有

$$T_1 = 2\pi\sqrt{\frac{J_0 + J_1}{K}} \qquad (2.4.7)$$

式中，$J_0 + J_1$ 是载物盘和塑料圆柱体一起绕轴转动的转动惯量（由转动惯量的叠加原理给出）。

联立式 (2.4.5) 和式 (2.4.7)，可得出 J_0、K 分别为

$$J_0 = \frac{T_0^2}{T_1^2 - T_0^2}J_1 \qquad (2.4.8)$$

$$K = 4\pi^2 \frac{J_1}{T_1^2 - T_0^2} \qquad (2.4.9)$$

于是，扭簧的扭转常数 K 就成了一个已知量。

3. 测定待测物体的转动惯量

现在可以利用此扭摆装置测量各种待测物体的转动惯量了。取下塑料圆柱体，将待测物体

同轴固定在载物盘里,测出待测物体和载物盘一起绕轴转动的周期 T,设待测物体绕垂直轴的转动惯量为 $J_{待测物体}$,有

$$T=2\pi\sqrt{\frac{J_0+J_{待测物体}}{K}} \tag{2.4.10}$$

即可得出待测物体的转动惯量为

$$J_{待测物体}=\frac{KT^2}{4\pi^2}-J_0 \tag{2.4.11}$$

对于无需载物盘的待测物体,只需将其通过各种支架或夹具直接安放在扭摆垂直轴上,并测出摆动周期,即可算出其绕轴的转动惯量:

$$J_{待测物体}=\frac{KT^2}{4\pi^2}-J_{支架}(或\ J_{待测物体}=\frac{KT^2}{4\pi^2}-J_{夹具}) \tag{2.4.12}$$

4.平行轴定理

理论分析证明,若质量为 m 的物体绕通过质心轴 C 的转动惯量为 J_C,当转轴平行移动距离为 x 时,此物体对新转轴的转动惯量变为

$$J=J_C+mx^2 \tag{2.4.13}$$

式(2.4.13)称为转动惯量的平行轴定理。

为了使细杆保持平衡且准确测量周期,本实验利用对称放置于细杆上的两滑块装置来验证平行轴定理,如图 2.4.2 所示。设长为 L、质量为 m_A 的细杆相对于质心轴 C 的转动惯量为 J_A,质量为 m_B 的滑块相对质心轴的转动惯量为 J_B。由平行轴定理可知,此时整个装置的转动惯量为

$$J=J_A+2(J_B+mx^2) \tag{2.4.14}$$

式中,x 为滑块质心到转轴的距离。

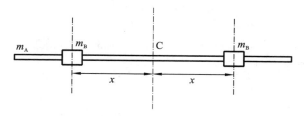

图 2.4.2 对称放置于细杆上的两滑块装置

类似于前面测定转动惯量的操作,将该装置通过夹具固定于扭摆垂直轴上,通过测量滑块处于不同位置时的转动周期,得到该装置绕垂直轴的转动惯量的实验值,再与由式(2.4.13)计算出的理论值进行比较,多次测量两者均吻合,即验证了平行轴定理。

【实验仪器】

扭摆、转动惯量实验仪(由主机和光电传感器两部分组成)、游标卡尺、物理天平、待测物体。

【实验步骤】

1.调整仪器并熟悉仪器的使用

(1)调整扭摆基座底脚螺钉,使水平仪的气泡位于中心。

（2）装上载物盘，调整光电传感器光电探头的位置，使载物盘上的挡光杆处于光电探头缺口中央，且能自由往返地通过光电门，而后将光电传感器的信号传输线插入转动惯量实验仪的传感器接口。

（3）开启转动惯量实验仪的电源，"复位"指示灯亮起，默认"次数"显示为"20"（20 次半周期），"时间"显示为 0。

（4）按下"开始"键，"工作"指示灯亮起，即可测量各次摆动的半周期。

（5）按下"查询"键，"查询"指示灯亮起，并显示出第 1 次半周期。然后通过"设置"键，依次可以查询第 2 次之后的半周期；通过"开始"键，可以查询第 20 次之前的半周期。

（6）每次开始测量之前，均要按"复位"键，使仪器处于初始状态。

2. 测定各物体的转动惯量

（1）测量各待测物体的质量和几何参数，计算转动惯量的理论值。

（2）安装载物盘，调节光电探头的位置，使载物盘上的挡光杆平衡位置对其遮光后，再测量载物盘的摆动周期 T_0。重复测量 3 次。

（3）将塑料圆柱体和金属圆筒分别固定在载物盘中，分别多次测量摆动周期 T_1、T_2，并计算转动惯量的实验值。

（4）分别装上实心球和金属细长杆（质心必须与转轴重合），分别多次测量摆动周期 T_3、T_4，并计算转动惯量的实验值。

3. 验证转动惯量的平行轴定理

（1）将两个滑块对称放置在细杆两边的凹槽内，并将其固定在垂直轴上。

（2）调节两滑块质心离转轴的距离分别为 5.00 cm、10.00 cm、15.00 cm、20.00 cm、25.00 cm，依次测出滑块处于不同位置时的周期，计算整个装置转动惯量的理论值和实验值。

【数据处理】

本实验所涉及表格如表 2.4.1、表 2.4.2 所示。

表 2.4.1　测量规则刚体沿转轴的转动惯量

物体名称	质量/kg	几何尺寸/m		周期/s		转动惯量理论值/($\times 10^{-4}$ kg·m^2)	实验值/($\times 10^{-4}$ kg·m^2)
载物盘	/	/		T_0		/	$J_0 = \dfrac{J_1 \overline{T_0^2}}{T_1^2 - \overline{T_0^2}}$
				$\overline{T_0}$			
塑料圆柱体		D_1		T_1		$J_1 = \dfrac{1}{8} m_1 D_1^2$	/
		$\overline{D_1}$		$\overline{T_1}$			

物体名称	质量/kg	几何尺寸/m		周期/s		转动惯量理论值 /($\times 10^{-4}$ kg·m^2)	实验值 /($\times 10^{-4}$ kg·m^2)
金属圆筒		D_2		T_2		$J_2 = \dfrac{1}{8} m_2(\overline{D}_2^2 + \overline{d}_2^2)$	$J_2' = \dfrac{K\overline{T}_2^2}{4\pi^2} - J_0$
		$\overline{D}_2$					
		d_2					
		$\overline{d}_2$		$\overline{T}_2$			
实心球		D_3		T_3		$J_3 = \dfrac{1}{10} m_3 \overline{D}_3^2$	$J_3' = \dfrac{K\overline{T}_3^2}{4\pi^2} - J_{支架}$
		$\overline{D}_3$		$\overline{T}_3$			
金属细杆		L		T_4		$J_4 = \dfrac{1}{12} m_4 \overline{L}^2$	$J_4' = \dfrac{K\overline{T}_4^2}{4\pi^2} - J_{夹具}$
		$\overline{L}$		$\overline{T}_4$			

注:$J_{支架} = 0.321 \times 10^{-4}$ kg·m^2,$J_{夹具} = 0.215 \times 10^{-4}$ kg·m^2。

表 2.4.2　验证刚体的平行轴定理

滑块质量 $m_B = $ _____ kg,内径 $d_B = $ _____ m,外径 $D_B = $ _____ m,滑块长度 $h_B = $ _____ m

$x/(\times 10^{-2}$ m$)$	5.00	10.00	15.00	20.00	25.00
摆动周期 T/s					
$\overline{T}$/s					
实验值/($\times 10^{-4}$ kg·m^2) $J' = \dfrac{K\overline{T}^2}{4\pi^2} - J_{夹具}$					
理论值/($\times 10^{-4}$ kg·m^2) $J = J_A + 2(J_B + m_B x^2)$					
百分差/(%)					

注:J_A 为金属细杆的转动惯量,J_B 为滑块的转动惯量,$J_B = \dfrac{1}{16} m_B(d_B^2 + D_B^2) + \dfrac{1}{12} m_B h_B^2$。

【实验思考】

(1)扭摆在摆动过程中受到哪些阻尼？如何提高刚体摆动周期测量精确度？

(2)在实验中,你还发现哪些因素会给实验结果带来误差？

(3)如果改变标准塑料圆柱体的材质或者把其他物体作为标准物体,对实验结果是否有影响？

(4)能否利用此装置测量形状不对称物体的转动惯量？

【注意事项】

(1)光电探头宜放置在挡光杆平衡位置处,且不能放在强光下,挡光杆不能和它相碰。

(2)由于扭簧的扭转常数 K 值不是固定常数,它与摆动角度略有关系,在摆角在 90°左右时基本相同。因此,测周期时摆角不宜过小,摆幅也不宜变化过大。

(3)不要随意玩弄扭簧,以免损坏扭簧。

(4)在安装待测物体时,支架或夹具对准轴上的键槽且必须全部套入扭摆主轴后,再将止动螺丝旋紧,否则扭摆不能正常工作。

(5)在称实心球与金属细杆的质量时,必须将支架或夹具取下,否则会带来极大的误差。

【拓展应用】

在科学实验、航天、军事、机械及仪表等领域,转动惯量是一个重要的参量。测量物体的转动惯量对某些研究工作具有重要意义。在军事上,导弹和卫星的制导器件的设计,火箭弹、鱼雷、子弹等武器的研制,都需要精准测量其转动惯量。

例如,在枪械的发展历史上,来复枪之前的枪都是滑膛枪,出膛的子弹会"翻跟斗",影响了它的射程及精准度。子弹如果从与其匹配的内刻来复线的枪膛出射,就会旋转,从而大大提高射击的精准度。因此,子弹的转动惯量是枪械工程师必须知道的重要参数。

刚体转动
惯量的测定

转动惯量也是航天探测器的重要参数,是进行姿态控制的关键条件。

我国自主研制的嫦娥五号月球探测器,首次实现了中国地月采样返回。嫦娥五号进入预定的轨道后,会有一系列的姿态调整。例如:张开太阳能翼板,以便充电;打开通信天线,以便与地面通信站通信;调整对月面与月球表面至平行,从而对月球进行有效探测;等等。为了实现对航天器可靠和有效的高精度姿态控制,也必须精确测量其在轨的转动惯量。

【人物传记】

罗伯特·胡克(1635—1703)是 17 世纪英国最杰出的科学家之一,在力学、光学、天文学等多个学科领域都有重大成就。他所设计和发明的科学仪器在当时是无与伦比的。他本人被誉为英国的"双眼"和"双手"。在力学方面,胡克的贡献尤为卓著:建立了胡克定律,与惠更斯各自独立发现了螺旋扭簧的振动周期的等时性,协助玻意耳发现了玻意耳定律,指出彗星靠近太阳时轨道是弯曲的,提出了行星运动的理论,也为研究开普勒学说作出了重大贡献。1679 年,胡克在给牛顿的信中正式提出了引力与距离平方成反比的观点,但由于缺乏数学手段没有得出定量的表示。在光学方面,胡克致力于光学仪器的创制,制作或发明了显微镜、望远镜等多种光学仪器。他是光的波动说的支持者，认为光的传播与水波相似，1665 年提出了光的波动说，1672年进一步提出了光波是横波的概念。在天文学、生物学等方面，他曾用自制的望远镜观测火星的运动；用自制的复合显微镜发现植物细胞，并命名为"cell"（一直沿用至今）。除去科学技术，胡克还在城市设计和建筑方面有着重要的贡献。胡克因兴趣广泛、贡献重要而被某些科学史家称为"伦敦的列奥纳多（达·芬奇）"，但与牛顿的争论导致他去世后少为人知。

2.5　惠斯通电桥测电阻

电阻是三大电子元器件之一。同时，电阻也是电磁学中一个重要的物理量。因此，需要精确测量电阻。采用传统的伏安法测电阻时无论是采用外接法还是采用内接法都存在明显的系统误差，万用表欧姆挡由于表头刻度不均匀读数也不精确，而电桥是一种用比较法进行测量的仪器，是将待测量与标准量进行比较获得准确值的测量工具，具有灵敏度和精确度都很高的特点。因此，电桥在测量技术中被广泛用来精确测量电阻、电容、电感和频率、温度、压力等许多电学量和非电学量，在自动控制和自动检测中也得到极其广泛的应用。直流单臂电桥又称为惠斯通电桥，主要用于精确测量中值电阻（阻值为 1 Ω 到 0.1 MΩ），使用和操作都很方便，是电磁测量中常见的重要仪器。

【预习思考】

(1)电桥法测电阻的原理是怎样的？
(2)实验时如何恰当地选择比例臂？

【实验目的】

(1)了解箱式电桥的结构，掌握用惠斯通电桥测电阻的原理和方法；
(2)了解电桥灵敏度的测量方法；
(3)能够自组电桥测电阻，会排除电路的简单故障。

【实验内容】

自组惠斯通电桥测电阻，测量惠斯通电桥的灵敏度。

【实验原理】

电桥法测电阻是将待测电阻与标准电阻相比较来确定待测电阻值的一种方法。由于标准电阻误差很小，因此电桥法测电阻可以达到很高的精度。

1.惠斯通电桥的平衡条件

惠斯通电桥原理图如图 2.5.1 所示。它由三个可调的已知标准电阻 R_1、R_2、R_3 和一个未知待测电阻 R_x 连接构成一个四边形，四边形的边称作电桥的桥臂，其中顶点 A、C 连接直流电源 E，顶点 B、D 之间连接电流计 G。当调节电阻 R_1、R_2、R_3 的阻值至合适值时，可使得电流计 G 中无电流通过，电流计 G 读数为零，这说明 B、D 两点之间的电势差为零，此时称电桥达到了平衡状态。

B、D 两点之间的电势差为零,说明桥臂 AB 和 AD 的电压相等、桥臂 BC 和 DC 的电压相等,即

$$I_x R_x = I_1 R_1, \quad I_3 R_3 = I_2 R_2 \tag{2.5.1}$$

同时,电流计读数为零,说明桥臂 AB 和 BC 电流相等、桥臂 AD 和 DC 电流相等,即

$$I_1 = I_2, \quad I_x = I_3 \tag{2.5.2}$$

结合式(2.5.1)和式(2.5.2)推导可得

$$R_x = \frac{R_1}{R_2} R_3 = K R_3 \tag{2.5.3}$$

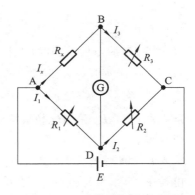

图 2.5.1　惠斯通电桥原理图

式(2.5.3)即为惠斯通电桥的平衡条件,也是测量电阻的依据。本质上讲,R_1/R_2 就是比例系数,而电阻 R_1、R_2 各自又是电桥的桥臂,因此 R_1、R_2 称为比例臂。同理,式(2.5.3)可以看作是将未知电阻 R_x 和标准电阻 R_3 进行比较而得到的一个等式,所以电阻 R_3 称为比较臂,而 $K = R_1/R_2$ 通常称为倍率。用电桥测电阻时,应先估计待测电阻 R_x 的值,选定倍率 K,再调节比较臂 R_3,使电流计读数为零,即可测得准确的电阻值 R_x。通过使电桥达到平衡,将待测电阻 R_x 与标准电阻 R_3 比较来测量 R_x 的大小,称为平衡比较法。

2. 交换法消除标准电阻的系统误差

SY-60 型惠斯通电桥实验仪的可调标准电阻 R_1、R_2 由一根 1 m 长且粗细均匀的电阻丝构成。这根电阻丝称为滑线,在图 2.5.2 中用 BE 表示。电阻丝下标有米尺刻度,其两端系于粗铜块上并处于张紧状态,金属刀口 D 可沿滑线移动,按下刀口 D 即将滑线分为 l_1、l_2 两部分,从而得到电阻 R_1、R_2。适当调节 D,可找到一点,使电流计读数为零。对于均匀电阻丝而言,电阻的大小与其长度成正比。故若以 l_1 表示 BD 长度,l_2 表示 DE 长度,则有

$$R_x = \frac{R_1}{R_2} R_3 = \frac{l_1}{l_2} R_3 \tag{2.5.4}$$

测量时,当电桥达到平衡时,读出 l_1、l_2 长度和 R_3 数值,代入式(2.5.4)就可求出待测电阻 R_x。

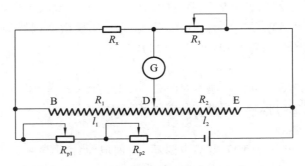

图 2.5.2　自组惠斯通电桥原理图

然而,实际测量中为了消除由 R_1、R_2 本身误差所带来的系统误差,常采用交换法进行对称测量,即交换 R_1、R_2 两臂的位置,通过调节 R_3 阻值大小使电桥再次达到平衡,此时有

$$R_x = \frac{R_2}{R_1}R_3' = \frac{l_2}{l_1}R_3' \tag{2.5.5}$$

式中,R_3'为换臂后电桥平衡时比较臂的读数。

将式(2.5.4)和式(2.5.5)相乘得

$$R_x = \sqrt{R_3 R_3'} \tag{2.5.6}$$

从上式可知,R_x只与比较臂R_3有关,所以可以用交换法消除由于R_1、R_2数值不准而带来的系统误差。

3. 惠斯通电桥的灵敏度

电桥平衡后,将比较臂R_3改变一小量ΔR_3,引起电流计电流变化ΔI,这时电桥的灵敏度定义为

$$s = \frac{\Delta I}{\Delta R_3 / R_3} \tag{2.5.7}$$

电桥的灵敏度与四个因素有关:①与所用电流计的灵敏度成正比;②与电源的输出电压成正比;③与四个桥臂的总电阻有关,总电阻越小,电桥的灵敏度越高;④与桥臂电阻搭配有关,理论与实验都表明,电流计连接桥臂两边本身的电流越接近,电桥的灵敏度越高。本实验要求学员自己测量电桥的灵敏度,主要目的是通过实验让学员体会电桥的灵敏度到底和哪些因素有关系。

【实验仪器】

SY-60型惠斯通电桥实验仪、导线若干。

【实验步骤】

1. 自组惠斯通电桥测电阻阻值

自组惠斯通电桥测电阻R_{x1}、R_{x2}以及两者串联的阻值,实验过程可以归纳为五步,口诀是"一准、二连、三调、四换、五处",具体操作流程如下。

(1)准备工作。

首先,不连接其他电路,打开电源开关,将电源电压调至$E = 4.5$ V,同时,将R_{p1}、R_{p2}旋钮逆时针旋到底至电阻值最大,以保护电路;其次,将电流计G灵敏度调节旋钮逆时针旋到底至灵敏度最低,再调节电流计G调零旋钮,使其读数为零。

(2)连接电路。

关闭电源,按自组惠斯通电桥原理图即图2.5.2接好线路,确保电路无误后再接通电源,可以用R_{x1}下面100 Ω的电阻来验证电路连接是否正确。

(3)调节平衡。

选定倍率$K = 1/3$,按下刀口D,调节电阻箱R_3使电流计G显示为零。然后,在保持电源电压4.5 V不变的前提下,逐渐减小R_{p1}、R_{p2}至电压读数开始变化时停止调节,同时,将电流计G的灵敏度调至最大(本质是将电流计内阻调至最小),按下刀口D,调节电阻箱R_3使电流计G再次显示为零,记录l_1、l_2、R_3的值。

(4)交换插头。

为消除R_1、R_2本身所带来的系统误差,常交换R_1、R_2两臂的位置进行测量,即断开电源,

将滑线 BE 两端插头位置对调,重复步骤(3)使电桥达到平衡,记录 R_3' 阻值。

(5)数据处理。

改变倍率 K 值,重复步骤(3)和(4)对每个未知电阻测量 3 次,记录相关数据,表格自拟,求出待测电阻的平均值。

2.惠斯通电桥灵敏度测量

测惠斯通电桥灵敏度的目的是让学员通过实验归纳总结电桥的灵敏度到底跟哪些因素有关,定性分析出影响电桥灵敏度的物理量。实验具体操作流程如下。

(1)电源电压调至 4.5 V,$R_x = 100\ \Omega$,$R_3 = 100\ \Omega$,倍率 $K = 1$,微调 R_3 至电桥平衡后,记录平衡时的 R_3,分别增加 R_3 阻值 5 Ω 和 8 Ω,记录电流计的读数,计算此时的电桥灵敏度。

(2)电源电压减为 2.25 V,重复步骤(1),计算此时的电桥灵敏度。

(3)对比以上两种情况下电桥灵敏度的测量结果,定性分析影响电桥灵敏度的物理量。

【实验思考】

(1)当电桥达到平衡后,将电流计与电源互换位置,电桥是否仍保持平衡?

(2)测量一个数百欧姆的电阻时,电桥比例臂倍率 R_1/R_2 应选多大? 测量一个数万欧姆的电阻时,电桥比例臂倍率 R_1/R_2 又应选多大? 为什么?

(3)电流计读数不为零时,电源正负极对换后电流计读数如何变化? 为什么?

【注意事项】

(1)严格按照电路图进行接线,确保无误后方可开始实验,防止接错电路造成仪器损坏。

(2)使用电桥时,不能长时间按下刀口 D,否则电流计通电时间过长,易损坏。

(3)灵敏度调节旋钮及限流电阻 R_{p1} 和 R_{p2} 调节旋钮逆时针旋到底位置时,阻值均为最大值;反之,阻值均为最小值,注意合理调节使用。

(4)各接线旋钮必须拧紧,否则会因接触电阻过大而影响测量精度,甚至导致无法达到平衡。

【拓展应用】

按工作电源的不同,电桥可分为直流电桥和交流电桥两大类。对于直流电桥,当工作电源为恒压源时称为恒压源电桥;当工作电源为恒流源时称为恒流源电桥。此外,按构成桥路器件的不同,电桥可分为无源电桥和有源电桥。交流电桥在电子测量中占有重要地位,主要用于测量交流等效电阻、时间常数、电容及介质损耗等。

惠斯通电桥
的应用

非平衡电桥一般用于测量电阻值的微小变化。例如,将电阻应变片粘在物件上,当物体发生形变时,应变片也随之发生形变,应变片的电阻 R_x 变为 $R_x + \Delta R$,这时检流计通过的电流 I_g 也将变化,根据电流 I_g 与 ΔR 的关系就可测出 ΔR,继而由 ΔR 与固体形变之间的关系计算出物体的形变量。用这种方法可测量应变、拉力、扭矩、振动频率等。

【人物传记】

惠斯通(1802—1875),是英国物理学家,1802 年 2 月 6 日生于英格兰的格洛斯特附近的一个乐器制造商之家,14 岁时到伦敦当学徒学习乐器制造,21 岁时开业制造乐器。尽管没有受到任何正规的科学教育,但是他善于学习、思考和钻研。受职业的影响,他对声学产生了兴趣,对声音的传播等做过研究。例如,他对声音在刚性直导线上传输的问题进行了研究,取得了出色的成果,从实验上验证了吹奏乐器时空气振动问题中的伯努利原理。同时,惠斯通也是一位杰出的实验物理学家。1833 年英国发明家克里斯蒂发明了电桥,但由于惠斯通第一个使用它来精确测量电阻,因此人们习惯上把这种电桥称为惠斯通电桥。惠斯通于 1834 年任伦敦国王学院的实验哲学教授。同年,他利用旋转片的方法测定了电磁波在金属中的速率。后来法国物理学家傅科用该方法首次精确测定了光速。在光学方面,惠斯通对双筒视觉、反射式立体镜等进行了研究,阐述了视觉可靠性的根源问题。他对人眼的视觉、色觉等生理光学的问题也作了正确的阐述。此外,他还发明观察立体图像的体视镜,而且现仍用于 X 射线和航空照相等方面。

2.6 示波器的使用

示波器是一种用途十分广泛的电子测量仪器。它能把肉眼看不见的电信号变换成看得见的图像,可直接显示、观察和测量电压波形及幅度、周期、频率、相位差等参数。一切能转换为电压的电学量(如电流、电阻等)和非电学量(如温度、压力、磁场等)的动态过程均可用示波器来观察和测量。用示波器研究物理现象与规律也成为一种重要的物理实验方法。本实验主要学习示波器的基础使用方法,利用示波器观察电信号的波形,并对电信号的变化进行测量与分析。

【预习思考】

(1)若被测信号幅度太大,则在示波器上看到什么图形? 要完整地显示图形,应如何调节?
(2)示波器能否用来测量直流电压? 如果能,应如何进行测量?

【实验目的】

(1)了解示波器的主要结构,掌握波形显示的基本原理;
(2)掌握示波器和信号发生器的使用方法;
(3)熟练使用示波器测量正弦信号的电压、周期;
(4)能够利用李萨如图形测定正弦信号的频率。

【实验内容】

示波器和信号源的调节与使用,观察正弦波、方波、三角波的波形,测量电信号的电压、周期等电参量,利用李萨如图形测定正弦信号的频率。

【实验原理】

示波器是形象地显示信号幅度随时间变化的波形显示仪器,是一种综合的信号特性测量仪。示波器具有显示、观察、测量、分析、归档五大基本功能,应用相当广泛。它可以用作电压表、电流表、功率计、频率计、相位计,还可以用来测量脉冲特性、阻尼振荡特性等。示波器主要可分为模拟示波器、数字示波器两大类。

模拟示波器利用狭窄的高速电子组成的电子束,打在涂有荧光物质的屏面上来产生细小的光点。在被测信号的作用下,电子束就好像一支笔的笔尖,可以在屏面上描绘出被测信号的瞬时值的变化曲线。模拟示波器最重要的优点就是实时刷新、速度较快。

数字示波器是集数据采集、A/D 转换、单片机及开发系统等一系列技术制造出来的高性能示波器。它体积小、重量轻,便于携带,具有模拟示波器所不具备的屏幕截图、数据显示分析、函数运算、数据及波形存储等功能,具有更多的触发方式和更强大的波形处理能力,能自动测量频率、上升时间、脉冲宽度等很多重要的电参数,可外接 U 盘、网络、计算机、打印机、绘图仪用以存储、打印和分析文件,特别适合测量单次和低频信号,因此它在科研及教学中已逐步取代模拟示波器成为主流。

1.数字示波器的基本结构和工作原理

示波器由水平系统、垂直系统、扫描系统、触发系统和显示系统组成。从功能作用角度来看,数字存储示波器主要由信号调理部分、采集和存储部分、触发部分、数据处理部分及其他部分组成。其中:信号调理部分主要由衰减器和放大器组成;采集和存储部分主要由模数转换器、内存控制器和存储器组成;触发部分主要由触发电路构成;数据处理部分由处理器组成。

数字示波器系统的硬件部分为一块高速的数据采集电路板。它能够实现双通道数据输入。从功能上可以将数字示波器的硬件系统分为信号前端放大器(FET 输入放大器)及调理器(可变增益放大器)模块、高速 A/D 转换模块、FPGA 逻辑控制模块、时钟分配器、高速比较器、单片机控制模块(DSP)、数据通信模块、液晶显示模块、触摸屏控制模块、电源和电池管理模块、键盘控制模块等部分。其中,最重要的是程控放大(衰减)电路和 A/D 转换电路。

数字示波器的原理框图如图 2.6.1 所示。输入的电压信号经耦合电路耦合后送至前端放大器,前端放大器将信号放大,以提高示波器的灵敏度、扩大示波器的动态范围。前端放大器输出的信号由取样/保持电路进行取样,模数转换器将模拟输入信号的电平数字化,并将其存入存储器中,微处理器对存储器中的数字化信号波形进行相应的处理,并显示在显示屏上。数字示波器屏幕显示的波形总是由所采集到的数据重建形成的,而不是输入端上所加信号立即的、连续的波形显示。

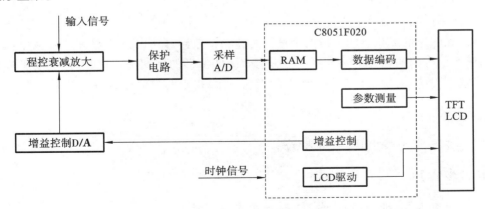

图 2.6.1　数字示波器的原理框图

2.李萨如图形

李萨如图形是指两个相互垂直的简谐振动所合成的曲线。李萨如图形的形状会随两个简谐振动的频率、振幅、初相位和相位差等因素的变化而改变。如果两个简谐振动的频率相等,则李萨如图形为椭圆,椭圆的性质由两个简谐振动的相位差而定;如果两个简谐振动的频率不等,则合成的轨迹是一个封闭的李萨如图形。应该指出,一般情况下李萨如图形是不稳定的,只有当两个简谐振动的频率的比值近似为简单的整数比时,图形变化才较缓慢,才可得到稳定的李萨如图。

作简谐振动的物体离开平衡位置的位移(或角位移)按余弦函数(或正弦函数)关系随时间变化,因而实验中可以通过信号发生器产生两个余弦(或正弦)电压信号,并分别将信号输入到示波器的 CH1 和 CH2 通道,示波器默认将从 CH1 通道输入的正弦信号作为 X 轴信号、从 CH2 通道输入的正弦信号作为 Y 轴信号进行叠加。通常示波器默认显示的波形为"YT"模式,所显示波形的横轴是时间量,纵轴为电压量。需要对两个信号的波形进行比较,观察李萨如图形时,选用示波器的"X-Y"模式,此时示波器将时基关闭,两个通道 X、Y 轴都跟踪电压,即可获得两信号叠加后的李萨如图形。

(1)利用李萨如图形测量正弦信号的频率。

将已知频率 f_X 的正弦电压 U_X 和未知频率 f_Y 的正弦电压 U_Y 分别送到示波器的 X 轴和 Y 轴。如果两电压的频率、振幅和相位不同,在示波器上所显示出的李萨如图形的形状也会不同,但是李萨如图形与水平线和竖直线相切的最多切点个数之比不会改变,如图 2.6.2 所示。因此,只要根据李萨如图形的形状确定出两电压的频率比,就可以求出待测频率的大小。李萨如图形与频率比的关系为

$$\frac{f_Y}{f_X} = \frac{n_X}{n_Y} \tag{2.6.1}$$

式中,n_X 是水平线与李萨如图形相切的最多切点个数,n_Y 是竖直线与李萨如图形相切的最多切点个数。

由式(2.6.1)可知,如果已知 f_X,则由李萨如图形的切点数可求出未知频率 f_Y 为

$$f_Y = \frac{n_X}{n_Y} f_X \tag{2.6.2}$$

这就是利用李萨如图形测定正弦信号频率的方法。

(2)利用李萨如图形观察相位差。

从李萨如图形的形状还能分辨两个信号间的相位差异,如图 2.6.3 所示。在频率比相同的情况下,两个信号的初相位不同虽然不会影响李萨如图形的周期和切点数,但是会影响李萨如图形的形状。因此,通过观察李萨如图形的形状,可以得出两组信号的相位差。

【实验仪器】

数字示波器、信号发生器、未知信号源。

【实验步骤】

1. 观察频率为 1 kHz 的正弦波、方波、三角波的波形
(1)打开数字示波器电源开关。
(2)将示波器探头接到被测信号,确定触发源选择在所接通道位置,按下相应的通道按键。

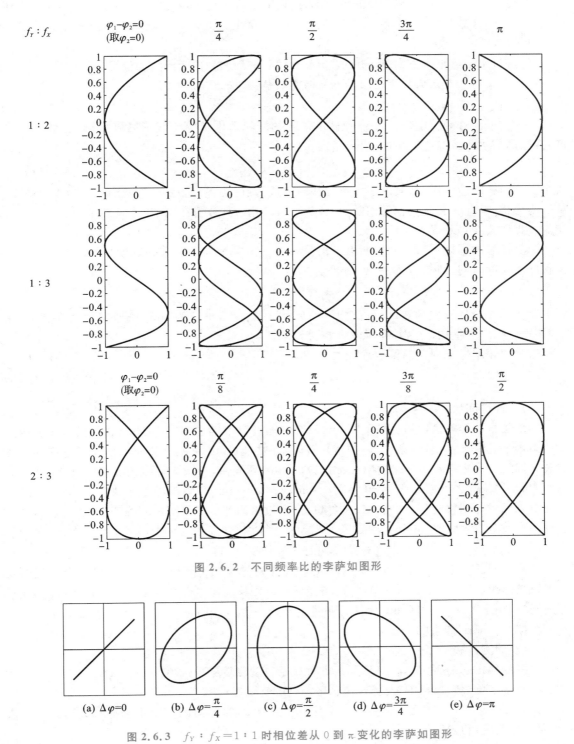

图 2.6.2　不同频率比的李萨如图形

(a) $\Delta\varphi=0$ (b) $\Delta\varphi=\dfrac{\pi}{4}$ (c) $\Delta\varphi=\dfrac{\pi}{2}$ (d) $\Delta\varphi=\dfrac{3\pi}{4}$ (e) $\Delta\varphi=\pi$

图 2.6.3　f_Y：$f_X=1$：1 时相位差从 0 到 π 变化的李萨如图形

（3）按下"Auto Setup"键自动调整波形,或调节垂直控制区域的"垂直挡位（V↔mV）"旋钮以及水平控制区域的"水平时基（s↔ns）"旋钮,使屏幕上的波形大小、长短合适（一个完整波形占满显示屏的80%范围）。

（4）通过水平或垂直方向"Position"调节旋钮将波形调到便于测量的位置。

2.分别采用三种不同的方法测量电压的有效值、峰峰值和周期

（1）挡位（间距）测量法。

①测信号的峰峰值电压。屏幕所显示信号的峰峰值电压等于波形高度（波峰至波谷的高度）乘以屏幕上单位高度对应的电压值,即

$$U_{PP} = h \times a \tag{2.6.3}$$

式中:U_{PP}为峰峰值电压,即波形最高点（波峰）到最低点（波谷）间对应的电压值;h为波形高度,单位为大格（div）;a为垂直偏转因数,单位为Volts/div,其数值在调节"垂直挡位（V↔mV）"旋钮的过程中会在显示屏上显示。

②测信号的周期。信号的周期等于信号在屏幕上一个周期对应的宽度l乘以水平方向单位长度对应的时间,即

$$T = l \times b \tag{2.6.4}$$

式中,l为一个周期对应的宽度,单位为div;b为扫描速率,单位为time/div,其数值在调节"水平时基（s↔ns）"旋钮的过程中可从显示屏上读取。

信号的频率等于周期的倒数,即

$$f = \frac{1}{T} \tag{2.6.5}$$

（2）光标区间法。

①测信号的峰峰值电压。按下"Cursors"键,通过菜单键选中"Y"打开光标（显示屏上会出现两条水平虚光标线,且一条亮、一条暗）,旋转"多功能（Intensity/Adjust）"旋钮可以移动亮的那条光标线。然后按一下"多功能（Intensity/Adjust）"旋钮,两条光标线的亮暗会交换（即原来暗的变亮,原来亮的变暗）,再旋转"多功能（Intensity/Adjust）"旋钮可以移动亮的那条光标线。将两条光标线分别移到信号的波峰、波谷位置,通过区间宽度即可测出峰峰值电压。注意,如果连续两次按下"多功能（Intensity/Adjust）"旋钮,则两条光标线会同时变亮,此时旋转"多功能（Intensity/Adjust）"旋钮,两条光标线会同时一起移动。

②测信号的周期。按下"Cursors"键,通过菜单键选中"X"打开光标（显示屏上会出现两条竖直虚光标线,且一条亮、一条暗）,将两条光标线分别移到信号一个周期的始末位置（具体移动方法同"Y"光标线）,通过区间宽度即可测量出周期。

③按"Cursors"键,关闭光标。

（3）自动测量法。

①按下"Measure"按键,在显示屏下方可显示自动测量菜单选项。

②通过菜单键和选择键,选择待测信号源（CH1或CH2）。

③通过菜单键和选择键,选择测量类型为电压测量,在弹出的菜单中选择参数为方均根值（即为有效电压）和峰峰值。

3.利用李萨如图形测定正弦信号的频率

测量未知频率f_Y。分别调出$f_Y:f_X=1:1$、$f_Y:f_X=1:2$、$f_Y:f_X=1:3$、$f_Y:f_X=2:$

3 时的李萨如图形,要求将李萨如图形分别画在准备好的坐标绘图纸上,计算 f_Y 的平均值。

(1)将两个正弦信号分别输入通道"1(X)"和"2(Y)"。

(2)若通道未被显示,按下"1"或"2"按钮。

(3)按下"Auto Setup"键。

(4)调节"垂直挡位(V↔mV)"旋钮,使两路信号的幅度大致相等。

(5)按下"Acquire"按钮,以调出水平控制菜单(在屏幕的下方显示)。

(6)按下时基菜单按钮选择"XY 开启",可显示李萨如图形,按下运行控制栏的"RUN/STOP"键可使李萨如图形静止。

(7)使用完示波器后,关闭示波器电源开关。

4.观察不同相位差的李萨如图形

观察 $f_Y : f_X = 1 : 1$ 时的不同相位差对应的李萨如图形,并画在坐标纸上。

【数据处理】

本实验所涉及表格如表 2.6.1～表 2.6.3 所示。

表 2.6.1　测量峰峰值电压、有效电压

信号	Y 偏转因数 a /(Volts/div)	波形高度 h /div	峰峰值电压 $U_{PP} = h \times a$/V	电压有效值 /V	电压有效值的平均值/V
正弦波					
方波					
三角波					

表 2.6.2　测量周期、频率

信号	扫描速率 b /(time/div)	一个周期对应的宽度 l/div	周期 $T = l \times b$ /ms	频率 /kHz	频率的平均值 /kHz
正弦波					
方波					

续表

信号	扫描速率 b /(time/div)	一个周期对应的宽度 l/div	周期 $T=l\times b$ /ms	频率 /kHz	频率的平均值 /kHz
三角波					

表 2.6.3　用李萨如图形测定正弦信号的频率

$f_Y:f_X$	n_X	n_Y	比较信号频率 f_X /kHz	待测信号频率 f_Y /kHz	待测信号频率平均值 $\overline{f_Y}$/kHz
1:1					
1:2					
1:3					
2:3					

【实验思考】

(1)正弦电压信号的峰峰值和有效值之间是什么关系？这种关系是如何得到的？

(2)被观测的图形不稳定,出现向左移或向右移的原因是什么？该如何使其稳定？

(3)观察李萨如图形时,能否用示波器的"同步"把图形稳定下来？李萨如图形一般都在动,为什么？主要原因是什么？

(4)若被测信号幅度太大,则在示波器上看到什么图形？要完整地显示图形,应如何调节？

(5)示波器能否用来测量直流电压？如果能,应如何进行？

(6)如果 Y 轴信号的频率 f_Y 比 X 轴信号的频率 f_X 大很多,示波器上会看到什么情形？相反,f_Y 比 f_X 小很多,又会看到什么情形？

【注意事项】

(1)在信号发生器的调节过程中,防止信号幅度太大引起仪器损坏。

(2)对电压和时间读数不需要估读,波形格数需要根据最小刻度进行估读。

(3)触发源、触发模式、触发电平的选择对波形的调节很重要。

(4)在调节过程中,避免误操作造成设备损坏。

【拓展应用】

示波器的使用

示波器可以用于检测汽车电路故障。汽车的电子语言基本上是脉冲,或者说是随时间变化的电压,而电压的大小取决于电路中的电流和电阻。

当汽车的电子设备和线路出现故障时,维修人员可借助示波器采集所有相关的数据,并将电压的波形显示在显示屏上。这些电压的波形蕴含着车辆的故障信息,反映着车辆系统运行时电器电路的状态。因此,维修人员根据示波器上显示的电压波形就可以判断电路到底出了什么问题。维修人员如果进一步对采集到的信号的波形进行组合分析,就可以诊断故障的确切原因。

还可以借助于示波器将两个相互垂直的正弦信号合成李萨如图形,用于雷达测速。雷达是利用声波或电磁波探测目标的仪器设备。它对目标发射声波或电磁波并接收其回波,由此获得目标到雷达波发射点的距离、距离变化率、方位等信息。当雷达和目标之间有相对运动时,会产生多普勒效应,应用李萨如图形来测定回波的频率,从而可以确定目标的相对运动速度。

【人物传记】

卡尔·费迪南德·布劳恩(1850－1918),是德国物理学家,于 1897 年发明世界上第一台阴极射线管示波器,并获得 1909 年的诺贝尔物理学奖。1873 年,他通过国家中学教师考试,在莱比锡的一所中学教数学和自然科学。在那里,他对振荡电流进行了科学研究。1874 年,他发现某些金属硫化物具有使电流单方向通过的特性,并利用半导体的这个特性制成了无线通信技术中不可或缺的检波器,开创了人类研究半导体的先例。后来,他又先后在马尔堡大学(1876年)、斯特拉斯堡大学(1880 年)和卡尔斯鲁厄大学(1883 年)任物理学副教授和教授,1887 年又应蒂宾根大学的邀请负责建立物理学研究所。1895 年,他回到斯特拉斯堡大学任物理研究所主任和教授,并把主要精力用于进行电学研究。1897 年,他发明制造了第一台阴极射线管(缩写 CRT,俗称电子显像管、布劳恩管)示波器。随后,阴极射线管被广泛应用在电视机和计算机的显示器上。

2.7　电表改装与校验

电表是电学测量中使用的基本测量工具。一般的电表表头均是磁电式电流表,由于构造的原因,只能用于测量较小的电流或电压,如果要测量较大的电流、电压或电阻,就必须对表头进行改装。可测量不同电学量的万用表便是通过对微安表进行多量程改装而制成的,同时,电表改装也被广泛应用于电路的测量和故障检测中。

【预习思考】

(1)常见的磁电式电流表是如何工作的?
(2)如何利用欧姆定律改变电路中的电压、电流?

【实验目的】

(1)掌握安培计(电流表)、伏特计(电压表)改装的原理和校准方法;
(2)了解电表标称误差的计算方法和表头内阻的测量方法;
(3)掌握用变阻器进行限流和分压的调节方法。

【实验内容】

利用欧姆定律,将电表改装与校准实验仪中的小量程电流表改装为不同量程的电流表、电压表和欧姆表,并校准。

【实验原理】

电流表的线圈有一定的内阻,电流表允许通过的最大电流称为电流表的量程。量程 I_g 和内阻 R_g 是描述电流表特性的重要参数。

1.测量被改装表的量程 I_g 和内阻 R_g

(1)中值法。原理图如图 2.7.1 所示。E 为电源,R_3 和 R_w 为限流电阻,R_1 为电阻箱。开关 S 断开,调节滑动变阻器 R_w 使被改装表的指针指向表盘最大值,此时标准表的示数即为被改装表的量程 I_g;开关 S 闭合,调节 R_1 和 R_w,当被改装表的指针指向表盘中值,且标准表的示数仍为 I_g 时,R_1 的阻值等于被改装表的内阻 R_g。

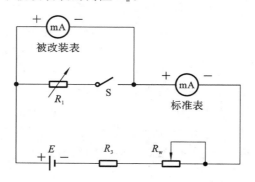

图 2.7.1　中值法测量程和内阻

(2)替代法。原理图如图 2.7.2 所示。将单刀双掷开关 S 切到被改装表,调节滑动变阻器 R_w,使被改装表满偏,此时标准表的示数即为被改装表的量程 I_g;将单刀双掷开关 S 切到电阻箱 R_1,同时调节 R_1,当标准表的示数变为 I_g 时,R_1 的阻值等于被改装表的内阻 R_g。

替代法是一种应用很广的测量方法,方便快捷且具有较高的测量准确度。

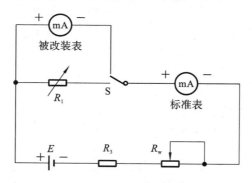

图 2.7.2　替代法测量程和内阻

2.改装为大量程电流表

如图 2.7.3 所示,在被改装表两端并联电阻箱 R_1,使超出被改装表量程部分的电流可分流从电阻 R_1 通过。被改装表和并联电阻 R_1 组成的整体(图中虚线框部分)就是改装后的大量程电流表。如果需将电流表量程扩大 n 倍,那么通过 R_1 的电流为 $(n-1)I_g$,根据并联电压相等,扩程电阻 R_1 的阻值为

$$R_1 = \frac{R_g}{n-1} \tag{2.7.1}$$

3. 改装为电压表

因为被改装表内阻小、电流量程也小，所以它的电压量程也很小。如图 2.7.4 所示，为了测量较大的电压，将被改装表与电阻箱 R_1 串联，使被改装表上不能承受的电压全部分压给电阻 R_1。被改装表和串联电阻 R_1 组成的整体（图中虚线框部分）就是改装后的电压表。如果想得到量程为 U 的电压表，则根据欧姆定律，扩程电阻 R_1 的阻值为

$$R_1 = \frac{U}{I_g} - R_g \tag{2.7.2}$$

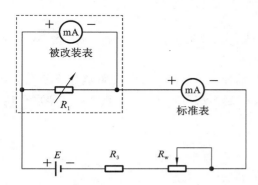

图 2.7.3　改装为大量程电流表

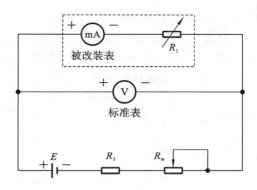

图 2.7.4　改装为电压表

4. 改装为欧姆表

用来测量电阻大小的电表被称为欧姆表。根据调零方式的不同，欧姆表可分为串联分压式和并联分流式两种。改装为欧姆表原理图如图 2.7.5 所示，其中 E 为电源，R_3 为限流电阻，R_w 为调零电阻，R_x 为被测电阻，R_g 为被改装表内阻的等效电阻。

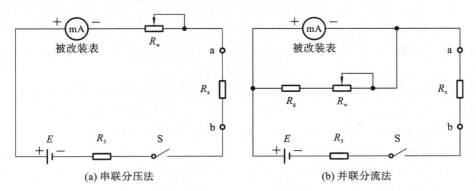

(a) 串联分压法　　　　　　　　(b) 并联分流法

图 2.7.5　改装为欧姆表

以串联分压式为例，在图 2.7.5(a) 中，a、b 端接入被测电阻 R_x 后，电路中的电流为

$$I = \frac{E}{R_g + R_w + R_3 + R_x} \tag{2.7.3}$$

当 a、b 短路，即 $R_x = 0$ 时，调节电源电压 E 和 R_w，使被改装表的指针指向表盘最大值，有

$$I = \frac{E}{R_g + R_w + R_3} = I_g \tag{2.7.4}$$

当 $R_x = R_g + R_w + R_3$ 时，有

$$I = \frac{E}{R_g + R_w + R_3 + R_x} = \frac{1}{2}I_g \tag{2.7.5}$$

此时被改装表的指针指向表盘中值，R_x 的阻值被称为中值电阻，用 R_φ 表示，即 $R_\varphi = R_g + R_w + R_3$。

当 a、b 开路，即 $R_x = \infty$ 时，$I = 0$，被改装表的指针指向其机械零位。

根据式（2.7.3），电路中电阻 R_g 和 R_3 不变，当电源电压 E 和 R_w 也保持不变时，被测电阻 R_x 和电流 I 有一一对应的关系——接入不同的 R_x，被改装表的指针具有不同的偏转角度。利用该对应关系，在 a、b 端接入不同的已知电阻制作被改装表的新表盘，之后在 a、b 端接入未知电阻，便可利用新表盘测量电阻。

欧姆表的零点在被改装表的表盘最大值位置，最大值在被改装表的机械零位，因此，欧姆表的表盘是反向刻度，且刻度是不均匀的，阻值越大刻度愈密。

欧姆表使用前要先调零：a、b 短路，调节 R_w 的阻值，使被改装表的指针正好满偏。

图 2.7.5(b) 所示为并联分流式欧姆表，R_g 与 R_w 一起组成分流电阻，改装方法与串联分压式欧姆表类似，具体参数可自行设计。

【实验仪器】

NDG-2 型电表改装与校准实验仪、导线若干。

【实验步骤】

(1) 分别用中值法和替代法测量被改装表的量程 I_g 和内阻 R_g。

(2) 将一个量程为 1 mA 的电流表改装成 10 mA（或自选）量程的电流表。

① 根据式（2.7.1）计算并调节分流电阻 R_1。

② 根据图 2.7.3 连接电路，调节电源电压 E 和滑动变阻器 R_w，使被改装表的指针指向表盘最大值，记录标准表读数，此时被改装表量程为 10 mA。

③ 逐步减小被改装表读数直至零，再逐步增大至表盘最大值，被改装表读数每变化 2 mA 记录标准表相应的读数，将数据记录在表 2.7.1 中。

④ 以被改装表读数为横坐标，以标准表读数的平均值和误差为纵坐标，在坐标纸上作出改装电流表的校正曲线，并根据误差的数值确定改装电流表的准确度等级。

(3) 将一个量程为 1 mA 的电流表改装成 1.5 V（或自选）量程的电压表。

① 根据式（2.7.2）计算并调节扩程电阻 R_1。

② 根据图 2.7.4 连接电路，调节 E 和 R_w，使被改装表的指针指向表盘最大值，记录标准表读数，此时被改装表量程为 1.5 V。

③ 逐步减小被改装表读数直至零，再逐步增大至表盘最大值，被改装表读数每变化 0.3 V 记录标准表相应的读数，将数据记录在表 2.7.2 中。

④ 以被改装表读数为横坐标，以标准表读数的平均值和误差为纵坐标，在坐标纸上作出改装电压表的校正曲线，并根据误差的数值确定改装电压表的准确度等级。

(4) 改装欧姆表并制作表盘。

① 按图 2.7.5(a) 连接电路。

②欧姆表调零。短路 a、b 两端点,调节 E 和 R_w,使被改装表满偏。

③测量欧姆表的中值电阻 R_φ。将电阻箱 R_x 接到 a、b 两端点,调节 R_x,使被改装表的指针指向表盘中值,此时电阻箱 R_x 的电阻即为中值电阻,即 $R_\varphi = R_x$。

④制作欧姆表的表盘。调节电阻箱 R_x 的阻值为一组特定的数值 R_{xi},记录相应的偏转格数 div 在表 2.7.3 中,利用 R_{xi} 和 div 制作欧姆表的表盘。

⑤确定欧姆表的电源使用范围。短接 a、b 两端点,调节 R_w 至最大值后,调节 E 使被改装表满偏,记录此时电源电压 E_1;调节 R_w 至最小值后,调节 E 使被改装表满偏,记录此时电源电压 E_2,$E_1 \sim E_2$ 就是欧姆表的电源使用范围。

⑥按图 2.7.5(b)设计一个并联分流式欧姆表,试与串联分压式欧姆表比较,观察有何异同(选做)。

【数据处理】

中值法:$I_g =$ _____ mA ,$R_g =$ _____ Ω。

替代法:$I_g =$ _____ mA ,$R_g =$ _____ Ω。

本实验所涉及表格如表 2.7.1~表 2.7.3 所示。

表 2.7.1　电流表校准

被改装表读数/mA	电流表读数/mA			误差 ΔI/mA
	减小时	增大时	平均值	
2				
4				
6				
8				
10				

表 2.7.2　电压表校准

被改装表读数/V	标准表读数/V			误差 ΔU/V
	减小时	增大时	平均值	
0.3				
0.6				
0.9				
1.2				
1.5				

表 2.7.3　欧姆表表盘

$$E=\underline{\hspace{2cm}}\text{V},R_{\varphi}=\underline{\hspace{2cm}}\Omega,E_1\sim E_2:\underline{\hspace{2cm}}\text{V}$$

R_{xi}/Ω	$\frac{1}{5}R_{\varphi}$	$\frac{1}{4}R_{\varphi}$	$\frac{1}{3}R_{\varphi}$	$\frac{1}{2}R_{\varphi}$	R_{φ}	$2R_{\varphi}$	$3R_{\varphi}$	$4R_{\varphi}$	$5R_{\varphi}$
div									

【实验思考】

(1)测量电流表内阻应注意什么？能否使用欧姆定律或电桥来测量电流表内阻？说明原因。

(2)若要求制作一个线性量程的欧姆表,有什么方法可以实现？

(3)为何要校正电表？有哪些方法？这些方法各有何特点？

【注意事项】

(1)实验过程中要避免电源短路或近似短路,以免造成仪器损坏。

(2)要注意电源的量程选择,改装为电流表和欧姆表时电源量程选用 0~2 V,改装为电压表电源量程选用 0~20 V。

(3)被改装表只能通过不超过 1 mA 的电流,连接电路时要仔细检查电路接线和电路参数无误后,才能接通电路,以防止被改装表过载损坏。

【拓展应用】

电流表的应用

电流表是用来测量交、直流电路中电流的仪表。实验室中常见的电流表一般是磁电式电流表,结构如图 2.7.6 所示。当线圈中有电流通过时,线圈因受到磁场力矩的作用而发生偏转,带动转轴、指针偏转。由于磁场力矩的大小随电流增大而增大,且转动角度与电流成正比,因此可以通过指针的偏转程度判断电流的大小。指针式电流表、电压表、欧姆表、功率表等电表都是通过改装磁电式电流表制造的。随着科技的发展,日常生活、工业生产、科学研究中出现了各种新式仪表,例如汽车、飞机上的速度表、转速表等,但很多指针式仪表本质上还是磁电式电流表,这些仪表都属于电表改装后的再应用。

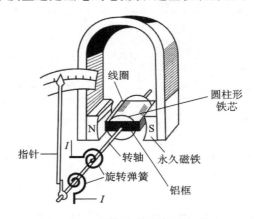

图 2.7.6　磁电式电流表工作原理

【人物传记】

威廉・爱德华・韦伯(1804—1891),是德国物理学家,出生于德国维滕贝格,1822 年开始在哈勒大学学习数学,4 年后获得博士学位,1827 年留校任教,1831 年因高斯的推荐被聘为哥廷根大学物理学教授。在哥廷根大学,韦伯与高斯合作研究地磁学和电磁学,结下了深厚的友谊。1833 年他们发明了世界上第一台电磁电报机,实现了物理研究所到天文台之间距离约 1.5 千米的电报通信;韦伯于 1841 年发明了测量电流强度和地磁强度的双线电流表,于 1846 年发明了测量交流电功率的电功率表,于 1853 年又发明了测量地磁强度垂直分量的地磁感应器。1856 年韦伯与鲁道夫・科尔劳施一起测量了电量的电动单位与静电单位的比值,得到的结果即是真空中的光速值,这一测量为后来麦克斯韦的电磁理论提供了重要依据。1881 年韦伯和高斯提出的单位制在巴黎的一次的国际会议上被确认,1935 年"韦伯"成为磁通量的正式单位。韦伯是 19 世纪最重要的物理学家之一,在电磁学方面成就斐然。他发明了许多电磁仪器,在电磁学测量方面的研究具有重要的基础性意义。

2.8　模拟法测绘静电场

随着对静电应用研究的日益深入,常需要确定带电体周围的电场分布。对于具有一定对称性的规则带电体的电场分布,原则上可由高斯定理求出数学表达式;当带电体形状比较复杂时,多数情况下很难用理论方法计算其电场分布。同时,实验上想直接利用磁电式电压表测定静电场的电位,然后利用电位和电场关系求电场分布是不可能的,因为任何磁电式电表都需要有电流通过才能偏转,而静电场是无电流的,这些仪表不起作用。又由于探测器置于被电场中,探针上会产生感应电荷,这些电荷又产生电场,该电场与原电场叠加起来,使原电场产生显著的畸变,因此实验时常用模拟法测静电场。本实验采用均匀导电介质中的稳恒电流场来模拟均匀电介质中的静电场。

【预习思考】

(1)电流场模拟静电场的理论依据是什么?
(2)实验中测量的是什么物理量?怎么测量?
(3)如何由一系列的等势点描绘相应的电场线?

【实验目的】

(1)理解电场强度和电位概念;
(2)掌握模拟法测绘静电场的原理和方法。

【实验内容】

应用 DZ-IV 导电液体式电场描绘仪,根据稳恒电流场模拟静电场的理论,模拟测绘同轴电缆的静电场分布和电位分布。

【实验原理】

模拟法是以相似理论为基础,模仿实际情况,制造一个与研究对象或者过程相似的模型进行测试的方法。模拟法分为物理模拟法和数学模拟法。物理模拟法是指模型与实际研究对象保持相同的物理本质的模拟,数学模拟法是指两个物理本质不同,但具有相同的数学形式的物理现象或过程的模拟。本实验中的静电场与稳恒电流场本是两种不同性质的场,但这两种场所遵循的物理规律具有相同的数学形式,所以本实验采用的是数学模拟法。

对于静电场,电场强度矢量 $\vec{E}$ 在无源区域内满足以下积分关系:

$$\begin{cases} \oiint_S \vec{E} \cdot d\vec{S} = 0 \quad \text{(闭合面内无电荷的高斯定理)} \\ \oint_L \vec{E} \cdot d\vec{l} = 0 \quad \text{(静电场的安培环路定理)} \end{cases} \tag{2.8.1}$$

对于稳恒电流场,电流密度矢量 $\vec{j}$ 在无源区域内也满足类似的积分关系:

$$\begin{cases} \oiint_S \vec{j} \cdot d\vec{S} = 0 \quad \text{(电流场的稳恒条件)} \\ \oint_L \vec{j} \cdot d\vec{l} = 0 \quad \text{(稳恒电流场的安培环路定理)} \end{cases} \tag{2.8.2}$$

如果稳恒电流场空间充满了电导率为 σ 的不良导体,不良导体内的电场强度 $\vec{E'}$ 与电流密度矢量 $\vec{j}$ 之间满足欧姆定律关系:

$$\vec{j} = \sigma \vec{E'} \tag{2.8.3}$$

由式(2.8.1)、式(2.8.2)和式(2.8.3)可看出,静电场中的 $\vec{E}$ 和稳恒电流场中的 $\vec{E'}$ 所遵从的物理规律具有相同的数学形式。由电动力学的理论可以严格证明:微分方程和边界条件一旦确定,其解就是唯一的。因此,在相同的边界条件下,它们的解的表达式具有相同的数学形式。所以,这两种场具有相似性,实验中用稳恒电流场来模拟静电场。

下面用长直同轴圆柱形电极的电流场来描绘同轴圆柱形电缆的静电场。

1. 同轴电缆及其静电场分布

如图 2.8.1(a)所示,在真空中有一半径为 r_a 的长圆柱形导体 A 和一内半径为 r_b 的长圆筒形导体 B,它们同轴放置,分别带等量异号电荷。由高斯定理知,在 A、B 之间,垂直于轴线的任一截面 S 内,都有均匀分布的辐射状电场线,距轴线的距离为 r 处(见图 2.8.1(b))各点电场强度为

$$E = \frac{\lambda}{2\pi\varepsilon_0 r}$$

式中,λ 为柱面每单位长度的电荷量,ε_0 为介电常数。

设导体 A 的电位为 V_a,根据电位的定义有

$$V_r - V_a = \int_r^{r_a} \vec{E} \cdot d\vec{r}$$

$$V_r = V_a - \frac{\lambda}{2\pi\varepsilon_0} \ln \frac{r}{r_a} \tag{2.8.4}$$

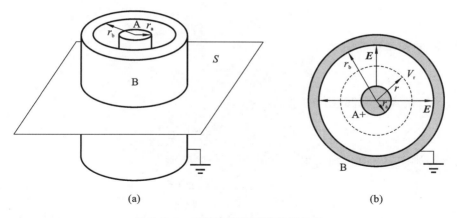

(a)　　　　　　　　　　(b)

图 2.8.1　同轴电缆及其静电场分布

设 $r=r_b$ 时, $V_b=0$, 则有

$$\frac{\lambda}{2\pi\varepsilon_0}=\frac{V_a}{\ln\dfrac{r_b}{r_a}} \tag{2.8.5}$$

进而得

$$V_r=V_a\frac{\ln\dfrac{r_b}{r}}{\ln\dfrac{r_b}{r_a}} \tag{2.8.6}$$

$$E_r=-\frac{\mathrm{d}V_r}{\mathrm{d}r}=\frac{V_a}{\ln\dfrac{r_b}{r_a}}\cdot\frac{1}{r} \tag{2.8.7}$$

由式(2.8.6)可知,半径为 r 的各点电位相等,因此,等势面是一系列的同轴圆柱面。

2.圆柱面电极间的电场分布

圆柱形导体 A 与圆筒形导体 B 之间充满了电导率为 σ 的不良导体,A、B 与电源正负极相连接(见图 2.8.2),A、B 间将形成径向电流,建立稳恒电流场 $\vec{E'}$。

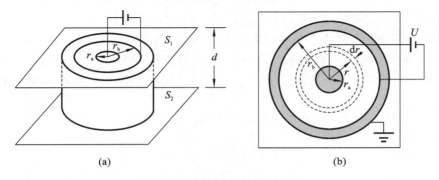

(a)　　　　　　　　　　(b)

图 2.8.2　同轴电缆的模拟模型

取厚度为 d 的同轴圆柱形不良导体片为研究对象,设材料电阻率为 $\rho(\rho=1/\sigma)$,则任意半径 r 到 $r+\mathrm{d}r$ 的圆周间的电阻是

$$dR = \rho \cdot \frac{dr}{S} = \rho \cdot \frac{dr}{2\pi r d} = \frac{\rho}{2\pi d} \cdot \frac{dr}{r} \tag{2.8.8}$$

半径 r 到 r_b 之间的圆柱片的电阻为

$$R_{rr_b} = \frac{\rho}{2\pi d} \int_r^{r_b} \frac{dr}{r} = \frac{\rho}{2\pi d} \cdot \ln \frac{r_b}{r} \tag{2.8.9}$$

总电阻(半径 r_a 到 r_b 之间圆柱片的电阻)为

$$R_{r_a r_b} = \frac{\rho}{2\pi d} \cdot \ln \frac{r_b}{r_a} \tag{2.8.10}$$

设 $V_b = 0$,则两圆柱面间所加电压为 $U = V_a$,径向电流为

$$I = \frac{V_a}{R_{r_a r_b}} = \frac{V_a 2\pi d}{\rho \ln \frac{r_b}{r_a}} \tag{2.8.11}$$

距轴线 r 处的电位为

$$V'_r = I R_{rr_b} = V_a \frac{\ln \frac{r_b}{r}}{\ln \frac{r_b}{r_a}} \tag{2.8.12}$$

则相应电场强度的大小 E'_r 为

$$E'_r = -\frac{dV'_r}{dr} = \frac{V_a}{\ln \frac{r_b}{r_a}} \cdot \frac{1}{r} \tag{2.8.13}$$

从式(2.8.6)、式(2.8.7)、式(2.8.12)与式(2.8.13)可知:稳恒电流场与静电场的电位和电场强度分布是相同的,稳恒电流场和静电场具有等效性,因此要测绘静电场的分布,只要测绘相应的稳恒电流场的分布就行了。

3. 实验测绘方法

电场强度 $\vec{E}$ 与电位的关系满9足

$$\vec{E} = -\nabla V \tag{2.8.14}$$

电场强度 $\vec{E}$ 在数值上等于电势梯度的大小,方向指向电位降落的方向,并且电场强度是矢量,电位是标量,从实验测量角度讲,测量电位比测量电场强度容易,所以可以先测绘等势线,然后根据电场线与等势线正交的原理,画出电场线,这样可由等势线的间距确定电场线的疏密和指向,将抽象的电场形象地反映出来。其中,电位用电压表来测量,实验电路图如图2.8.3所示。将具有相同电压表读数值的位置打上点,将这些点相连就得到了等势线,从而可得到静电场的分布。

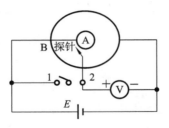

图 2.8.3 实验电路图

【实验仪器】

DZ-IV 导电液体式电场描绘仪、各种形状的模拟电极(见图 2.8.4)。

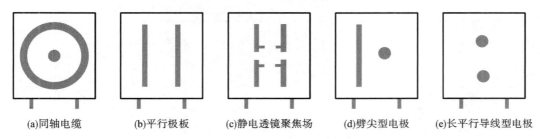

| (a)同轴电缆 | (b)平行极板 | (c)静电透镜聚焦场 | (d)劈尖型电极 | (e)长平行导线型电极 |

图 2.8.4　各种形状的模拟电极图

【实验步骤】

(1)测绘同轴电缆的电场。

①选择如图 2.8.4(a)所示的电极,将水槽和电极清洗干净,倒入自来水,自来水的深度应与小圆柱深度相同,将电极 A 和电极 B 接到实验仪上的蓝色插孔,将同步探针接到实验仪上的红色插孔,在装置的描绘台面上布置且固定好坐标纸。

②启动电源开关,将拨动开关调到电压输出一侧(图 2.8.3 中 1 的位置),此时电压表的读数表示电源的电压值,将电压调至 10 V。

③将拨动开关调到探测一侧(图 2.8.3 中 2 的位置),此时电压表的读数表示探针处的电压值,也就是相应的电位,移动探针,电压表的读数随之变化。例如,当电压表的读数为 6 V 时,轻轻按下探针并在坐标纸上留下迹点,然后绕电极 A 转一圈,在 8 个方位上找出相应的等位点。根据上述做法,依次找出 0 V、2 V、4 V、8 V、10 V 各相应的 8 个等位点。

④等位点测完后,用 8 个点中最佳的几个点确定圆心的位置(任取 8 个点中的 3 个点,通过中垂线确定圆心),以每条等势线上各点到原点的平均距离 r 为半径画出等势线的同心圆簇;根据电场线应与等势线正交原理画出电场线。

(2)描绘图 2.8.4 中其他形状的模拟电极的模拟电场。

根据以上的测量方法,自拟实验步骤。(选做)

(3)数据处理。

①在测绘出的等势线图上画出电场线分布图,在实验报告纸和坐标纸上作出 V_r 和 $\ln \bar{r}$ 的关系曲线,并分析曲线特点。

②根据式(2.8.15)计算不同电位的理论值,由式(2.8.16)计算电位的相对误差。

$$V_{r理} = V_a \frac{\ln \dfrac{r_b}{r}}{\ln \dfrac{r_b}{r_a}} \quad (r_a = 0.40 \text{ cm}, r_b = 4.35 \text{ cm}) \tag{2.8.15}$$

$$E_V = \frac{|V_{r理} - V_{测}|}{V_{r理}} \times 100\% \tag{2.8.16}$$

【数据处理】

本实验所涉及表格如表 2.8.1 所示。

表 2.8.1　V_r-ln$\overline{r}$ 关系曲线数据表

V/V		10	8	6	4	2	0
r/cm	r_1						
	r_2						
	r_3						
	r_4						
	r_5						
	r_6						
	r_7						
	r_8						
	$\overline{r} = \frac{1}{8}\sum\limits_{i=1}^{8} r_i$						
ln$\overline{r}$							

【实验思考】

(1)内外电极与电源的正负极如何连接?

(2)为什么探针只由一根导线引出?

(3)如果电源电压增加一倍,等势线和电场线的形状是否发生变化? 电场强度和电势分布是否发生变化? 为什么?

【注意事项】

(1)实验台面要光滑,保证实验过程中探针能自由移动,否则会影响实验。

(2)水液深度应相同,否则导电液不能视为均匀的不良导体,薄层模拟场和静电场的分布不会相同。

(3)受水槽边界条件的限制(水槽边界水液中的电流只能沿边界平行流过,等势线必然与边界垂直),边上的等势线和电场线的分布严重失真,失去了模拟意义,故靠边的图线不必绘出。

(4)在确定圆心位置及测绘等势线时,探针杆臂应与拟设的水平轴线平行。由于描绘针与探针可能不在同一轴线上,若探针杆臂方向不一致,描绘针与探针的移动轨迹就不会一一对应。

【拓展应用】

现代战机要求可进行全天候的飞行。在空中飞行时,由于速度极快,战机表面不断与大气层中的悬浮颗粒(如尘埃)发生摩擦,这种摩擦会产生大量的电荷。此外,当战机经过带电高压云层时,还会产生静电感应。这时的静电压可达几十万伏。为了防止这些静电造成危害,要有一系列的防损措施。例如,可以将战机内各部件用软金属丝连接起来,使整个战机成为一个等势体;在战机上安装静电放电装置,如静电放电刷等,使战机上的多余电荷及时放电;在战机着陆时,利用起落架上的接地线将静电放掉。

在现代战争中,坦克能作为敢闯高压电网的"勇士",冲锋在前。这是因为坦克的车体、履带是由钢铁制成的,又宽又长的两条履带成了良好的接地板,坦克的身躯也就成了一个接地的空心导体。根据静电屏蔽原理,对于一个接地的空心导体,外界的电场不会影响腔内的物体。因此,当坦克接近高压电网时,坦克的钢铁壳体起到了良好的屏蔽作用,使坦克内部的场强减弱到人体能够承受的程度,车内的坦克兵安然无恙。同时,坦克车体本身的电阻极小,强大的电流通过坦克车体,伴随一串串耀眼的电火花,电流很快被引入大地。另外,人体的电阻相对于坦克车体来说大得多,所以只有较小一部分电流通过人体,这种微弱的电流完全在人体能够承受的范围之内。所以,坦克内作战人员依然安然无恙。

模拟法测绘
静电场

【人物传记】

迈克尔·法拉第(1791—1867),是英国物理学家、化学家,也是著名的自学成才的科学家。法拉第于 1791 年 9 月 22 日出生于萨里郡纽因顿一个贫苦铁匠家庭。由于贫困,法拉第只读了两年小学。1803 年,为生计所迫,法拉第在街头当了报童。后来 20 岁的法拉第成为戴维的实验助手,开始了他的科学研究之路。

1820 年奥斯特发现了电流的磁效应,直觉很强的法拉第产生了一个想法:电与磁是一对和谐对称现象,既然电流会产生磁场,那么磁也可以产生电。经过十多年的反复探索,法拉第终于在 1831 年 8 月 26 日首次发现用伏打电池给一组线圈通电或断电时,瞬间从另一组线圈中获得了电流。同年 10 月 17 日,法拉第完成了在磁体与闭合线圈相对运动时在闭合线圈中激发电流的实验,向世人建立起"磁场的改变产生电场"的观念。该结论成功被麦克斯韦在 1865 总结出,后来成为麦克斯韦方程组的电磁场基本定律之一,使电和磁的物理和数学理论达到了完美的统一。1836 年,法拉第制作出电容器,并引进了介电值和电容常数,因此后人选择以法拉(Farad)作为电容单位。1845 年,法拉第研究了光、电和磁的关系,并提出来了"光和电波性质相同"的理论。1851 年,法拉第提出场的概念,爱因斯坦评价:场的概念的引出是牛顿以来最重要的发现,也是法拉第最富独创性的思想。

2.9　分光计的调整与使用

光的反射定律和折射定律定量描述了光线在传播过程中发生偏折时,角度间的相互关系。同时,光的干涉、衍射、偏振等物理现象也都与角度有关,一些光学量如折射率、波长、色散率等,都可通过直接测量相关的角度确定。因此,精确测量光线偏折的角度是光学实验技术的重要内容之一。分光计是一种能精确测量角度的基本光学仪器,也是摄谱仪、单色仪等精密光学仪器的设计基础之一,熟悉分光计的基本结构并掌握它的调整技术,可以为以后使用和研究其他复杂光学仪器打下良好的基础。

【预习思考】

什么是分光计? 调节分光计时有哪些注意事项?

【实验目的】

（1）了解分光计构造的基本原理，学习分光计的调整方法；

（2）理解色散现象，掌握三棱镜顶角的测量方法；

（3）熟练利用分光计测量三棱镜对钠光的折射率。

【实验内容】

使用JJY1'型分光计测定三棱镜顶角，测定棱镜玻璃的折射率。

【实验原理】

1. 分光计的结构

实验室中常用的JJY1'型分光计的外形结构如图2.9.1所示。它由底座（19）、载物台（5）、平行光管（3）、望远镜（8）和读数装置五个部分组成。

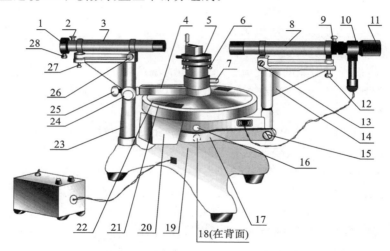

图2.9.1　JJY1'型分光计结构图

1—狭缝装置；2—狭缝套筒锁紧螺钉；3—平行光管；4—制动架（一）；5—载物台；6—载物台调平螺钉（3个）；

7—载物台锁紧螺钉；8—阿贝式自准直望远镜；9—目镜套筒锁紧螺钉；10—分划板套筒；11—目镜调焦手轮；

12—望远镜仰俯调节螺钉；13—望远镜水平调节螺钉；14—望远镜支臂；15—望远镜转动微调螺钉；

16—刻度盘与转座锁紧螺钉；17—制动架（二）；18—望远镜与主轴锁紧螺钉；19—底座；20—转座；

21—刻度盘；22—游标盘；23—立柱；24—游标盘转动微调螺钉；25—游标盘锁紧螺钉；26—平行光管水平调节螺钉；

27—平行光管仰俯调节螺钉；28—狭缝宽度调节旋钮

（1）底座。

底座中心有一固定竖轴，被称为仪器主轴。望远镜（8）、刻度盘（21）、游标盘（22）可绕仪器主轴旋转。

（2）载物台。

载物台台面上放置反射镜、棱镜、光栅等光学元件，这些光学元件随载物台一起旋转、升降。

（3）平行光管。

平行光管的结构如图2.9.2所示。左端是狭缝装置（1），右端装有透镜。移动套筒，当狭缝恰好位于透镜的焦平面上时,从狭缝入射的光穿过透镜后,变为平行光。

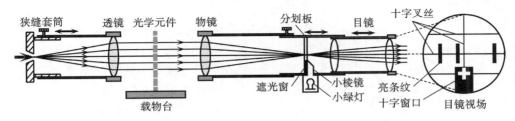

图 2.9.2　分光计光路图

(4)望远镜。

望远镜的结构如图 2.9.2 所示。它主要由物镜、分划板、目镜三个部分组成。分划板上刻有黑色的十字叉丝,后方紧贴一块 45°倾角的小棱镜。小棱镜下方有一小绿灯,小棱镜前方是中间留有十字窗口的不透明遮光窗。如图 2.9.3 所示,如果在望远镜镜筒前放置一反射镜,小绿灯发出的光线被小棱镜反射后穿过十字窗口和物镜,再经反射镜反射回来穿过物镜照射到分划板上,此时从目镜视场中就可以观察到绿色的十字反射像。

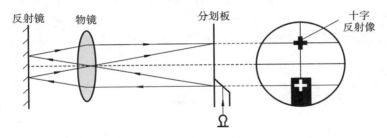

图 2.9.3　自准直光路图

当物镜和目镜的焦平面都与分划板重合时,从目镜视场中能观察到清晰的分划板十字叉丝和光学现象;当望远镜光轴与前方的反射镜镜面垂直时,十字反射像与分划板上方的十字叉丝重合,如图 2.9.3 所示。

(5)读数装置。

读数装置由刻度盘(21)和游标盘(22)组成。刻度盘分成 360°,最小刻度为 0.5°(即 30′);游标盘固定着两个游标(记为游标 A 和游标 B,两个游标的基准线在同一直径上),游标内的刻度有 30 格,但只对应刻度盘上 29 格,读数装置精度为 1′。读数装置的读数方法与游标卡尺类似:读数时以游标 0 刻度线为准。以图 2.9.4 为例,刻度盘上读数为 139.5°(即 139°30′),游标上刻度线 14 与刻度盘刻度线对齐,0 刻度线超出 14′,故准确读数为 139°44′。

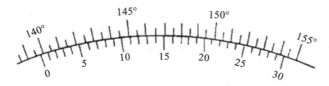

图 2.9.4　读数

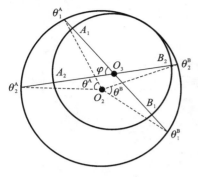

图 2.9.5　偏心示意图

利用读数装置测量旋转角度时，一般情况下刻度盘(21)与望远镜(8)联动，游标盘(22)与载物台(5)联动。但受加工精度的限制，实际的刻度盘中心与游标盘中心并不重合，如图 2.9.5 所示(图中 O_2 为游标盘中心，O_3 为刻度盘中心)。因此，固定载物台时，望远镜实际旋转的角度 φ 与读数装置测量的旋转角 θ 之间存在偏差($\varphi \neq \theta^A \neq \theta^B$)，这种误差被称为偏心差。为了消除偏心差，读数时需读取两个游标的示数。通过理论计算可证明，实际旋转角度 φ 等于两个游标测量的旋转角的平均值，即

$$\varphi = \frac{1}{2}(\theta^A + \theta^B) = \frac{1}{2}(|\theta_2^A - \theta_1^A| + |\theta_2^B - \theta_1^B|)$$

(2.9.1)

2.自准直法测三棱镜顶角

如图 2.9.6 所示，三棱镜 AB 面和 AC 面是光学面，BC 面是毛玻璃面，AB 面与 AC 面的夹角 α 为待测顶角。当望远镜光轴与 AB 面垂直时，AB 面反射的十字像与分划板十字叉丝重合，利用读数装置确定望远镜光轴方向，两个游标读数记为 θ_1^A、θ_1^B。旋转望远镜，使其光轴与 AC 面垂直，此时望远镜光轴方向记为 θ_2^A、θ_2^B。根据图中的几何关系，三棱镜顶角为

$$\alpha = 180° - \varphi = 180° - \frac{1}{2}(|\theta_2^A - \theta_1^A| + |\theta_2^B - \theta_1^B|)$$

(2.9.2)

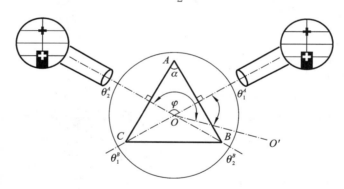

图 2.9.6　自准直法测三棱镜顶角

3.最小偏向角法测棱镜玻璃的折射率

如图 2.9.7 所示，光线穿过三棱镜时，入射光与出射光之间的夹角 δ 被称为棱镜的偏向角。

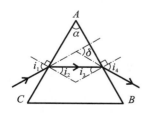

图 2.9.7　最小偏向角法测棱镜玻璃的折射率

它只随入射角 i_1 变化。经理论计算可知，当 $i_1 = i_4$ 时偏向角 δ 最小(具体的推导过程可查阅相关书籍资料)。在实验中观察发现，当入射光方向固定，旋转三棱镜改变入射角 i_1 减小偏向角 δ 时，出射光旋转到某个方向时会停滞，继续旋转三棱镜，出射光反向旋转，偏向角 δ 开始增大。因此，出射光停滞时偏向角 δ 最小，测量此时的出射光方向和入射光方向，计算可得最小偏向角：

$$\delta_{\min} = \frac{1}{2}(\,|\,\theta_2^A - \theta_1^A\,| + |\,\theta_2^B - \theta_1^B\,|\,) \tag{2.9.3}$$

结合 $i_1 = i_4$ 与折射定律,棱镜玻璃的折射率为

$$n = \frac{\sin i_1}{\sin i_2} = \frac{\sin\left[\dfrac{1}{2}(\alpha + \delta_{\min})\right]}{\sin\dfrac{\alpha}{2}} \tag{2.9.4}$$

【实验仪器】

JJY1′型分光计、反射镜、三棱镜、钠灯或汞灯。

【实验步骤】

1. 分光计的调节

为了观察到清晰的光学现象并精确测量相关角度,必须对分光计的载物台、平行光管和望远镜进行调节,达到"两平行、三垂直"两个要求,原理如图 2.9.2 所示。

两平行:光源发出的光穿过平行光管后变为平行光,平行光穿过望远镜后仍是平行光。

三垂直:望远镜光轴、载物台台面、平行光管光轴分别与分光计主轴垂直。

(1)调节前准备。

调节分光计前,根据图 2.9.1 和图 2.9.2 熟悉仪器的各个组成部分,了解对应调节螺钉的作用,并目测粗调,使望远镜光轴、载物台台面、平行光管光轴大致水平。

(2)调节望远镜至聚焦于无穷远(望远镜自准直)。

① 旋转目镜调焦手轮,使目镜视场中的十字叉丝最清晰。

② 点亮小绿灯,将反射镜贴在望远镜镜筒前方,前后调节目镜套筒,使反射十字像最清晰,原理如图 2.9.3 所示。

此时,目镜和物镜的焦平面与分划板重合,望远镜聚焦于无穷远,接收、发射平行光。

(3)调节望远镜光轴、载物台台面与分光计主轴垂直。

① 如图 2.9.8 所示,将反射镜置于载物台上,使它位于载物台调平螺钉(6)a_2 与 a_3 的中垂线上。

② 锁紧载物台锁紧螺钉(7)使载物台和游标盘联动,旋转游标盘,使反射镜的正面和反面分别正对望远镜,通过望远镜观察两个镜面反射的十字像,然后使用各半调节法调节反射十字像位置(步骤③④⑤)。

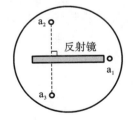

图 2.9.8 反射镜位置

③ 从两个反射十字像中任选一个,调节载物台调平螺钉 a_2 或 a_3,使反射十字像横线与叉丝上方横线之间的距离 d(见图 2.9.9(a))减小一半(见图 2.9.9(b))。

④ 调节望远镜仰俯调节螺钉(12),使反射十字像横线与叉丝上方横线重合(见图 2.9.9(c))。

⑤ 旋转游标盘180°,使用同样的方法调节另一面的十字像。

当反射镜的两个反射十字像都能与叉丝上方横线完全重合时,a_2 与 a_3 螺钉等高,望远镜的光轴与仪器主轴垂直。

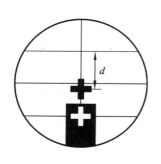 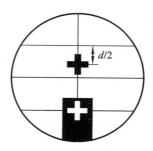 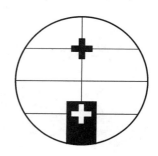

图 2.9.9　分光计的调节

注意:调节载物台调平螺钉(6),两个反射十字像一个向上移动、一个向下移动;调节望远镜仰俯调节螺钉(12),两个反射十字像同时向上移动或同时向下移动。

⑥将载物台上的反射镜旋转 90°(反射镜镜面与螺钉 a_2、a_3 的连线平行),调节螺钉 a_1,使反射镜某个面的反射十字像横线与叉丝上方横线完全重合,旋转游标盘后可观察到另一个面的反射十字像也与叉丝上方横线重合。

此时,a_1、a_2、a_3 三个螺钉等高,载物台台面与仪器主轴垂直。

注意:此后不得再调节载物台调平螺钉(6)和望远镜俯仰调节螺钉(12)。

(4)调节平行光管的光轴与仪器主轴垂直,发射平行光。

①点亮光源(钠灯或汞灯),将光源置于狭缝装置(1)前方。

②旋转望远镜,使望远镜光轴与平行光管光轴位于一条直线上。

③观察狭缝像,前后移动狭缝套筒,直到狭缝像最清晰。此时狭缝位于物镜的前焦面上,平行光管发射平行光。

④旋转狭缝套筒,使狭缝像水平,调节平行光管仰俯调节螺钉(27),使狭缝像与叉丝中心横线重合;然后旋转狭缝套筒使狭缝像竖直,旋转望远镜使狭缝像与叉丝中心竖线重合。

此时,平行光管发射平行光,平行光管光轴与望远镜光轴重合,与仪器主轴垂直。

完成步骤(1)、(2)、(3)、(4),整套分光计设备已调节至可使用的状态。

2.自准直法测量三棱镜顶角

(1)调节分光计至使用状态,锁紧游标盘锁紧螺钉(25)固定游标盘,将三棱镜放置在载物台中心,并使待测顶角对准望远镜。

(2)锁紧刻度盘与转座锁紧螺钉(16),使刻度盘与望远镜联动,旋转望远镜,当十字叉丝中心竖线与三棱镜 AB 面反射的十字像竖线重合时,读取两个游标的读数 θ_1^A、θ_1^B;旋转望远镜,使十字叉丝中心竖线与 AC 面反射的十字像竖线重合,读取游标读数 θ_2^A、θ_2^B。

(3)按上述步骤重复测量 3 次,将数据填入表 2.9.1 中,由式(2.9.1)计算出旋转角 φ,再由式(2.9.2)计算出三棱镜顶角 α,并求出 α 的平均值、不确定度和相对不确定度。

3.用最小偏向角法测定棱镜玻璃的折射率

(1)调节分光计至使用状态(使用钠灯作为光源),将三棱镜放置在载物台中心,使平行光管射出的光线斜射三棱镜 AC 面,如图 2.9.7 所示。

(2)向 BC 面方向旋转望远镜(大约 $50°$),寻找黄色谱线;轻微旋转游标盘,当黄色谱线恰好要停滞时,锁紧游标盘锁紧螺钉(25)。

(3)微调望远镜,使黄色谱线与叉丝中心竖线重合,读取两个游标的读数 θ_1^A、θ_1^B;取下三棱镜,转动望远镜,使狭缝像与叉丝中心竖线重合,读取游标读数 θ_2^A、θ_2^B。

（4）按上述步骤重复测量 3 次,将数据填入表 2.9.2 中,由式(2.9.3)计算 δ_{min} 后,把 δ_{min} 与 α 代入式(2.9.4)中计算棱镜玻璃的折射率 n,并求出 n 的平均值、不确定度和相对不确定度。

【数据处理】

本实验所涉及表格如表 2.9.1、表 2.9.2 所示。

表 2.9.1　三棱镜顶角 α

测量次数	θ_1^A	θ_1^B	θ_2^A	θ_2^B	φ	α
1						
2						
3						

表 2.9.2　三棱镜折射率 n

测量次数	θ_1^A	θ_1^B	θ_2^A	θ_2^B	δ_{min}	n
1						
2						
3						

【实验思考】

（1）分光计主要由哪几个部分组成？各部分的作用是什么？如何调节？

（2）在测量三棱镜顶角时,若旋转望远镜,十字叉丝上方横线不能与 AB、AC 两个面的反射十字像横线重合,此时有必要再采用各半调节法来调节吗？为什么？

（3）若分光计中刻度盘中心与游标盘中心不重合,则刻度盘转过 φ 角时,读数装置读出的角度 $\varphi \neq \theta^A \neq \theta^B$,但 $\varphi = (\theta^A + \theta^B)/2$,试证明之。

【注意事项】

分光计属于高精度仪器设备,在使用的过程中一定要严格遵守操作要求,避免造成仪器损坏。

（1）望远镜、平行光管、三棱镜和反射镜的玻璃镜面,均不能用手触摸,要轻拿轻放,避免打碎。

（2）使用钠灯和汞灯时要注意安全,出现问题时立刻报告老师,切记不可胡乱操作,严禁拆卸光源。

（3）分光计属于精密仪器,要加倍爱护,禁止锁紧螺钉后,强行转动望远镜、刻度盘、游标盘、载物台及其他相关旋钮,避免磨损仪器。

【拓展应用】

分光计是一种能精确测量光学平面夹角的基础光学仪器,具有精确度高、易于调节的特点,是摄谱仪、棱镜光谱仪、光栅光谱仪、分光光度计、单色仪等精密光学仪器的设计基础之一。

分光计的应用

棱镜光谱仪是利用棱镜的色散作用,将非单色光按波长分开的装置。它结构的主要部分为平行光管、棱镜和望远镜。非单色光照射狭缝,穿过平行光管变为平行光束,再经棱镜折射后,不同波长的光束方向不同,会聚到望远镜焦面上的不同地方,形成一系列离散的狭缝像,这便是光谱。若在光谱仪的望远镜后方装上目镜,直接观察光谱,则称为分光镜;若在望远镜物镜的后焦面上放一狭缝,将特定波长的光分离开来,则称为单色仪;若在望远镜物镜的后焦面上放一暗盒,把不同波长的狭缝像拍摄下来,则是棱镜摄谱仪。

【人物传记】

约瑟夫·冯·夫琅禾费(1787—1826),是德国物理学家,1787 年 3 月 6 日出生于慕尼黑附近的斯特劳宾,1798 年成为孤儿后在慕尼黑的一家玻璃作坊当学徒,1801 年作坊崩塌后被送往本讷迪克特伯伊昂修道院的光学学院训练玻璃制作工艺。1814 年,他发明了分光仪,并在太阳光的光谱中发现了 574 条黑线,这些谱线被称作夫琅禾费线。1818 年,他设计并制造了消色差透镜,首创使用牛顿环原理检查光学表面加工精度及透镜形状的技术,对光学仪器制造和应用光学的发展产生了重要的影响。1821 年,他发表了平行光通过单缝衍射的研究结果,做了光谱分辨率的实验,第一个定量地研究衍射光栅,并用衍射光栅测量光的波长,推导出光栅方程,后人将平行光的单缝衍射称为夫琅禾费衍射。夫琅禾费自幼家境贫寒、生活困苦,但他抓住学习的机会后自学成才,通过勤奋刻苦、坚持不懈的奋斗在光学和光谱学方面作出了重要贡献。

第 3 章　综合性实验

3.1　霍尔法测磁场

霍尔效应是美国的物理学家霍尔(E. H. Hall)于 1879 年发现的。它是一种因运动的带电粒子在磁场中受洛伦兹力作用而偏转,从而在垂直于磁场和电流的方向形成电场的现象。霍尔效应的应用十分广泛,主要体现在可以用它来测量磁场、计算半导体中载流子的浓度、判别半导体的导电类型、制成各种不同用途的霍尔传感器等。

【预习思考】

(1)霍尔效应的本质是什么?

(2)为什么霍尔器件通常采用半导体材料?

【实验目的】

(1)了解霍尔法测量磁场的原理;

(2)掌握用霍尔器件测量磁场的方法;

(3)了解能量换测法磁电换测法。

【实验内容】

通过测量半导体中与磁场和电流的方向均垂直的方向上的电压,验证霍尔效应。利用霍尔效应测量载流直螺线管、单个载流圆线圈和亥姆霍兹线圈激发的磁场,并分析其空间分布特点。

【实验原理】

1.用霍尔法测量磁场的原理

将导体或半导体试样放入磁场中,并通一方向垂直于磁场方向的电流,将在与磁场和电流的方向都垂直的方向上会产生横向电场,这就是霍尔效应,形成的横向电场称为霍尔电场。霍尔效应从本质上讲是运动的带电粒子在磁场中受洛伦兹力作用而引起的偏转。

以半导体试样为例,如图 3.1.1 所示。若在 X 轴方向通以工作电流 I_s,并使半导体试样位于沿 Z 轴方向的磁场 B 中,则半导体试样在 Y 轴方向的两端面就会聚集等量异号电荷,从而产生霍尔电场 E_H。霍尔电场的方向由载流子的正负决定。若材料为 N 型半导体,则载流子带负电,如图 3.1.1(a)所示,霍尔电场沿 Y 轴负方向。反之,对于 P 型半导体,载流子带正电,如图 3.1.1(b)所示,霍尔电场沿 Y 轴正方向。

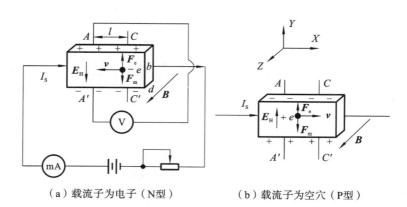

（a）载流子为电子（N型）　　　（b）载流子为空穴（P型）

图 3.1.1　霍尔效应实验原理图

形成霍尔电场后，载流子同时还会受到电场力的作用，且电场力 $\boldsymbol{F}_e$ 的方向与洛伦兹力 $\boldsymbol{F}_m$ 的方向刚好相反。随着两端面正负电荷的聚集，霍尔电场逐渐增大，载流子受到的电场力也逐渐增大。当电场力等于洛伦兹力时，载流子受力平衡，不再偏转，此时两端面的电荷达到动态平衡，有

$$qE_H = q\bar{v}B \tag{3.1.1}$$

式中，q 为载流子的电荷量，$\bar{v}$ 为载流子的平均漂移速率。

若半导体试样的宽度为 b、厚度为 d，载流子浓度为 n，则通过半导体试样的电流可表示为

$$I_S = nq\bar{v}bd \tag{3.1.2}$$

由式（3.1.1）、式（3.1.2）可得

$$U_H = E_H b = \frac{I_S B}{nqd} = K_H I_S B \tag{3.1.3}$$

可见，霍尔电压 U_H 与 $I_S B$ 的乘积成正比。其中，比例系数为 K_H，称为霍尔灵敏度，其值为

$$K_H = \frac{1}{nqd} \tag{3.1.4}$$

K_H 的单位为 mV/（mA · T）。显然，该参数只与半导体试样的材料和厚度有关，一旦霍尔器件制成，K_H 的值也就确定了。由式（3.1.3）可知，在工作电流 I_S 和磁感应强度 B 一定时，霍尔灵敏度 K_H 越大，霍尔效应现象越明显。由式（3.1.4）可以看出，载流子浓度 n 越小，试样厚度 d 越薄，霍尔器件的灵敏度越高。由于半导体中载流子的浓度远比金属中载流子的浓度小，因此通常选用半导体材料制作霍尔器件，并且制成的霍尔器件通常都很薄，一般只有 0.2 mm 厚。

利用式（3.1.3），当工作电流已知时，可以通过直接测量电学量霍尔电压，间接测量磁场，这种方法称为磁电换测法。具体测量过程分以下两种情况。

（1）对于给定的霍尔器件，若霍尔灵敏度 K_H 已知，则根据式（3.1.3），测量出霍尔电压 U_H，即可求出磁感应强度。

$$B = \frac{U_H}{K_H I_S} \tag{3.1.5}$$

同时，根据半导体中载流子的类型和霍尔电压的正负，可以判断磁感应强度 $\boldsymbol{B}$ 的方向。

（2）若霍尔灵敏度 K_H 未知，则需先用标准的磁感强度 B，根据式（3.1.3）求出霍尔器件的

霍尔灵敏度 K_H，再计算所求磁场。

受半导体试样本身的不均匀性和制造工艺等因素的影响，在半导体试样两端形成霍尔电压的同时，还会因为一些副效应而产生附加的电压，如不等位电势差等。目前，随着工艺水平的提高，这些附加电压被控制得越来越小，在本实验中，这些附加电压基本可以忽略不计。

2. 载流长直螺线管中的磁场

载流密绕长直螺线管可近似地看成由 N 匝圆线圈并排组成。假设螺线管的半径为 R，单位长度的匝数为 n。

(1)无限长直螺线管内轴线上的磁场。

根据毕奥-萨伐尔定律，对于无限长直螺线管，当通以励磁电流 I_M 后，管内轴线附近的磁场可视为均匀磁场，磁感应强度为

$$B = \mu_0 n I_M \tag{3.1.6}$$

式中，μ_0 为真空磁导率。

(2)有限长直螺线管内轴线中点处的磁场。

实际螺线管的长度往往有限，若其长度为 L，则管内轴线上中点处的磁感应强度可以在式(3.1.6)的基础上作如下修正：

$$B = \frac{L}{\sqrt{D^2 + L^2}} \mu_0 n I_M \tag{3.1.7}$$

式中，$\dfrac{L}{\sqrt{D^2 + L^2}}$ 为修正系数，D 为螺线管的直径。

(3)半无限长直螺线管端口或有限长直螺线管两端口处的磁场。

对于半无限长直螺线管端口处，或是有限长直螺线管两端口处的磁场，可表示为

$$B \approx \frac{1}{2} \mu_0 n I_M \tag{3.1.8}$$

可见，半无限长直螺线管端口处的磁感应强度约为无限长直螺线管内轴线上磁感应强度的一半。

3. 一对共轴线圈轴线上的磁场

在实验室，人们通常采用亥姆霍兹线圈来产生不太强的匀强磁场。图 3.1.2(a)所示为一对半径相同的同轴载流圆线圈，当它们之间的距离 a 等于线圈的半径 R 时，这对共轴线圈就是亥姆霍兹线圈。给这两个线圈通以相同的励磁电流 I_M 时，在两线圈的轴线上将产生一均匀磁场，如图 3.1.2(b)所示。若线圈间的距离 a 不等于半径 R，轴线上的磁场将不再均匀，会处于欠耦合、过耦合状态，如图 3.1.2(c)、(d)所示。两线圈间的耦合度可以利用霍尔效应进行测量。

(1)单个载流圆线圈轴线上磁场的测量。

对于一个半径为 R、匝数为 N 的载流圆线圈，当通以励磁电流 I_M 后，根据毕奥-萨伐尔定律，其轴线上某点的磁感应强度可表示为

$$B(x) = \frac{\mu_0 R^2 N}{2 \sqrt{(R^2 + x^2)^3}} I_M \tag{3.1.9}$$

式中，x 为场点到线圈圆心的距离。

显然，在线圈圆心处，即 $x = 0$ 处，有

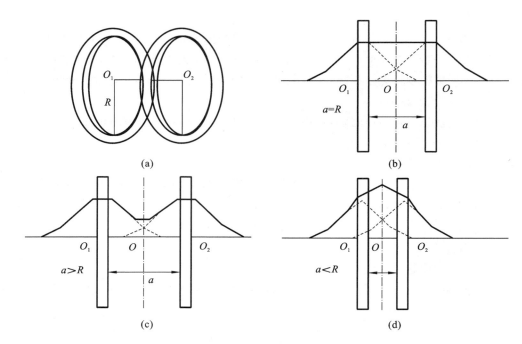

图 3.1.2　共轴线圈轴线上的磁场

$$B(0) = \frac{\mu_0 R^2 N}{2 \sqrt{(R^2 + x^2)^3}} I_M = \frac{\mu_0 N}{2R} I_M \tag{3.1.10}$$

（2）载流亥姆霍兹线圈磁场的测量及叠加原理的证明。

首先测量只有其中一个线圈通励磁电流 I_M 时，其轴线上所产生的磁场情况。假设左线圈单独在轴线上所激发的磁场为 $\boldsymbol{B}_a$，右线圈单独在轴线上所激发的磁场为 $\boldsymbol{B}_b$。再将两个线圈串联组成亥姆霍兹线圈后，通以相同的励磁电流 I_M，测量其轴线上的磁场 $\boldsymbol{B}_{a+b}$，并利用实验数据验证磁场的叠加原理。最后改变两线圈间的距离，使其大于或小于线圈的半径，测量此时两线圈轴线上的磁场分布。

【实验仪器】

（1）HCC-2 型霍尔效应测磁仪。

（2）霍尔器件。

材料：砷化镓 N 型。

尺寸：$l \times b \times d = 4 \times 4 \times 0.2 \ \text{mm}^3$。

工作电流：0～15 mA。

（3）直螺线管。

总长 L：300 mm。

内半径 R_1：12.5 mm。

外半径 R_2：17 mm。

（4）共轴线圈。

内半径 R_1：45 mm。

外半径 R_2:55 mm。

有效半径 R:$R = \dfrac{R_2 - R_1}{\ln \dfrac{R_2}{R_1}}$。

【实验步骤】

1. 测磁仪测量磁场的方法

(1)连接霍尔探杆上的插头与测磁仪的霍尔探头,打开电源开关;调节霍尔电压 U_H 调零旋钮,使其值为零。

(2)调节工作电流 I_S 的调节旋钮,选定合适的工作电流值,如 8.00 mA。

(3)将被测磁场装置的电流输入端与励磁电流 I_M 输出端相连,调节励磁电流 I_M 的调节旋钮,选择适当的励磁电流值,如 0.800 A。

(4)将霍尔探杆置入被测磁场装置中,按要求测量霍尔器件位于不同位置时的霍尔电压 U_H,再利用式(3.1.5)计算磁感应强度 B。

2. 测量载流直螺线管轴线上的磁场

(1)选择直螺线管为被测磁场装置,将霍尔探杆置入直螺线管中,移动霍尔探杆的位置,使霍尔器件位于其轴线的中心位置,并以此位置为坐标原点。

(2)若此时的霍尔电压为负值,则需对调励磁电流的两个接口,从而改变磁场的方向。

(3)缓慢移动霍尔探杆在直螺线管中的位置,依次测出霍尔器件在不同位置(0.0 cm,3.0 cm,6.0 cm,9.0 cm,10.0 cm,11.0 cm,12.0 cm,13.0 cm,14.0 cm,15.0 cm)时的霍尔电压值,并计算出对应点处的磁感应强度。测量结果与计算数据填入表 3.1.1 中。

表 3.1.1　单个载流直螺线管内霍尔电压随霍尔探杆位置的变化($I_M = $＿＿＿ A)

x/cm	0.0	3.0	6.0	9.0	10.0	11.0	12.0	13.0	14.0	15.0
U_H										
B										

(4)在坐标纸上绘出 B-x 关系曲线,并分析磁场的空间变化规律。

3. 测量单个载流圆线圈的磁场

(1)选择左侧载流圆线圈为被测磁场装置。将霍尔探杆置于圆线圈中,移动霍尔探杆的位置,使霍尔探杆的 0 刻度刚好与左线圈中心的 0 刻度对齐,以此为坐标原点,依次测出霍尔器件位于 0.0 cm,1.0 cm,2.0 cm,3.0 cm,4.0 cm,5.0 cm,…等十余处时的霍尔电压值 U_H,并计算出对应点的磁感应强度 B_a。测量结果与计算数据填入表 3.1.2 中。

表 3.1.2　载流圆线圈轴线上霍尔电压随霍尔探杆位置的变化($I_M = $＿＿＿ A)

x/cm	0.0	1.0	2.0	3.0	4.0	5.0	6.0	7.0	8.0	9.0
U_H										
B_a										
B_b										

(2)在坐标纸上绘出 B-x 关系曲线,并分析磁场的变化规律。

（3）用同样的方法测出右侧圆线圈轴线上相应点的磁感应强度 B_b 并填入表 3.1.2 中。为方便步骤 4 中叠加原理的验证，此处霍尔器件的坐标取值与左线圈保持完全一致。

4. 测量亥姆霍兹线圈在不同状况下的磁场分布

（1）将左右两线圈串联。移动右线圈，使两线圈的间距 $a=R=5.0$ cm。移动时注意观察线圈上下标尺的刻度，保证线圈平面与霍尔探杆垂直。选择串联后的线圈为被测磁场装置。

（2）调节励磁电流调节旋钮，选定与步骤 3 中相同的电流值 I_M。

（3）将霍尔探杆上的霍尔器件置于左线圈中心处，然后以此为坐标原点，依次测出霍尔器件位于 0.0 cm，1.0 cm，2.0 cm，3.0 cm，4.0 cm，5.0 cm，…，12.0 cm 等十余处的霍尔电压值，并计算对应点的磁感应强度 B_{a+b}，填入表 3.1.3 中。

表 3.1.3　两载流圆线圈轴线上霍尔电压随霍尔探杆位置的变化（$a=R$，$I_M=$____ A）

x/cm	0.0	1.0	2.0	3.0	4.0	5.0	6.0	7.0	8.0	9.0	10.0	11.0	12.0
B_a													
B_b													
B_a+B_b													
B_{a+b}													

（4）根据步骤 3 中的 B_a 和 B_b 计算 B_a+B_b，然后与测量得到的 B_{a+b} 值进行比较，验证磁场的叠加原理。注意：此处的 B_a+B_b 和 B_{a+b} 必须对应的是同一场点处的磁场情况。

（5）作出 $a=R$ 时的 B-x 关系曲线。

（6）用相同的方法，分别测出 $a<R$ 和 $a>R$ 时两线圈轴线上的磁场分布，并作出对应状况下的 B-x 曲线。根据三种情况的结果，判断构成亥姆霍兹线圈的条件。

5. 研究霍尔电压 U_H 与工作电流 I_S 的关系

（1）选择载流直螺线管为被测磁场装置，保持螺线管中的励磁电流为 0.800 A 不变。

（2）固定霍尔器件在直螺线管轴线的中心位置，取工作电流 I_S 的值为 1.00 mA，2.00 mA，3.00 mA，…，8.00 mA，测量相应的霍尔电压。相关表格请自拟。

（3）作 U_H-I_S 关系曲线。

【实验思考】

（1）为什么霍尔器件一般要选用半导体材料制作，而且厚度要做得很薄？

（2）若磁感应强度方向与霍尔器件平面不完全正交，按式（3.1.5）算出的磁感应强度比实际值大还是小？

【注意事项】

（1）霍尔器件容易受机械损伤，应避免其受挤压和碰撞。

（2）霍尔器件的额定控制电流为 15 mA，工作电流的选择应保证在 0～15 mA 之间，以免因发热烧毁霍尔器件。

（3）改变霍尔器件的位置时，应注意轻轻地缓慢插入或抽出，防止拉断霍尔器件上的连接线。

（4）励磁电流不能过大，一般在 0～1.5 A 之间，仪器不宜在长时间强磁场的环境下工作，以避免器件因电涡流效应而发热损坏。

【拓展应用】

霍尔法测
磁场的应用

霍尔效应是 1879 年美国物理学家霍尔在研究磁场对金属中电流的影响时发现的一种现象。基于霍尔效应制成的各种霍尔器件广泛地用于精密测磁、自动化技术、磁流体发电、航天航空等领域。利用霍尔效应制成的霍尔传感器在军工产品测量和控制方面也有着广泛的应用，如用作军用电源系统电流检测传感器、飞机雷达天线的限位传感器、导弹发射控制的霍尔角度传感器等。多年来，我国科研团队在霍尔效应的研究方面取得了重大突破。2010 年，中科院物理所方忠、戴希带领的团队与张首晟教授等合作，开展的"量子反常霍尔效应"研究引起了国际上广泛的关注。2013 年，中科院物理所何珂等组成的团队和清华大学物理系薛其坤等组成的团队合作攻关，通过实验成功地观测到了"量子反常霍尔效应"，该结果在《科学》杂志在线发表。这一研究成果很好地体现了我国科学家长期坚持、勇于创新、团结协助的科学精神。

【人物传记】

霍尔（1855－1938），是美国物理学家，是约翰斯·霍普金斯大学著名教授罗兰的研究生。罗兰通过带电旋转盘的磁效应实验，第一次揭示了运动电荷也能激发磁场，之后霍尔在 1879 年研究金属的导电机制时发现霍尔效应。霍尔效应的发现早于 J. J. 汤姆逊对电子的发现。

3.2　动态磁滞回线的观测

铁磁材料分为硬磁和软磁两类。能表现铁磁材料磁滞现象的曲线称为磁滞回线。硬磁材料的磁滞回线宽，剩余磁感应强度（简称剩磁）和矫顽力比较大，因而硬磁材料磁化后能保持磁性，适用于制作永久磁铁；软磁材料的磁滞回线窄，矫顽力较小，但磁导率和饱和磁感应强度大，容易磁化和去磁，故软磁材料常用于电子设备中的各种电感元件和变压器、镇流器中的铁芯等。

【预习思考】

（1）什么是磁滞现象？
（2）生活中有哪些实际的磁滞现象？
（3）我们可以用哪些方法观测到磁滞现象？

【实验目的】

（1）了解磁滞回线实验仪的工作原理；
（2）观察磁滞现象，认识铁磁物质的磁化规律；
（3）掌握测绘铁磁材料的初始磁化曲线和磁滞回线的方法，测量其矫顽力和剩余磁感应强度。

【实验内容】

通过运用电磁感应定律,用电信号模拟磁滞回线,并根据实验原理测量并描绘铁磁物质的磁滞回线。

【实验原理】

1.铁磁物质的磁滞现象

由于铁磁物质的磁化过程有着特殊的磁滞现象,因此磁化规律很复杂。本实验是通过测量磁化场的磁场强度 H 和被磁化物质所产生磁场的磁感应强度 B 之间的关系来研究磁化规律。

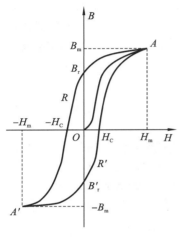

图 3.2.1　磁滞回线

如图 3.2.1 所示,当铁磁物质未被磁化时,H 和 B 均为零,对应坐标原点 O。随着外界磁化场的磁场强度 H 的增加,铁磁物质磁场的磁感应强度 B 沿着 OA 段逐步上升。但 OA 段斜率各不相同,说明 H 和 B 之间并不是线性关系。当 H 增加到一定值时,B 不再增加或增加十分缓慢,说明该铁磁物质的磁化已经达到饱和状态。这条从原点开始逐步达到饱和状态的 OA 曲线,被称为初始磁化曲线。

设定 H_m 和 B_m 分别为饱和时磁化场的磁场强度和铁磁物质磁场的磁感应强度。磁化达到饱和后,如果再使 H 逐渐减小到零,则与此同时 B 也逐渐减小。然而,B 随 H 变化的轨迹并不是沿原曲线 AO 返回,而是沿着另一曲线 AR 下降到 B_r。这说明当撤去外界的磁化场时,铁磁物质中的磁场并不会立刻随之消失,仍然会保留一定的磁性。所以,B_r 也被称为剩余磁感应强度(简称剩磁)。这就是铁磁物质的剩磁现象。

若要消除剩磁,需要施加一个反向的外界磁化场,逐渐增加其强度直到 $B=0$,此时外界的反向磁化场的 H 值为 H_c。H_c 的大小体现了铁磁物质处于剩磁状态时抵抗外界反向磁化场改变的能力,所以也被称矫顽力。

继续增强反向磁化场,铁磁物质又将被反向磁化到饱和状态,直到 $H=-H_m$,这时曲线达到 A' 点。同理,再逐渐减小磁化场的磁场强度,使得 H 退回到 $H=0$;再正向逐渐增大磁化场,直至达到饱和值 H_m。如此,就得到一条与 ARA' 对称的曲线 $A'R'A$。这条自 A 点出发又回到 A 点的闭合曲线便称为铁磁物质的磁滞回线。由于最终是能达到饱和状态的,所以此曲线属于饱和磁滞回线。

2.利用示波器观测铁磁材料的动态磁滞回线

在现实的实验中,想要直接测量两个磁场的磁场强度和磁感应强度并描绘出对应的曲线,比较困难且操作复杂。我们可以通过电磁感应的原理,将磁场的物理量转化为更容易测量的电信号,从而间接地进行测量。

电路的原理图如图 3.2.2 所示。将样品制成闭合的方形环状,其上均匀地绕以磁化线圈 N_1 及副线圈 N_2。当 N_1 线圈通电后,它产生的磁化场便将铁芯磁化,使得铁芯内部产生磁场,由此便在未通电的 N_2 线圈中产生感应电流,由此便可通过测量两线圈中电压和电流的变化情况来体现磁化场和铁芯内磁场的变化情况。

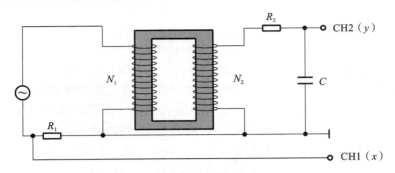

图 3.2.2　实验电路原理图

(1)磁场强度 H 的测量。

设环状样品的平均周长为 l，左侧励磁线圈的匝数为 N_1，磁化电流为正弦交流电流 i_1，由安培环路定理可知 $Hl=N_1i_1$，取样电阻 R_1 上的电压 $U_1=R_1i_1$，所以可以得到

$$H=\frac{N_1U_1}{lR_1} \tag{3.2.1}$$

由式(3.2.1)可知，在已知 R_1、l、N_1 的情况下，测得 u_1 的值，即可计算出磁化场的磁场强度 H。

(2)磁感应强度 B 的测量。

设环状样品的截面积为 S，根据电磁感应定律，由于右侧测量线圈的匝数不太多，因此自感电动势可以忽略不计。在匝数为 N_2 的测量线圈中感生电动势 ε_2 为

$$\varepsilon_2=-N_2S\frac{dB}{dt} \tag{3.2.2}$$

式中，$\frac{dB}{dt}$ 为铁芯内部磁场的磁感应强度 B 对时间 t 的导数。

若测量线圈所接回路中的电流为 i_2，电容 C 上的电量为 Q，则有

$$\varepsilon_2=R_2i_2+\frac{Q}{C} \tag{3.2.3}$$

若 R_2 和 C 都取较大值，则电容 C 上的电压 $U_C=\frac{Q}{C}\ll R_2i_2$，可忽略不计，于是式(3.2.3)可写为

$$\varepsilon_2=R_2i_2 \tag{3.2.4}$$

把电流 $i_2=\frac{dQ}{dt}=C\frac{dU_C}{dt}$ 代入式(3.2.4)得

$$\varepsilon_2=R_2C\frac{dU_C}{dt} \tag{3.2.5}$$

把式(3.2.5)代入式(3.2.2)得

$$-N_2S\frac{dB}{dt}=R_2C\frac{dU_C}{dt} \tag{3.2.6}$$

在将式(3.2.6)两边对时间积分时，由于 B 和 U_C 都是交变的，积分常数项为零。于是，在不考虑负号(在这里仅仅指相位差 $\pm\pi$)的情况下，磁感应强度为

$$B = \frac{R_2 \, C U_C}{N_2 S} \qquad\qquad (3.2.7)$$

式(3.2.7)中 N_2、S、R_2 和 C 皆为常数,通过测量电容两端电压幅值 U_C 代入式(3.2.7),可以求得铁磁材料磁感应强度 B 的值。

因此,磁化电流 i_1 通入磁化线圈后,将 R_1 两端的电压 u_1 加到示波器的 X 轴输入端;测量线圈与电阻 R_2 和电容 C 串联成一回路,将电容 C 两端的电压 U_C 加到示波器的 Y 轴输入端。当磁化电流变化一个周期,示波器的光点将描绘出一条完整的磁滞回线,以后每个周期都重复此过程,形成一条稳定的磁滞回线。

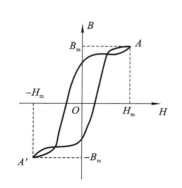

图 3.2.3 U_C 和 B 之间的相位差引发的畸变

如果观察到在顶部出现了编织状小环的情况(见图 3.2.3),则说明 U_C 和 B 之间的相位差引发了畸变,可以通过减小励磁电压 U 的大小予以消除。

【实验仪器】

动态磁滞回线实验仪、示波器。

【实验步骤】

1.观察和测量软磁铁氧体的动态磁滞回线

(1)连接电路。

根据图 3.2.2 接好电路,将示波器设置为 XY 轴模式,并将示波器的光点调至光屏中心。

(2)退磁:从零开始,缓慢增大励磁电流至最大,然后缓慢减小励磁电流至零。通过此过程,完成对铁氧体内剩磁的消除。

(3)观测饱和图形:磁化电流的频率 f 取 50 Hz 左右,设置 $R_1 = 1 \ \Omega$、$R_2 = 10 \ \text{k}\Omega$、$C = 1 \ \mu\text{F}$,从零开始逐渐增大磁化电流,直至用电信号模拟的磁滞回线图形(以下简称模拟磁滞回线)达到饱和。

将示波器 X 轴和 Y 轴分度值调整至适当位置,使模拟磁滞回线的图形尽可能充满整个光屏,且尽可能保证图形不失真。

(4)记录数据:使用示波器自带的测量工具,记录模拟磁滞回线的顶点 U_{CM} 和 U_{1M}、与 Y 轴交点 U_{Cf} 和与 X 轴交点 U_{1e} 四个读数值。除上述四个点外,再记录至少 10 个合适位置的实验数据点,记录其 X、Y 轴的读数值并记录下来。

(5)数据处理:根据相关公式,计算软磁铁氧体的饱和磁感应强度 B_m 和相应的磁场强度 H_m、剩磁 B_r 和矫顽力 H_c。磁感应强度以 T 为单位,磁场强度以 A/m 为单位。

2.观察和测量硬磁钢材料的动态磁滞回线

(1)连接电路:将样品换成硬磁材料,并同样根据图 3.2.2 接好电路。

(2)退磁:与软磁铁氧体的操作相同,完成退磁。

(3)观测饱和图形:磁化电流以及 R_1、R_2、C 的设置和软磁铁氧体相同,从零开始逐渐增大磁化电流,直至模拟磁滞回线达到饱和。同样,将示波器 X 轴和 Y 轴分度值调整至适当位置,使模拟磁滞回线为不失真图形。

（4）记录数据：同样记录磁滞回线的顶点 U_{CM} 和 U_{1M}、与 Y 轴交点 U_{Cf} 和与 X 轴交点 U_{1e} 四个读数值，并再自选至少 10 个合适位置的实验数据点记录。

（5）数据处理：根据相关公式，计算磁滞回线的顶点 B_m 和 H_m、剩磁 B_r 和矫顽力 H_C 四个物理量的值。

3. 数据处理

根据记录的实验数据，进行数据处理，并描绘相应的图形。

（1）自拟表格记录磁化曲线的测量数据。

（2）用作图纸作软磁铁氧体的初始磁化曲线（B-H 关系曲线）及磁导率与磁感应强度关系曲线（μ-H 关系曲线），其中 $\mu = \dfrac{B}{H}$。

同理，在坐标纸上近似画出硬磁材料在达到饱和状态时的交流磁滞回线。

【实验思考】

（1）何谓初始磁化曲线？测量初始磁化曲线要掌握哪些要点？

（2）测绘磁滞回线时，为什么要进行退磁？如果测绘磁滞回线过程中操作顺序发生错误，应该怎样操作才能继续测量？

（3）怎样使样品完全退磁，使初始状态在 $H=0$、$B=0$ 点上？

（4）在什么条件下，环状样品气隙中测得的磁感应强度能代表磁路中的磁感应强度？

【注意事项】

退磁过程不能过快，需缓慢旋转旋钮调节励磁电流的大小，快速改变励磁电流的大小很难实现完全消磁。

【拓展应用】

磁性材料主要是指由过渡元素铁、钴、镍及其合金等组成的能够直接或间接产生磁性的物质。根据材质和结构分类，磁性材料可以分为金属及合金磁性材料和铁氧体磁性材料两大类。其中，铁氧体磁性材料又分为多晶结构和单晶结构两种。根据应用功能分类，磁性材料分为软磁材料、永磁材料、磁记录材料、矩磁材料、旋磁材料等。

磁性材料应用很广泛，不仅可用于电表、电机等器械中，还可用于制作记忆元件、微波元件等。生活中常见的磁带、计算机的磁性存储设备、乘客乘车

磁性材料

用的公交卡等都运用了磁性材料。在军事方面，磁性材料也可以用于各类军事装备的发动机、发电机、传感器等器件中。例如，导弹的导引头、相控阵雷达的天线单元等重要的元部件里面也用到了磁性材料。

【人物传记】

史料记载，几千年前，中国古人就已经利用磁场的原理制作了指南针（司南），但是没有具体的发明者记载。在唐朝时期，赣南杨公风水术的祖师杨筠松，对司南进行了改良，将其重新安排，把八卦、天干、地支完整地分配在平面方位上。这是一个划时代的创造，更符合科学的原理。

3.3 牛顿环与劈尖干涉

在光学发展史上,光的干涉实验证实了光的波动性。当薄膜的上、下表面有一很小的倾角时,平行光经薄膜的上、下表面反射后在上表面附近相遇时产生干涉,并且在薄膜厚度相同的地方形成同一级干涉条纹,这种干涉现象就叫作等厚干涉。牛顿环和劈尖干涉是等厚干涉最典型的两个例子。

【预习思考】

(1)厚干涉与等倾干涉的区别在哪里?

(2)读数显微镜在读数过程中要注意哪些问题?

【实验目的】

(1)理解等厚干涉现象及其特点;

(2)掌握用等厚干涉法测定凸透镜曲率半径和薄膜厚度的方法;

(3)熟练使用读数显微镜。

【实验内容】

应用牛顿环测定凸透镜的曲率半径,通过劈尖干涉测定薄片的厚度。

【实验原理】

1. 牛顿环测定凸透镜的曲率半径

在一光学平玻璃板上放置一块曲率半径很大的凸透镜,在凸透镜和平玻璃板之间就会形成一空气薄膜。离接触点等距离的地方,空气薄膜的厚度相同。当以单色平行光垂直照射时,入射光将会在空气薄膜的上、下两个面上反射,形成具有一定光程差的两束相干光。因为两束相干光的光程差是随着空气薄膜厚度的变化而变化的,而离接触点等距离的地方,空气薄膜的厚度相同,所以干涉条纹由以接触点为中心的一系列明暗相间的同心圆环组成。这种干涉现象最初是由牛顿发现的,因此被称为牛顿环。牛顿环仪示意图和牛顿环如图 3.3.1 所示。

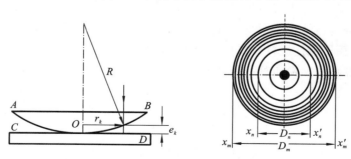

图 3.3.1 牛顿环仪示意图及牛顿环

经分析可知,与第 k 级条纹相对应的两束相干光的光程差为

$$\delta_k = 2e_k n + \frac{\lambda}{2} \tag{3.3.1}$$

式中: e_k 为空气薄膜厚度; n 为介质的折射率,在这里介质是空气,所以 $n=1$; $\lambda/2$ 为考虑到半波损失而带来的附加光程差。

根据图 3.3.1 中的几何关系有

$$R^2 = r_k^2 + (R - e_k)^2 \tag{3.3.2}$$

考虑到空气薄膜的厚度远小于凸透镜的曲率半径 $(e_k \ll R)$,我们可以略去二阶小量 e_k^2 ,从而可以得到

$$e_k = \frac{r_k^2}{2R} \tag{3.3.3}$$

将式(3.3.3)代入式(3.3.1)中且令 $n=1$,得到

$$\delta_k = \frac{r_k^2}{R} + \frac{\lambda}{2} \tag{3.3.4}$$

当光程差为半波长的奇数倍时,干涉产生暗条纹,也就是说当 $\frac{r_k^2}{R} + \frac{\lambda}{2} = (2k+1)\frac{\lambda}{2}$ ($k=0,1$, $2,\cdots$)时,为暗条纹,从而可以得到

$$r_k^2 = k\lambda R \quad (k=0,1,2,\cdots) \tag{3.3.5}$$

上式表明,当入射光的波长 λ 已知时,只要测出第 k 级暗环的半径 r_k 就可以计算出凸透镜的曲率半径 R ;相反地,如果凸透镜的曲率半径 R 已知,则可算出入射光的波长 λ 。

实际上,在实验中观察牛顿环时会发现,牛顿环的中心并不是一个几何点,而是一个圆斑(这是由两接触镜面之间附着有尘埃,且接触时镜面发生了形变导致的)。因此,在实验中很难判断环纹的级数,即干涉环纹的干涉级数和读数序数不一致。这样,如果只测量某一暗环的半径来计算曲率半径,那么误差将会很大。显然,这样计算是不可行的。

我们可以通过取两个暗环半径的平方差值来消除误差。为了消除误差、提高测量精度,必须测量距离中心比较远的、比较清晰的两个暗环的半径。例如,测量第 m 个暗环和第 n 个暗环的半径(注意,这里的 m 、 n 不是干涉级数)。因而,式(3.3.5)要进行修正:

$$r_m^2 = (m+j)\lambda R, \quad r_n^2 = (n+j)\lambda R \tag{3.3.6}$$

式中, m 为环纹读数序数, $m+j$ 为干涉级数。

于是

$$r_m^2 - r_n^2 = (m+j)\lambda R - (n+j)\lambda R = (m-n)\lambda R \tag{3.3.7}$$

上式表明,任意两暗环的半径平方差与干涉条纹级数以及环序数无关,而只与两个环纹读数序数之差有关。因此,只要精确测定两个环的半径,由两个半径的平方差值就可以准确地计算出凸透镜的曲率半径,即

$$R = \frac{r_m^2 - r_n^2}{(m-n)\lambda} \tag{3.3.8}$$

由于牛顿环中心很难确定,半径不容易测定,在实验中,测定暗环直径比较容易,因此用暗环的直径代替半径,于是有

$$R = \frac{D_m^2 - D_n^2}{4(m-n)\lambda} \tag{3.3.9}$$

根据式(3.3.9)就可以由已知的单色光波波长测定凸透镜的曲率半径,或者已知凸透镜的曲率半径来测单色光波的波长。

2.劈尖干涉测定薄片的厚度

将两块光学平玻璃片叠在一起,在某一端插入薄片,在两玻璃片之间就形成了一空气劈尖,如图3.3.2所示。当用单色平行光垂直照射空气劈尖的上、下表面时,其反射光发生干涉,结果在劈尖上表面产生一簇与棱边平行、间隔相等且明暗相间的干涉条纹。同一级亮条纹或暗条纹出现在空气劈尖厚度相同的地方,因此,劈尖干涉也是一种等厚干涉。如果条纹是等间距的平行直条纹,则说明两块玻璃片表面的平面度很好。若两块玻璃片的表面的平面度不好,则产生很不规则的干涉图样。根据图3.3.2,可以计算光程差,得到产生暗纹的条件:

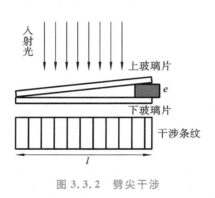

图 3.3.2　劈尖干涉

$$\delta_k = 2ne_k + \frac{\lambda}{2} = (2k+1)\frac{\lambda}{2} \quad (k=0,1,2,\cdots) \tag{3.3.10}$$

空气的折射率 $n=1$。与第 k 级暗条纹相对应的空气劈尖厚度为(这里 $n=1$)

$$e_k = k\frac{\lambda}{2} \tag{3.3.11}$$

由式(3.3.11)可知,当 $e_k=0$ 时,$\delta_k=\lambda/2$,从而在两玻璃片接触的棱边处呈现零级暗条纹。假定待测薄片的厚度为 e,从空气劈尖的尖端到薄片的距离为 l,相邻暗条纹之间的距离为 Δx,则总暗条纹数为

$$N = \frac{l}{\Delta x}$$

于是待测薄片的厚度为

$$e = N\frac{\lambda}{2} \tag{3.3.12}$$

可见,只要用适当的仪器测出 l 和 Δx,计算出 N 并代入式(3.3.12)就可以算出薄片的厚度。

【实验仪器】

读数显微镜、牛顿环仪、钠灯、平板玻璃、薄片。

读数显微镜是一种测量微小尺寸或微小距离变化的仪器,结构如图3.3.3所示。它由一个带十字叉丝的显微镜和一个螺旋测微装置构成。显微镜包括目镜、十字叉丝和物镜。测微鼓轮能够通过测微螺杆带动显微镜镜筒上下移动,且移动距离可由主尺和测微鼓轮读出。测微螺杆的螺距为1 mm;测微鼓轮的圆周刻有100分格,分度值为0.01 mm,读数可估计到0.001 mm。

【实验步骤】

1. 测凸透镜的曲率半径

(1)观察牛顿环的干涉图样。

①调整牛顿环仪的三个调节螺钉,把自然光照射下的干涉图样移到牛顿环仪的中心附近。注意,调节螺钉不能拧得太紧,以免中心暗斑(或亮斑)太大,甚至损坏牛顿环仪。把牛顿环仪置于显微镜的正下方,如图 3.3.3 所示,调节读数显微镜上 45°半反射镜的位置,直至从目镜中能看到明亮的均匀光照。

②调节读数显微镜的目镜,使十字叉丝清晰,转动调焦手轮,自下而上调节物镜,直至观察到清晰的干涉图样。移动牛顿环仪,使中心暗斑(或亮斑)位于视域中心。 调节目镜系统,使十字叉丝横

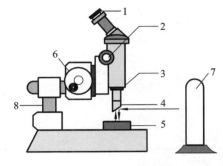

图 3.3.3　读数显微镜结构示意图
1—目镜;2—调焦手轮;3—物镜;4—半反射镜;5—牛顿环仪;6—测微鼓轮;7—钠灯;8—支架

丝与读数显微镜的标尺平行,消除视差,并观测待测的各环左右是否都在读数显微镜的读数范围之内。

(2)测量牛顿环的直径。

①选取要测量的 m 和 n 各五个条纹,如取 m 为 50、45、40、35、30 五个环,n 为 25、20、15、10、5 五个环。

②转动测微鼓轮,先使望远镜镜筒向左移动,顺序数到第 52 环,再向右转到第 50 环,记录读数。然后继续转动测微鼓轮,使十字叉丝依次与第 50、45、40、35、30、25、20、15、10、5 环对准,顺次记下读数。接着继续转动测微鼓轮,使十字叉丝依次与圆心右侧第 5、10、15、20、25、30、35、40、45、50 环对准,也顺次记下各环的读数,求得各环的直径。例如:

$$D_{50} = \left| X_{50左} - X_{50右} \right|$$

注意:在一次测量过程中,测微鼓轮应沿一个方向旋转,中途不得反转,以免引起回程误差。

(3)计算凸透镜的曲率半径。

将测出的各环直径代入式(3.3.9)中计算出凸透镜的曲率半径,并算出不确定度。

2. 劈尖干涉测微小厚度

(1)将被测薄片夹在两块平玻璃片之间,并置于读数显微镜的载物台上,用读数显微镜观察劈尖干涉的图像,如图 3.3.2 所示。改变薄片在平玻璃片之间的位置,观察干涉条纹的变化,并作出解释。

(2)由式(3.3.10)知,当入射光波长已知时,通过显微镜读出干涉条纹级数 k,即可计算出相应薄片的厚度。但由于 k 值较大,为避免计数 k 时出现错误,可先测出某一长度 l_x 内的干涉条纹数 x,进而得出单位长度内干涉条纹数 $n = x/l_x$。若测出薄片与空气劈尖棱边的距离 l,则总干涉条纹数 $N = nl$。代入式(3.3.12)中可得 $e = nl \dfrac{\lambda}{2} = \dfrac{xl}{l_x} \dfrac{\lambda}{2}$,此式即为测量微小厚度公式。

3.数据记录与处理

分别测出相关数据填入表 3.3.1 和表 3.3.2 中。

表 3.3.1　测凸透镜的曲率半径

钠光波长:$5.893×10^{-7}$ m　　　　　　　　　　　　　　　　　　　　单位:mm

第 m 环	显微镜读数		D_m	第 n 环	显微镜读数		D_n	$D_m^2-D_n^2$
	左端 X_m	右端 X'_m			左端 X_n	右端 X'_n		
50				25				
45				20				
40				15				
35				10				
30				5				

表 3.3.2　劈尖干涉测微小厚度

钠光波长:$5.893×10^{-7}$ m　　　　　　　　　　　　　　　　　　　　单位:mm

序次	l_x	x	$n=x/l_x$	l	$e=nl\dfrac{\lambda}{2}$
1					
2					
3					
4					
5					

【实验思考】

(1)牛顿环的中心在什么情况下是暗的?在什么情况下是亮的?

(2)本实验装置是如何使等厚条件得到近似满足的?

(3)在本实验中,下列情况对实验结果是否有影响?为什么?

①牛顿环的中心是亮斑而非暗斑。

②测各个 D_m 时,十字叉丝交点未通过圆环的中心,因而测量的是弦长而非真正的直径。

(4)在测量过程中,读数显微镜为什么只准单方向旋进,而不准回旋?

【注意事项】

(1)在使用读数显微镜调焦的过程中一定要遵从自下而上的操作原则,防止读数显微镜镜头损坏或压坏牛顿环仪。

(2)在数牛顿环暗环圈数时,可以转动大鼓轮以每 5 圈为一计数圈数,注意眼睛休息。

【拓展应用】

在实验室中,常用牛顿环测定光波的波长或平凸透镜的曲率半径;在工业中,则利用牛顿环来检查透镜的质量。劈尖干涉在实际中有很多应用。例如干涉膨胀仪,用线膨胀系数很小的石英制成套框,框内放置一上表面磨成稍微倾斜的样品,框顶放一平板玻璃,这样在玻璃和样品之间构成一空气劈尖。套框的线膨胀系数很小,可以忽略不计,所以空气劈尖的上表面不会因为温度变化而移动。当样品受热膨胀时,劈尖下表面的位置升高,使得干涉条纹发生移动,测出条纹移动过的数目,就可以计算出空气劈尖下表面位置的升高量,从而求出样品的线膨胀系数。

牛顿环的应用

【人物传记】

　　艾萨克·牛顿(1643—1727),是英国物理学家、数学家。1643 年 1 月 4 日,牛顿出生于英格兰林肯郡的伍尔索普庄园。由于早产的缘故,新生的牛顿十分瘦小。1648 年,牛顿被送去读书。由于身体虚弱,他的学习成绩不好,但他喜欢读书,也喜欢制作简单的机械模型。1654 年,牛顿进入金格斯皇家中学读书。随着年岁增大,牛顿越发爱好读书,喜欢思考和做科学小实验,对自然现象有着强烈的好奇心。1661 年,牛顿进入了剑桥大学的三一学院。在上学期间,他深入学习了笛卡儿等现代哲学家的先进思想,以及伽利略、哥白尼和开普勒等天文学家的科学理论。1665 年,牛顿大学毕业,获得学士学位,留校做研究工作。1665 年,牛顿发现了广义二项式定理,并开始建立新的数学理论——微积分学。1665 年秋,伦敦发生了可怕的瘟疫,剑桥大学关门,牛顿回到了家乡。在此后两年里,牛顿在家中继续研究微积分学、光学、力学和万有引力定律,几乎他所有最重要的成就都在这个时期奠定了基础。1668 年,牛顿获得硕士学位。1669 年,他被授予卢卡斯数学教授席位。1672 年,他当选为英国皇家学会会员。1689 年,他当选为英国国会议员。1699 年,他出任英国皇家造币厂厂长并被选为法国科学院八个外国委员之一。1703 年,他当选为英国皇家学会会长。1705 年,英国女皇授予他爵士称号。1727 年 3 月 31 日,他因病在伦敦逝世。牛顿在力学、光学和数学三方面都取得了举世瞩目的成就:在力学方面,牛顿在伽利略等人工作的基础上深入研究,总结出了描述物体运动的牛顿三定律,阐明了动量和角动量守恒的原理,提出了万有引力定律;在光学方面,他发明了反射望远镜,发现了光的色散现象和牛顿环现象,提出了光的微粒说;在数学方面,他证明了广义二项式定理,建立了微积分学。

3.4　光　栅　衍　射

　　在波动光学中,由大量等宽、等间距、平行排列的狭缝构成的光学器件被称为衍射光栅。衍射光栅分为透射光栅和反射光栅两类。实验室常用的透射光栅是通过在玻璃片上刻出大量平行的刻痕而制成的。其中:刻痕部分不透光;两刻痕之间的光滑部分可以透光,相当于狭缝。由于复色光经光栅衍射产生的谱线条纹狭窄细锐、容易分辨,因此光栅不仅是单色仪、摄谱仪等精密光学仪器的重要配件,还被广泛用于计量、光通信、信息处理等方面。

【预习思考】

　　(1)如何判断分光计已经调节完成?

　　(2)光栅衍射的原理是什么?

【实验目的】

(1)掌握分光计的调整和使用;

(2)理解光通过光栅后的衍射现象;

(3)学会测定汞灯在可见光范围内几条光谱线的波长的方法。

【实验内容】

利用光栅衍射对汞原子的光谱线进行研究。

【实验原理】

复色光经过色散系统(如棱镜、光栅)分光后,被色散开的单色光将按波长(或频率)的大小依次排列,形成的图案被称为光学频谱,简称光谱。原子中的电子在能量变化时会发射或吸收一系列特定波长的电磁波,因此,如果原子吸收入射光中某些特定波长的光,那么光谱中这些波长对应的位置将形成暗条纹,这样的光谱被称为吸收光谱;如果原子发射某些特定波长的光,那么光谱中这些波长对应的位置将形成明条纹,这样的光谱被称为发射光谱。不同元素的原子形成的光谱互不相同,具有各自的特点,对光谱的分析和研究表明原子中存在着分立的能级结构。研究原子光谱是研究原子结构最重要的方法之一,原子光谱在近代物理学尤其是量子力学的发展中起到极其重要的作用。

1.光栅测波长

如图3.4.1所示,当一束平行复色光照射到光栅上时,光束穿过狭缝发生衍射,向各个方向传播,来自不同狭缝但方向相同的衍射光经透镜会聚后在焦平面上发生衍射。根据光栅衍射的原理,当入射光垂直照射光栅时,产生衍射明条纹的条件为

$$d\sin\varphi_k = k\lambda \quad (k = 0, \pm 1, \pm 2, \cdots) \tag{3.4.1}$$

上式被称为光栅方程。式中,$d = a + b$ 是光栅常数,φ_k 是衍射角,k 为明条纹级数,λ 为单色光波长。

当级数 $k = 0$ 时,衍射角 $\varphi_0 = 0$,各种波长的单色光重叠在一起形成中央明条纹;在中央明条纹的两侧,对称地分布着第一级($k = \pm 1$)、第二级($k = \pm 2$)等明条纹;当级数 $k \neq 0$ 时,同一级谱线中衍射角与波长有关,波长越大,衍射角 φ_k 越大。因此,同一级谱线按波长变化依次散开,在焦平面形成一系列明条纹,即光谱谱线。

根据式(3.4.1),如果已知光栅常数 d,那么测出衍射角 φ_k,便可计算出光波波长:

$$\lambda = \frac{d\sin\varphi_k}{k} \tag{3.4.2}$$

如果已知光波波长 λ,那么测出衍射角 φ_k,便可计算得到光栅常数 d。

2.光栅的基本特性

光栅是一种色散元件,可用角色散率和分辨本领来表征其基本特征。

角色散率 D_φ 表示单位波长间隔内单色谱线之间的角距离。式(3.4.1)对 λ 求导,可得

$$D_\varphi = \frac{\mathrm{d}\varphi_k}{\mathrm{d}\lambda} = \frac{k}{d\cos\varphi_k} \tag{3.4.3}$$

通过上式可以发现,光栅常数 d 越小,角色散率 D_φ 越大,谱线分得越开,越容易区分。

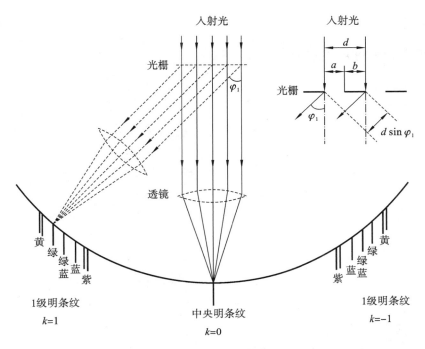

图 3.4.1　光栅光谱

谱线具有一定的宽度,两条谱线靠得很近时,可能重叠在一起不能区分。根据瑞利判据,如果其中一个的主极大与另一个的第一级极小重合,则正好能分辨。设波长分别为 λ 和 $\lambda+\Delta\lambda$ 的不同单色光,经光栅衍射后形成的谱线恰好能分辨,根据光栅方程和瑞利判据,光栅的分辨本领为

$$R=\frac{\lambda}{\Delta\lambda}=kN \tag{3.4.4}$$

式中,N 为有效使用面积内的狭缝数。

狭缝数 N 越大,光栅的分辨本领越好。由式(3.4.4)可见,光栅的分辨本领与光栅常数 d 无关。

【实验仪器】

分光计、反射镜、汞灯、钠灯、衍射光栅。

【实验步骤】

(1)按照实验"2.9　分光计的调整与使用"中的实验步骤,调节分光计至正常使用状态。

(2)调节光栅平面与平行光管光轴至垂直。锁紧望远镜,转动游标盘(载物台与游标盘一起转动),当光栅的反射十字像与望远镜十字叉丝上方十字重合时,锁紧游标盘锁紧螺钉。

(3)测定汞原子光谱谱线波长。转动望远镜(刻度盘与望远镜一起转动),观察汞原子的衍射谱线,将望远镜十字叉丝竖线依次对准 $k=0$、±1 各级明条纹,记录游标的读数 θ_k^{A} 与 θ_k^{B}。

(4)多次测量,计算出各级明条纹的衍射角 φ_k,代入光栅方程计算波长 λ。

(5)以第一级光谱中双黄线为对象,测量光栅的角色散率和分辨本领(选做)。

【数据处理】

本实验所涉及的数据处理表如表 3.4.1 所示 。

表 3.4.1　光栅衍射实验数据记录与处理表

θ_0^A _____ , θ_0^B _____

级数 k	颜色	读数		衍射角 φ_k	波长测量值 λ	波长标准值
		θ_k^A	θ_k^B			
+1	蓝					
	绿					
	黄 1					
	黄 2					
−1	蓝					
	绿					
	黄 1					
	黄 2					

注： $\varphi_k = \dfrac{1}{2}(\,|\,\theta_k^A - \theta_0^A\,| + |\,\theta_k^B - \theta_0^B\,|\,)$。

【实验思考】

(1)为什么黄光离中央明条纹比较远,而绿光离得比较近?

(2)光栅平面和入射光不严格垂直会对结果产生怎样的影响?

【注意事项】

(1)光栅是精密的光学器件,禁止用手接触表面,使用时要轻拿轻放,防止摔碎。

(2)在使用汞灯时注意安全,不要频繁开启、关闭汞灯。

(3)实验过程中眼睛不要长时间盯着光源,注意避免汞灯中的紫外线伤害。

【拓展应用】

光谱分析法开创了化学和分析化学的新纪元,有不少化学元素是通过光谱分析被发现的。如今,光谱分析法已被广泛应用于地质、冶金、石油、化工、农业、医药、生物化学、环境保护等领域,是最常用的物质成分分析方法之一。

光栅的应用

光谱分析的特点主要如下。

(1)不需要纯样品,只需利用已知谱图,即可进行光谱定性分析。

(2)可同时测定多种元素或化合物,省去复杂的分离操作。

(3)选择性好,可测定化学性质相近的元素和化合物,如测定铌、钽、锆、铪和混合稀土氧化物,并将它们的谱线分开,是分析这些化合物的得力工具。

(4)灵敏度高。可利用光谱进行痕量分析,且目前相对灵敏度可达到千万分之一至十亿分之一,绝对灵敏度可达 $10^{-8} \sim 10^{-9}$ g。

(5)分析速度较快。炼钢时通过分析炉中的原子发射光谱,可在 1～2 分钟内给出二十多种元素的分析结果。

(6)操作简便。有些样品不经任何化学处理,即可直接进行光谱分析。采用计算机技术,有时只需按一下键盘即可自动进行分析、处理数据和打印分析结果。

(7)在毒剂报警、大气污染检测等方面,采用分子光谱法遥测,不需要采集样品,在数秒钟内,便可发出警报或检测出污染程度。

(8)随着新技术的采用(如等离子体光源),定量分析的线性范围变宽,高低含量不同的元素可同时测定,还可以进行微区分析。

【人物传记】

詹姆斯·格雷戈里(1638－1675),是苏格兰数学家和天文学家。他出生于苏格兰德鲁莫克;1651 年到阿伯丁大学求学;1663 年发表著作《光学的进展》,阐明了反射镜理论;1668 年当选英国皇家学会会员,同年 11 月被任命为圣安德鲁斯大学数学教授;1674 年任爱丁堡大学教授。在数学上,格雷戈里系统地研究了收敛级数,为后来牛顿和莱布尼茨建立微积分奠定了基础;在光学上,他发现了衍射光栅的原理,最先设计了反射望远镜,这种望远镜后来被称为格雷戈里式反射望远镜。格雷戈里热爱天文观测,长期使用望远镜观测星空,而长期观测造成的眼疲劳最终导致他眼睛失明。他对自然的热爱和对科学的执着令人敬佩,值得我们学习。

3.5　偏振光的研究

光的偏振现象证实了光波是横波,使人们对光的本质和传播规律以及光和物质的相互作用有了新的认识。自 20 世纪 60 年代起,特别是在激光技术、光纤通信技术问世后,偏振光技术成为用于光学检测、计量和光学信息处理的一种专门化手段,同时,在光开关、光通信、激光和光电子学器件等许多技术领域得到广泛应用。在本实验中,学员应通过观测光的偏振现象,加深和巩固有关光的偏振理论知识,掌握产生及检验偏振光的方法,理解椭圆偏振光、圆偏振光的概念及各种波片的作用原理。

【预习思考】

(1)偏振光、椭圆偏振光和圆偏振光有什么区别? 怎样通过实验鉴别?

(2)将波片插入两正交起偏器和检偏器之间,且以光线为轴线旋转波片,在转动 360° 的过程中,可以观察到多少个光强的最大和最小值?

【实验目的】

(1)观察光的偏振现象,掌握偏振的基本规律;

(2)掌握用光电转换方法接收光信号并显示光信号强弱的实验技术;

(3)学会椭圆偏振光、圆偏振光的产生方法。

【实验内容】

通过光的起偏、消光、光强调节操作,加强对偏振光的特性研究。

【实验原理】

1. 偏振光的概念

光波是一种电磁波,它的电矢量 $\vec{E}$ 与磁矢量 $\vec{H}$ 相互垂直,且 $\vec{E}$ 与 $\vec{H}$ 均垂直于光的传播方向,故光波是横波。振动方向对于传播方向的不对称性叫作偏振,它是横波所独有的特征。光波作为电磁波,对眼睛、光学传感器等产生作用的主要是电场,故在光学中把电矢量 $\vec{E}$ 称为光矢量。按 $\vec{E}$ 的振动状态不同,光分为自然光、部分偏振光、平面偏振光或线偏振光、椭圆偏振光和圆偏振光五种。

光波的电矢量分布就方向来说是均等、对称的光,如日光、各种照明灯灯光等,称为自然光。自然光经过媒质的反射、折射或者吸收后在某一方向上的振动比其他方向上强,称为部分偏振光。光振动始终被限制在某一确定的平面内的光称为平面偏振光或线偏振光。电矢量绕着传播方向匀速转动,末端在垂直于传播方向上的轨迹呈椭圆形的光称为椭圆偏振光。电矢量绕着传播方向匀速转动,末端在垂直于传播方向上的轨迹呈圆形的光称为圆偏振光。能使自然光变成偏振光的装置或器件,称为起偏器;用来检验偏振光的装置或器件,称为检偏器。

2. 偏振光的产生

用晶体制成,厚度均匀,光轴平行于晶片表面的单轴薄晶片称为波晶片,简称波片,如图3.5.1所示。由起偏器获得的线偏振光入射到波片上,入射的线偏振光的振幅为 A,与波片的光轴的夹角为 α,这时入射的线偏振光分解为振动方向与光轴垂直的非常光 o 光和振动方向与光轴平行的寻常光 e 光,它们的振幅分别为 A_o 和 A_e,o 光和 e 光在波片中振动方向相互垂直,而且有不同的光速,经过波片后两者之间产生的光程差和相位差分别为

$$\delta = |n_o - n_e| d \tag{3.5.1}$$

$$\Delta\varphi = \frac{2\pi}{\lambda} |n_o - n_e| d \tag{3.5.2}$$

式中,λ 表示单色光在真空中的波长,n_o 和 n_e 分别为晶体中 o 光和 e 光的折射率,d 为波片的厚度。

由式(3.5.1)和式(3.5.2)可知,o 光和 e 光合成的振动随着波片厚度不同对应不同的光程差和相位差。

经波片出射后,o 光和 e 光的振动可以用两个互相垂直的、同频率且有固定相位差的简谐振动(见图3.5.1)方程表示,且 o 光和 e 光的矢量振幅大小分别为

$$A_e = A\cos\alpha, \quad A_o = A\sin\alpha \tag{3.5.3}$$

通过波片后,二者产生一附加相位差 $\Delta\varphi$,振动的振动方程为

$$\begin{cases} E_x = A_o\cos(\omega t) \\ E_y = A_e\cos(\omega t + \Delta\varphi) \end{cases} \tag{3.5.4}$$

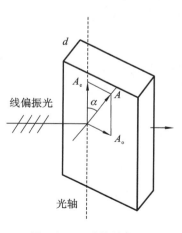

图 3.5.1 波片的作用

消除时间 t，有

$$\frac{E_x^2}{A_o^2}+\frac{E_y^2}{A_e^2}-2\frac{E_x E_y}{A_o A_e}\cos\Delta\varphi=\sin^2\Delta\varphi \tag{3.5.5}$$

一般情况下，式(3.5.5)是椭圆方程，表示光矢量末端旋转的轨迹为一个椭圆，这种光称为椭圆偏振光。可见，离开波片时合成波的偏振性质取决于 α 和相位差 $\Delta\varphi$。

(1) $\alpha=0$ 时，获得振动方向为平行于光轴的线偏振光。

(2) $\alpha=\dfrac{\pi}{2}$ 时，获得振动方向为垂直于光轴的线偏振光。

对于上面两种情况，任何波片均不起作用，即从波片出射的光仍为原来的线偏振光。

(3) 对于某种单色光，产生的光程差满足

$$\delta=|n_o-n_e|d=(2k+1)\frac{\lambda}{4} \tag{3.5.6}$$

的波片叫作此单色光的 1/4 波片。式中，k 为整数。此时，有

$$\Delta\varphi=\frac{2\pi}{\lambda}(2k+1)\frac{\lambda}{4}=(2k+1)\cdot\frac{\pi}{2} \tag{3.5.7}$$

代入式(3.5.5)得 $\dfrac{E_x^2}{A_o^2}+\dfrac{E_y^2}{A_e^2}=1$，获得椭圆偏振光；当 $\alpha=\dfrac{\pi}{4}$ 时，$A_e=A_o$，获得圆偏振光。

(4) 产生的光程差满足

$$\delta=|n_o-n_e|d=(2k+1)\frac{\lambda}{2} \tag{3.5.8}$$

的波片叫作 1/2 波片或半波片。式中，k 为整数。此时，有 $\Delta\varphi=\dfrac{2\pi}{\lambda}(2k+1)\dfrac{\lambda}{2}=(2k+1)\pi$，代入式(3.5.5)得

$$E_y=-\frac{A_e}{A_o}E_x \tag{3.5.9}$$

由式(3.5.9)可知，获得线偏振光，但它的振动方向将旋转 2α，即出射光和入射光的电矢量对称于光轴，如图 3.5.2 所示。

3. 偏振光的检验

(1) 马吕斯定律。

强度为 I_0 的线偏振光通过检偏器后，透射光强度 I 为

$$I=I_0\cos^2\theta \tag{3.5.10}$$

式中，θ 为入射光振动方向和偏振化方向的夹角。

式(3.5.10)为马吕斯定律。从该式可以看出：入射光是线偏振光时，通过一个检偏器后，当以光传播方向为轴转动检偏器时，在旋转一周的过程中，强度出现两个极大(0°或 π 方位)、两个极小($\pi/2$ 或 $3\pi/2$ 方位)的变化，即出现消光现象。

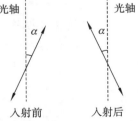

图 3.5.2　1/2 波片出射光与入射光偏振化方向的关系

(2) 椭圆偏振光和圆偏振光通过检偏器后的光强分布。

图 3.5.3(a)表示两个共轴的偏振片 P_1 和 P_2 之间放一块厚度为 d 的波片，第一块偏振片 P_1 把自然光转变为平面偏振光，第二块偏振片 P_2 把两束光的振动引导到相同的方向上。设经过 P_1 后的平面偏振光的振幅为 A，振动方向与 P_1 的透振方向相同，且与波片光轴 y 的夹角为 α，

经波片出射后分成 e 光和 o 光。这两束光从波片出射到达 P_2 上,且都只有 P_2 透振方向上的分量才能通过。设 P_2 的透振方向与波片光轴 y 的夹角为 θ,根据式(3.5.3)和式(3.5.10)以及图 3.5.3(a)可知两束透射光的振幅分别为

$$A_{2e}=A\cos\alpha\cos\theta \tag{3.5.11}$$
$$A_{2o}=A\sin\alpha\sin\theta$$

从 P_2 透射出来的光的强度是这两束同频率且在同一直线上振动的相干光的叠加结果。设这两束光之间有相位差 $\Delta\varphi'$,则合强度为

$$I=A_{2e}^2+A_{2o}^2+2A_{2e}A_{2o}\cos\Delta\varphi' \tag{3.5.12}$$

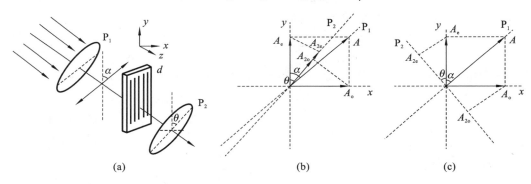

图 3.5.3　偏振光强度分布

图 3.5.3(a)中入射在波片上的光是平面偏振光,若令刚进入波片表面时 e 光和 o 光的相位差相等,则 $\Delta\varphi'$ 是由波片的厚度以及 P_2 相对 P_1 的取向决定的,其中由波片引入的相位差由式(3.5.2)决定。

假如 P_2 和 P_1 的透振方向处在相同的象限内,如图 3.5.3(b)所示,那么 A_{2e} 和 A_{2o} 同向,这时不需要引入附加的相位差;假如 P_2 和 P_1 的透振方向处在不同的象限内,如图 3.5.3(c)所示,那么 A_{2e} 和 A_{2o} 反向,这时要引入 π 的附加相位差,即

$$\Delta\varphi'=\Delta\varphi+\begin{cases}0\\\pi\end{cases}=\frac{2\pi}{\lambda}\,|\,n_o-n_e\,|\,d+\begin{cases}0\\\pi\end{cases} \tag{3.5.13}$$

如果波片为 1/4 波片,则 $\Delta\varphi=\dfrac{\pi}{2}$,代入式(3.5.13)有

$$\Delta\varphi'=\begin{cases}\dfrac{\pi}{2} & (P_1、P_2 \text{ 的透振方向处在同一象限内})\\[2mm]\dfrac{3\pi}{2} & (P_1、P_2 \text{ 的透振方向处在不同象限内})\end{cases} \tag{3.5.14}$$

将式(3.5.14)代入式(3.5.12),计算可得

$$I=A_{2e}^2+A_{2o}^2=A^2\cos^2\alpha\cos^2\theta+A^2\sin^2\alpha\sin^2\theta=\frac{1}{2}A^2[1+\cos(2\alpha)\cos(2\theta)] \tag{3.5.15}$$

在实验过程中,α 在 0 到 $\dfrac{\pi}{2}$ 之间变化,θ 在 0 到 2π 之间变化。

①当 $\alpha=0、\dfrac{\pi}{2}$ 时,从 1/4 波片透射的光是线偏振光,此时式(3.5.15)退化为马吕斯定律。

②当 $\alpha=\dfrac{\pi}{4}$ 时,从 1/4 波片透射的光是圆偏振光,式(3.5.15)可化简为 $I=\dfrac{1}{2}A^2$,从 P_2 透射

的光的强度与 θ 无关。

③当 α 为其他值时，从 1/4 波片透射的光是椭圆偏振光，由式(3.5.15)可知，从 P_2 透射的光的强度与 θ 有关，令 $\dfrac{\partial I}{\partial \theta} = A^2 \cos(2\alpha)\sin(2\theta) = 0$，则在 0 到 $\dfrac{\pi}{2}$ 内，$\alpha \neq \dfrac{\pi}{4}$ 时，$\cos(2\alpha) \neq 0$，此时有 $\sin(2\theta)=0$，而在 0 到 2π 内，有 $\theta = 0, \theta = \dfrac{\pi}{2}, \theta = \pi, \theta = \dfrac{3\pi}{2}$。因此，当 $\theta = 0, \theta = \dfrac{\pi}{2}, \theta = \pi, \theta = \dfrac{3\pi}{2}$ 时，从 P_2 透射的光的强度取极值。

　　a. 当 $\theta = 0$、π 时，$I_1 = \dfrac{1}{2} A^2 [1 + \cos(2\alpha)] = A^2 \cos^2 \alpha$。

　　b. 当 $\theta = \dfrac{\pi}{2}$、$\dfrac{3\pi}{2}$ 时，$I_2 = \dfrac{1}{2} A^2 [1 - \cos(2\alpha)] = A^2 \sin^2 \alpha$。

也就是说，从 P_2 透射的光的强度大小处于 I_1 和 I_2 之间，最小值不为零，所以 P_2 转过一周会出现两次极大和两次极小，但是不会消光。

4. 光电转换

在实际过程中，光电探测器利用光电转换来测量光信号的强弱。如图 3.5.4 所示，将灵敏电流计 G 接入光电检测电路，用透射光照射光电管 K，电路中产生的饱和光电流与透射光强成正比，故通过对光电流的测量可得知透射光强度的变化。

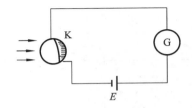

图 3.5.4　光电转换示意图

【实验仪器】

光具座、激光器、光电检流计、偏振片、1/4 波片、1/2 波片、光电探测器。

【实验步骤】

1. 验证马吕斯定律

(1) 按照图 3.5.5 放置元件：将起偏器 P_1、检偏器 P_2、光电探测器依次排列在光具座上，将光电检流计与光电探测器相连(实验时 P_1 和 P_2 尽量靠近，光电探测器套筒要贴近 P_2，以减小杂散光线对实验结果的影响)。

(2) 调整各光学元件至同轴等高：打开激光器输出激光，调整激光的指向和各支架的高度，使激光尽量穿过起偏器 P_1、检偏器 P_2 的中心，进入光电探测器中。

(3) 转动 P_2，找到光电转换器示数为最大的位置，此时两个偏振片平行，起偏器处于起点 0 位置，再将检偏器每转过 $10°$，记录一次相应的光电

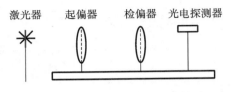

图 3.5.5　线偏振光的产生与检验

转换器示数，将数据填入表 3.5.1 中。

(4) 根据测量结果在坐标纸上作出 I 与 $\cos^2\theta$ 的关系曲线。

2. 观测椭圆偏振光和圆偏振光

(1) 放置 P_1、P_2，转动 P_1，使透过 P_2 的光处于消光状态，然后在 P_1 和 P_2 间插入 1/4 波片，调

节至同轴等高,以光线方向为轴转动 1/4 波片,直到通过 P_2 的透射光处于消光状态,此时波片光轴位置为起点 0。

(2)将 P_2 转动一周,观察从 P_2 透射的光的强度变化,记录现象。

(3)将 1/4 波片从消光位置开始转过 15°、30°、45°、60°、75°、90°,且在取上述每一个角度时,都将 P_2 转动一周,观察从 P_2 透射的光的强度变化,记录光强的最大值和最小值,并对 P_2 的入射光的偏振态分别作出判断。将测量得到的数据记录到表 3.5.2 中。

3. 将 1/4 波片换成 1/2 波片,观察线偏振光通过 1/2 波片时的现象

(1)放置 P_1、P_2,转动 P_1,使透过 P_2 后的光处于消光状态。

(2)在 P_1 和 P_2 之间插入 1/2 波片,调节至同轴等高,以光线方向为轴转动 1/2 波片,直到通过 P_2 的透射光处于消光状态;从该位置开始逐次旋转 1/2 波片 15°、30°、45°、60°、75°、90°,然后将 P_2 转动到消光位置,记录每次 P_2 需要转到的角度于表 3.5.3 中,从而体会 1/2 波片对偏振光的作用。

【数据处理】

表 3.5.1 验证马吕斯定律

θ	10°	20°	30°	40°	50°	60°	70°	80°	90°
$\cos^2\theta$									
$i(\theta)$									

以 $\cos^2\theta$ 为横坐标,$I = i(\theta)$ 为纵坐标,在坐标纸上作出 I 随 $\cos^2\theta$ 的关系曲线。

表 3.5.2 观测椭圆偏振光和圆偏振光

1/4 波片转角 (相对初始位置)	P_2 转动一周,透射光的 强度是否有变化	I_{max}	I_{min}	P_2 的入射的偏振态
0				
15°				
30°				
45°				
60°				
75°				
90°				

表 3.5.3　观测 1/2 波片的作用

1/2 波片转角（相对初始位置）	消光时 P$_2$ 的位置	P$_2$ 需要转动的角度	结论
15°			
30°			
45°			
60°			
75°			
90°			

【实验思考】

(1)观测圆偏振光和椭圆偏振光时,为什么要使 P$_1$、P$_2$ 处于消光状态?

(2)如何验证圆偏振光经过半波片后是线偏振光?

【注意事项】

(1)激光器需预热半小时。

(2)实验过程中注意爱护光学仪器设备,不能用手触摸光学元件的表面;实验完毕后按规定位置放好仪器。

(3)在实验操作过程中不要让激光光束直接照射或者反射到人眼中。

【拓展应用】

偏振成像在军事中的应用

现有的导航方式有惯性导航、天文导航和卫星导航等,但是这些导航方式各有弊端,不能完全满足国防和军事斗争的需要。偏振导航是自然界天然的导航方式之一,具有上述导航方式不具备的天然优势。在太阳光进入地球大气的过程中,大气中的粒子会散射光线,地表物质会反射光线,导致光线发生偏振现象。在一天的某时刻,在某位置,天空中具有相对稳定的偏振模式。这个相对稳定的偏振模式可以为导航提供方向信息。自然偏振具有不随时间累积发散的特点,是一种完全自主的导航方式。但由于只能提供一个参考方向,单纯使用偏振光定向只能用于二维导航和定向。若要实现三维空间导航,自然偏振可以与 GPS 等相结合。采用这样的结合,不会给载体带来太大额外的负担,即可实现三维空间导航。

【人物传记】

马吕斯(1775—1812),是法国物理学家及军事工程师,主要从事光学方面的研究。他出生于巴黎;1796 年毕业于巴黎理工学院;1808 年在实验中发现了光的偏振现象,确定了偏振光强度变化的规律(现称为马吕斯定律)。由于惠更斯曾提出光波是一种纵波,而纵波不可能发生偏振,因此这一发现成为反对纵波说的有利证据。1811 年,他发现光的双折射现象,提出了确定晶体光轴的方法,还制作研制出一系列偏振仪。

3.6　迈克耳孙干涉仪的调整与使用

在物理学史上,迈克耳孙曾用自己发明的光学干涉仪器进行实验,精确地测量微小长度,否定了"以太"的存在。这个著名的实验为近代物理学的诞生和兴起开辟了道路。迈克耳孙干涉仪原理简单、构思巧妙,堪称精密光学仪器的典范。随着对仪器的不断改进,迈克耳孙干涉仪还能用于光谱线精细结构的研究和利用光波标定标准米尺等实验。目前,根据迈克耳孙干涉仪的基本原理研制的各种精密仪器已广泛地应用于生产、生活和科技领域。

【预习思考】

(1)怎样利用干涉条纹的"涌出"和"陷入"来测定光波的波长?

(2)调节激光的干涉条纹时,看到双影重合,但条纹并不出现,试分析导致这一现象的可能原因。

【实验目的】

(1)了解迈克耳孙干涉仪的原理、结构和调整方法;

(2)掌握干涉法测定激光波长的方法;

(3)观察等倾干涉条纹,测量激光的波长;

(4)了解实验原理的拓展应用;

(5)感悟伟大物理学家的工匠精神以及创新精神。

【实验内容】

应用迈克耳孙干涉仪,观察等倾干涉条纹,测量激光的波长;观察等厚干涉条纹,测量钠光的双线波长差。

【实验原理】

1. 迈克耳孙干涉仪的基本光路结构

迈克耳孙干涉仪是利用分振幅的方法产生双光束来实现干涉的仪器,光路原理如图 3.6.1 所示。它由两相互垂直放置的平面反射镜 M_1、M_2 和两相互平行放置的平面玻璃板 P_1、P_2 组成,P_1、P_2 与 M_2 固定在同一臂上,且与 M_1 和 M_2 的夹角均为 $45°$。反射镜 M_1 由精密丝杠控制,可以沿导轨前后移动,故称动镜,也称可动镜。它的法线与导轨传动轴线平行。反射镜 M_2 固定在与导轨垂直的臂上,故称静镜,也称参考镜。玻璃板 P_1 的第二面上涂有半反射和半透射膜,用以将入射光分成振幅几乎相等的反射光 $1'$ 和透射光 $2'$,所以 P_1 称为分光板。$1'$ 光经 M_1 反射后成为 $1''$ 光,由原路返回再次穿过分光板 P_1,到达观察点 E 处;$2'$ 光到达 M_2 后被 M_2 反射后按原路返回,形成反射光线 $2''$,并也被返回到观察点 E 处。由于反射光 $1'$ 在到达 E 处之前两次穿过 P_1,而透射光 $2'$ 在到达 E 处之前没有穿过 P_1,因此为了补偿 $1'$、$2'$ 两光的光程差,便在 M_2 的前方再放一个与 P_1 的厚度、折射率严格相同的平面玻璃板 P_2,使得 $1'$、$2'$ 两光在到达 E 处时无介质内光程差,所以称 P_2 为补偿板。由于 $1'$、$2'$ 光均来自同一光源 S,在到达 P_1 后被分成 $1'$、$2'$ 两光,所以两光是相干光。

综上所述,光线 2″是在分光板 P_1 的第二面反射得到的,这样使 M_2 在 M_1 的附近形成一个平行于 M_1 的虚像 M_1',因而,自 M_1、M_2 的反射就相当于自 M_1、M_1' 的反射,即在迈克耳孙干涉仪中产生的干涉相当于厚度为 d 的空气薄膜所产生的干涉,可以等效为距离为 $2d$ 的两个虚光源 S_1 和 S_2 发出的相干光束的干涉。经分析可知,M_1 和 M_2' 反射的两束光的光程差为

$$\delta = 2nd\cos i \qquad (3.6.1)$$

两束相干光的明暗条件为

$$\delta = 2nd_k\cos i = \begin{cases} k\lambda & 亮 \\ \left(k+\dfrac{1}{2}\right)\lambda & 暗 \end{cases} \quad (k=1,2,3,\cdots) \quad (3.6.2)$$

式中:i 为反射光 1′ 在反射镜 M_1 上的反射角;λ 为激光的波长;n 为空气薄膜的折射率,取 $n=1$;d_k 为空气薄膜的厚度;k 表示明纹或暗纹的级数。

凡 i 相同的光线光程差相等,并且得到的干涉条纹随 M_1 和 M_2' 距离 d 而改变。当 $i=0$ 时,光程差最大,对应的干涉级数最高。由式(3.6.2)得

$$d_k = \frac{k}{\cos i} \cdot \frac{\lambda}{2} \qquad (3.6.3)$$

$$\Delta d = N \cdot \frac{\lambda}{2} \qquad (3.6.4)$$

可见,当 d 改变一个 $\lambda/2$ 时,就有一个条纹"涌出"或"陷入",所以在实验时只要数出"涌出"或"陷入"的条纹个数 N,读出动镜 M_1 的位置 d 的改变量 Δd,就可以计算出光波波长 λ 的值,即

$$\lambda = \frac{2\Delta d}{N} \qquad (3.6.5)$$

从图 3.6.2 中可以看出,从光源 S_1 发出的与 M_2 的入射角均为 i 的圆锥面上所有的光线 a,经 M_1 与 M_2' 反射后,经透镜 L 会聚于 L 的焦平面上,且会聚点位于光源 S_1 相对于光轴的对称位置上;从光源 S_2 发出的与光束 a 平行的光束 b,只要 i 角相同,就与 1′、2′ 的光程差相等,经透镜 L 会聚在半径为 r 的同一个圆上,形成等倾干涉条纹。

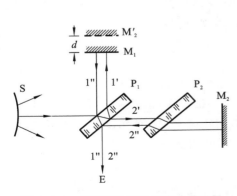

图 3.6.1　迈克耳孙干涉仪光路原理图

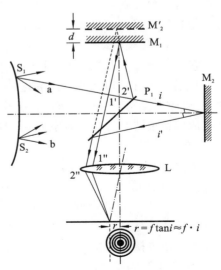

图 3.6.2　迈克耳孙干涉仪光路图

2.迈克耳孙干涉仪的仪器主体结构

迈克耳孙干涉仪的主体结构如图3.6.3(a)所示,由底座、导轨、托板、参考镜、读数系统以及附件六个部分组成。

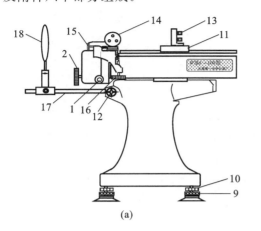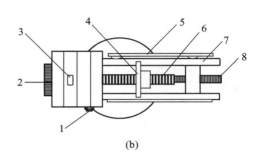

(a)　　　　　　　　　　　　　　(b)

图 3.6.3　迈克耳孙干涉仪的主体结构图

1—微调手轮;2—粗调手轮;3—读数窗口;4—可调螺母;5—毫米刻度尺;6—精密丝杠;7—导轨(滑槽);
8—螺钉;9—调平螺钉;10—锁紧圈;11—可动镜底座;12—紧固螺钉;13—滚花螺钉;14—全反镜;
15—水平微调螺钉;16—垂直微调螺钉;17—观察屏固定杆;18—观察屏

(1)底座。

底座由生铁铸成,较重,确保了仪器的稳定性。它由三个调平螺丝(9)支承,调平后可以拧紧锁紧圈(10),以保持座架稳定。

(2)导轨。

导轨由两根平行的长约 280 mm 的框架和精密丝杠(6)组成,被固定在底座上,精密丝杠穿过框架正中,如图3.6.3(b)所示。精密丝杠(6)的螺距为 1 mm。

(3)拖板。

拖板是一块平板,反面做成与导轨吻合的凹槽,装在导轨上,下方是精密螺母,精密丝杠(6)穿过精密螺母。当精密丝杠(6)旋转时,拖板能前后移动,带动固定在其上的可动镜底座(11)在导轨面上滑动,实现粗动。可动镜 M_1 是一块很精密的平面镜,表面镀有金属膜,具有较高的反射率。它垂直地固定在拖板上,且法线严格地与精密丝杠(6)平行。M_1 的倾角可分别用镜背后面的三颗滚花螺钉(13)来调节。滚花螺钉的调节范围是有限度的:滚花螺钉向后顶得过松,在移动时,可能因振动而使镜面有倾角变化;滚花螺钉向前顶得太紧,会致使条纹不规则,严重时有可能造成将滚花螺钉丝口打滑或 M_1 破损。

(4)参考镜部分。

参考镜 M_2 与可动镜 M_1 是相同的两块平面镜。它固定在导轨框架右侧的支架上。调节 M_2 上的水平微调螺钉(15)使 M_2 在水平方向转过一微小的角度,能够使干涉条纹在水平方向微动;调节 M_2 上的垂直微调螺钉(16)使 M_2 在垂直方向转过一微小的角度,能够使干涉条纹在垂直方向微动。与三颗滚花螺钉(13)相比,螺钉(15)、(16)改变的 M_2 镜面方位小得多。另外,参考镜部分还包括分光板 P_1 和补偿板 P_2。

(5)读数系统和传动部分。

可动镜 M_1 的位置读数由三部分构成，即导轨读数、读数窗口读数以及微调手轮读数。

①毫米刻度尺(5)的 1 小格代表 1 mm，读数时只读整毫米数，不足 1 mm 不读。

②读数窗口(3)内鼓轮一圈被等分为 100 格，每格为 10^{-2} mm，鼓轮旋转一周，拖板移动 1 mm，M_2 移动 1 mm。读数时只读整 0.01 mm，不足 0.01 mm 不读。

③微调手轮(1)每转过一周，拖板移动 0.01 mm，读数窗口(3)中鼓轮移动一格，而微调鼓轮(1)的周线被等分为 100 格，因此每格表示为 10^{-4} mm，不足 1 格的需要向后估读一位。

最终的读数应为上述三部分读数之和。

(6)附件。

观察屏固定杆(17)是用来放置观察屏(18)的，由紧固螺钉(12)固定。

3.迈克耳孙干涉仪的基本调整方法

(1)安装 He-Ne 激光器和迈克耳孙干涉仪。打开 He-Ne 激光器的电源开关，将光强度旋钮调至中间，使激光光束水平地射向干涉仪的分光板 P_1。

(2)调整激光光束对分光板 P_1 的水平方向入射角至 $45°$。

如果激光光束对分光板 P_1 在水平方向的入射角为 $45°$，那么激光光束正好以 $45°$ 的反射角向可动镜 M_1 垂直入射，并原路返回，光斑重新进入激光器的发射孔。调整时，先用一张纸片将参考镜 M_2 遮住，以免 M_2 反射回来的光斑干扰视线，然后调整激光器或干涉仪的位置，使激光器发出的光束经 P_1 折射和 M_1 反射后，原路返回到激光器的发射孔，这已表明激光光束对分光板 P_1 的水平方向入射角为 $45°$。

(3)调整定臂光路。

将纸片从 M_2 上拿下，用来遮住 M_1 的镜面，此时可看到从参考镜 M_2 反射到激光发射孔附近的光斑有四个，其中光强最强的那个光斑就是要调整的光斑。为了将此光斑调进发射孔内，应先调节 M_2 背面的 3 个螺钉，改变 M_2 的反射角。微调 M_2 的反射角，再调节水平微调螺钉(15)和垂直微调螺钉(16)，使 M_2 转过一微小的角度。特别注意，在微调 M_2 之前，这两个微调螺钉必须旋放在中间位置。

(4)拿掉 M_1 上的纸片后，要看到两个臂上的反射光斑都进入了激光器的发射孔，且观察屏(18)上的两组光斑完全重合。若无此现象，应按上述步骤反复调整。

(5)用扩束镜使激光光束产生面光源，按上述步骤反复调节，直到观察屏(18)上出现清晰的等倾干涉条纹。

【实验仪器】

迈克耳孙干涉仪、激光器、毛玻璃屏(观察屏)、扩束镜。

【实验步骤】

测量 He-Ne 激光的波长，仪器调节可分为五步，口诀是"一平、二定、三对准、四调、五数"，具体操作流程如下。

1.一平

按原理图组装好各部分仪器，通过调节迈克耳孙干涉仪底座上三个调平螺丝(9)，使整台仪器水平放置在桌面上。

2. 二定

旋转粗调手轮(1),将可动镜 M_1 置于大约 32 mm 或 45 mm 的地方,这样所得到的干涉图样清晰、大小适中,便于观测,但个别仪器由于维修组装等原因可能存在差异。

3. 三对准

取下观察屏(18),旋转可动镜 M_1 和参考镜 M_2 后的 6 个螺钉,可观察到可动镜 M_1 中有两排点光源,每排点光源中都会有一个点光源最亮,"三对准"的含义就是将两个最亮的点光源调重合。在调节过程中,眼睛视线要水平。

4. 四调

两个最亮的点光源调重合以后,一般的观察屏上都能出现干涉条纹,但条纹的中心往往不在观察屏的正中心。此时,需要再次微调上述 6 个螺钉,使条纹的中心移至观察屏(18)的正中心。

5. 五数

连续向同一方向转动微调手轮(1),直到观察屏(18)上的干涉条纹出现"涌出"或"陷入"现象。掌握了干涉条纹"涌出"或"陷入"的个数、速度与调节微调手轮的关系,就可以准备数条纹了。数条纹前,需要读出可动镜 M_1 所在的相对位置,此为初始位置,然后沿同一方向转动微调手轮(1),仔细观察屏(18)上干涉条纹"涌出"或"陷入"的个数。每隔 100 个条纹,记录一次可动镜 M_1 的位置。共记 500 条纹,读 6 个位置的读数,填入自拟的表格中。由式(3.6.5)计算出 He-Ne 激光的波长。取其平均值 $\bar{\lambda}$ 与公认值(632.8 nm)进行比较,并计算相对误差。

【实验思考】

(1)简述本实验所用干涉仪的读数方法。
(2)分析扩束激光和钠光产生的圆形干涉条纹的差别。

【注意事项】

(1)在调节和测量过程中,一定要非常细心和耐心,转动微调手轮时要缓慢、均匀。
(2)为了防止引进螺距差,每项测量时必须沿同一方向转动微调手轮,途中不能倒退。
(3)在用激光器测波长时,M_1 镜的位置应保持在 30～60 mm 范围内。
(4)为了保证读数准确,使用干涉仪前必须对读数系统进行校正。

【拓展应用】

迈克耳孙干涉仪是由美国物理学家迈克耳孙和莫雷合作,为研究以太漂移而设计制造出来的精密光学仪器。当时用它做实验没有观察到预期的理论效果。直到后来,爱因斯坦建立了相对论,物理学家们通过大量的实践,才终于认识到以太是不存在的,从此以太便退出了历史的舞台。迈克耳孙干涉仪是利用分振幅法产生双光束以实现干涉的典型代表。通过调整该干涉仪,可以产生等厚干涉条纹,也可以产生等倾干涉条纹。现在在光的干涉规律研究领域,研究者们利用该仪器的设计原理研制出多种专用干涉仪。

迈克尔孙干
涉仪拓展

【人物传记】

迈克耳孙(1852—1931),是美国物理学家,1852 年 12 月 19 日出生于普鲁士斯特雷诺(现属波兰),4 岁时随父母移居美国,1873 年毕业于安纳波利斯海军学校。他于 1892 年任新建的芝加哥大学第一任物理系主任,直至 1929 年退休;1923 年至 1927 年任美国国家科学院院长;被选为法国科学院院士和英国皇家学会会员,1931 年 5 月 9 日在帕萨迪纳逝世。迈克耳孙主要从事光学和光谱学方面的研究,"一生磨一剑",以毕生精力从事光速的精密测量,一直是光速测定的国际中心人物。他发明了一种用以测定微小长度、折射率和光波波长的迈克耳孙干涉仪,在研究光谱线方面起着重要的作用。1887 年,他与美国物理学家 E. W. 莫雷合作,不畏权威,勇于创新,进行了著名的迈克耳孙-莫雷实验,否定了以太假设,动摇了经典物理学的基础,为爱因斯坦创立狭义相对论奠定了坚实的基础。因研制光学精密仪器及用以对光谱学和基本度量学的研究,迈克耳孙荣获 1907 年诺贝尔物理学奖。迈克耳孙干涉仪原理简单、构思巧妙,堪称精密光学仪器的典范。目前,迈克耳孙干涉仪的基本原理仍然广泛地应用于各精密仪器的研制中。例如,激光干涉引力波天文台(LIGO)等地面激光干涉引力波探测器、激光干涉空间天线(LISA)和太阳系外行星的探测,都应用到迈克耳孙干涉仪的基本原理。迈克耳孙干涉仪还在光学差分相移键控解调器的制造中有所应用。

3.7　用光电效应测定普朗克常量

1887 年赫兹用实验验证了电磁波的存在,同时也发现当一定频率的入射光照射到金属表面时,会有电子从金属表面逸出,即发生光电效应现象。为合理解释这一实验现象,1905 年爱因斯坦提出了"光量子"概念和光电效应方程。这一实验现象及其理论解释在物理学的发展中具有深远的意义。它重新引起了人们关于光的本性的争论,加深了人们对光的本性的认识,揭示了光的波粒二象性。

【预习思考】

(1)光电效应有哪些实验规律?
(2)爱因斯坦光量子理论的物理思想是什么?

【实验目的】

(1)了解光电效应的规律,验证爱因斯坦光电效应方程,加深对光的量子性的理解;
(2)掌握测量普朗克常量 h 的方法;
(3)了解测绘光电管的特性曲线、研究光电效应基本规律的方法;
(4)了解光电技术在军事装备中的应用。

【实验内容】

使高压汞灯发出的光通过不同的光阑和滤光片照射到光电管上,测量光电流大小,研究光电效应的基本规律,测量普朗克常量。

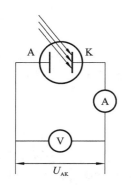

图 3.7.1 光电效应实验
原理图

【实验原理】

光电效应的实验原理如图 3.7.1 所示。当一定频率的入射光照射到光电管金属阴极 K 上时,从金属表面逸出的电子(又称光电子)在电场的作用下向光电管金属阳极 A 移动,从而形成光电流。

光电效应现象的基本实验规律如下。

(1)存在截止频率。对于用某种金属材料制作的电极,只有入射光的频率大于某一频率 ν_0 时,才会有光电子从阴极逸出,这个频率 ν_0 称为截止频率。因为在可见光中,红光波长最长、频率最小,所以 ν_0 也称为红限频率。

(2)饱和光电流的大小与入射光的光强 P 成正比。加大两电极间的电势差 U_{AK},当使其大到某个值时,从阴极逸出的光电子全部到达阳极,光电流达到最大,称为饱和光电流 I_m。实验表明,饱和光电流的大小和入射光的光强 P 成正比,如图 3.7.2 所示。

(3)存在遏止电势差。逐渐减小两电极间的电势差 U_{AK} 至零,然后反向增加电势差 U_{AK},此时电路中的光电流逐渐变小,当反向的电势差达到某个值 U_0 时,光电流变为零。电势差 U_0 称为遏止电势差,如图 3.7.2 所示。遏止电势差和入射光的频率具有线性关系,如图 3.7.3 所示。

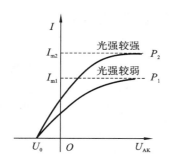

图 3.7.2 同一频率、不同光强条件下光
电管的伏安特性曲线

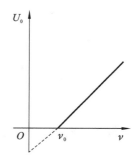

图 3.7.3 遏止电势差与入射光
频率关系图

(4)瞬时性。只要入射光的频率大于截止频率,阴极表面立即就有光电子逸出,不需要经过时间的积累。

1905 年,爱因斯坦提出了光量子理论,成功地解释了光电效应。爱因斯坦认为,光由一种粒子流构成,这些粒子称为光量子,简称光子。一束频率为 ν 的光可以看作由许多光子组成,每个光子的能量是 $\varepsilon=h\nu$(h 为普朗克常量),整束光的光强为光的能流密度,与光的总能量 $E=nh\nu$ 成正比。频率高意味着单个光子的能量高;频率一定时,光强大表明光子数目多。当一束光照射到金属表面时,金属中的一个电子一次性只能吸收一个光子的能量。此能量一部分用来克服金属表面对它的束缚做功,此功称为逸出功;另一部分转变为光电子逸出金属表面后的初动能。根据能量守恒,爱因斯坦给出了解释光电效应现象的光电效应方程:

$$h\nu=W+\frac{1}{2}mv_m^2 \qquad\qquad (3.7.1)$$

式中，W 为金属的逸出功，$\frac{1}{2}mv_m^2$ 为逸出金属表面的电子的初动能。

爱因斯坦的光量子理论可以很好地解释光电效应现象。

（1）根据式（3.7.1）可知，只有当光子的能量满足 $h\upsilon > W + \frac{1}{2}mv_m^2$ 时，才有足够的能量让电子克服金属表面的束缚逸出，产生光电效应。所以，对于某一金属电极，能产生光电效应的入射光的频率存在最小值，也就是截止频率 $\nu_0 = W/h$。

（2）对于频率一定的入射光，当光强增大时，入射的光子数目增多。光电效应中一个电子只能吸收一个光子的能量然后逸出，当入射的光子增多时，从金属表面逸出的电子数目也变多，饱和光电流自然就变大，因此饱和光电流与光强成正比。

（3）当光电子在电场的作用下反向运动时，由于 $eU_0 = \frac{1}{2}mv_m^2$，代入光电效应方程即式（3.7.1）可以得到

$$U_0 = \frac{h\nu}{e} - \frac{W}{e} \tag{3.7.2}$$

此式表明遏止电势差 U_0 和入射光的频率 ν 成正比。二者呈线性关系时对应的斜率为 $k = h/e$，因此我们可以根据实验，测出不同频率对应的遏止电势差，从而算出普朗克常量 h。

（4）一个电子一次吸收一个光子的能量，若光子的能量大于金属的逸出功，则电子从金属表面逸出；若光子的能量小于金属的逸出功，则电子无法从金属表面逸出。整个过程不需要经过时间的积累。

【实验仪器】

智能光电效应（普朗克常量）实验仪。整个实验装置由汞灯及其电源、滤色片、光阑、光电管、智能实验仪构成。

【实验步骤】

1. 测试前准备
（1）将实验仪及汞灯电源接通，预热 10 min 以上。
（2）建议：调整光电管与汞灯的距离至 25 cm 左右并保持不变（以光电管暗盒下一红色箭头为准）。
（3）用专用连接线将光电管暗箱电压输入端与实验仪电压输出端（后面板上）连接起来（红—红、黑—黑），将光电管暗箱电流输出端与实验仪电流输入端（后面板上）连接起来。
（4）调零和校准。首先将功能挡置于"调零校准"挡；然后将"电流倍率"选择开关置于"调零"挡，调节"调零"旋钮至电流指示为零；最后将"电流倍率"选择开关置于"校准"挡，调节"校准"旋钮至电流指示为 $-100~\mu A$。

2. 测量普朗克常量
（1）准备工作完成后，将功能挡置于"测量"挡，将"电流倍率"选择开关置于"$10^{-7}~\mu A$"挡，光阑孔径 Φ 选为 5 mm，旋转滤波盘使 365 nm 滤波片正对红色箭头，从高到低逐步调节电压值，直到电流指示到零为止，记下此时的电压值（这里采用零电流法，在忽略暗电流影响的条件下，可取该值为截止电压值），并将数据记于表 3.7.1 中。

表 3.7.1　测量普朗克常量实验数据记录表

距离 $L=$ ____ cm;光阑孔径 $\Phi=$ ____ mm

波长/nm	365	405	436	546	577
频率 $\nu/(\times10^{14}\,Hz)$	8.213	7.402	6.876	5.491	5.196
截止电压 U_0/V					

(2)将滤波盘依次转至波长为 405 nm、436 nm、546 nm、577 nm,重复以上步骤。

(3)改变光阑孔径 Φ,使其分别为 8 mm、10 mm、12 mm、14 mm,重复上述实验。

(4)数据处理:由表 3.7.1 中的实验数据,通过图解法在坐标纸上作图求得 U_0-ν 直线的斜率 $k=\dfrac{\Delta U}{\Delta \nu}$,即可通过 $h=ek$ 求出普朗克常量,然后将其与 h 的公认值 h_0 进行比较,求出相对误差 $E=\dfrac{h-h_0}{h_0}$。已知 $e=1.602\times10^{-19}$ C,$h_0=6.626\times10^{-34}$ J·s。

3. 测绘光电管的伏安特性曲线

(1)选用 365 nm 滤色片和孔径 Φ 为 5 mm 的光阑,将"电流倍率"选择开关置于"$10^{-7}\,\mu A$"挡,从 -2 V 至 30 V 调节电压值,记录电压每变化一定值所对应的光电流值 I。其中:在 -2 V 至 0 V 区间,电压每增加 0.2 V 记录一次数据;在 0 V 至 30 V 区间,电压每增加 3 V 记录一次数据。另外,注意根据示数适时进行电流倍率挡位调节;调节电压时,若电流读数不变,则电流倍率需相应调节。

(2)选用不同的滤色片和光阑,重复上述测量步骤。

(3)根据测量数据,在坐标纸上作出相应的伏安特性曲线。

【实验思考】

光电流是如何产生的? 它的大小与哪些因素有关?

【注意事项】

(1)眼睛勿直视汞灯光源。

(2)本实验仪要求使用环境干燥,以免导致仪器受潮,进而影响实验结果。

(3)在使用中还应注意防振、防尘。

(4)高压汞灯关上后不能立即再点亮,须等灯管冷却后才能再次点亮。

【拓展应用】

(1)光电开关。光电开关是一种传感器。当物体的遮蔽、反射或辐射等导致光的强度发生变化时,它利用光电效应将光的强弱转化为电的强弱,从而检测物体是否存在或物体的大小等信息,并输出信号。按照检测方式不同,光电开关主要分为漫反射式光电开关、镜面反射式光电开关和对射式光电开关等。目前,光电开关在物位检测、速度检测、信号延时、自动门传感、防盗警戒等方面均有着广泛的应用。

光电效应
的应用

(2)夜视仪。夜视仪主要用于军事、刑警、夜晚监控等领域。夜视仪的主要核心器件为基于像增强器的夜间瞄准装置。像增强器有一个光阴极,在微弱的光的照射下,根据光电效应,会有电子从极板表面逸出,进行放大后,将有大量的电子从管中释放出来。这样目标所反射的光线通过像增强器后,在荧光屏上就可以呈现出人眼可感受到的图像。

【人物传记】

阿尔伯特·爱因斯坦(1879－1955),是现代物理学家,出生于德国的一个犹太人家庭。1905 年,他创立狭义相对论,提出光子假设并成功解释光电效应。1916 年,他创立广义相对论。1921 年,因在理论物理学方面的贡献,特别是发现光电效应定律,爱因斯坦获得诺贝尔物理学奖。1955 年,爱因斯坦于美国新泽西州普林斯顿逝世。1999 年 12 月,爱因斯坦被美国《时代》周刊评选为 20 世纪的"世纪伟人"。爱因斯坦的相对论为核能的开发和利用奠定了重要的理论基础。他积极倡导和平,参加反战和平运动,反对使用核武器,并签署了《罗素-爱因斯坦宣言》。爱因斯坦是近代物理的创始人之一,他开创了现代科学技术新纪元,被公认为是继伽利略、牛顿、麦克斯韦之后最伟大的物理学家。

3.8　密立根油滴实验

美国著名的物理学家密立根在 1910 年到 1917 年期间所做的测量微小油滴所带电量的工作,即油滴实验,是物理学发展史上具有重要意义的实验。该实验设计思想简明巧妙、方法简单、结果准确,是一个著名的具有启发性的实验。该实验的重大意义在于证明了电荷的不连续性、精确测量了基本电荷的电量。密立根还自行设计了实验装置,精确测出了普朗克常量,验证了爱因斯坦光电效应方程的正确性。基于这些伟大成就,密立根荣获 1923 年诺贝尔物理学奖。

【预习思考】

(1)为了准确测量油滴的下落速度 v_0,实验中采取了什么措施?
(2)在测量各油滴电量 q 求最大公约数过程中,采用了什么简化方法?

【实验目的】

(1)验证电荷的量子性,测量电子的电量 e;
(2)掌握测量电子电量的方法,并能熟练使用仪器;
(3)了解实验原理的拓展应用,理解实验原理和方法;
(4)感悟伟大物理学家的工匠精神以及严谨治学的态度。

【实验内容】

通过研究某一油滴在静电场力和重力共同作用下的运动状态,来讨论电子电量测量的原理和方法。

【实验原理】

运用密立根油滴实验仪测电子电量的方法主要有两种:一种是动态非平衡法,因稍显复杂,新大纲也没做要求,所以不做赘述;另一种就是常见的静态平衡法,它因利用油滴在重力场和静电场中受力达到静态平衡而得名。本实验采用静态平衡法测量电子的电量,下面阐述实验原理。

1.油滴在重力场和静电场中的静态平衡分析

如图3.8.1所示,当质量为m、电量为q的油滴处在两块加有电压U的平行极板间时,将受

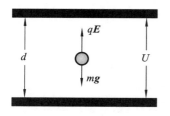

图3.8.1 油滴受力示意图

到方向相反的电场力和重力的作用。若适当调节电压U的大小,则可使油滴受力达到静态平衡。当油滴静止不动时,有

$$mg = q\frac{U}{d} \tag{3.8.1}$$

因为U、d可以直接测出,所以只要能设法测出油滴的质量m,便可由式(3.8.1)求出油滴电量q的大小。由于油滴的质量m很小(约10^{-15} kg),因此必须采用特殊的方法才能测定。下面来推导测量油滴质量m的公式。

2.油滴下落过程中的受力分析及油滴质量m的公式推导

在图3.8.1中,当油滴在重力和电场力的作用下达到静态平衡后,我们将平行极板间的电压U撤掉,电场力等于零,油滴将在重力的作用下加速下降。随着下降速度的加快,油滴所受空气的黏滞阻力f也越来越大。当两力平衡后,油滴作匀速运动。设油滴匀速下降的速率为v_0,油滴的半径为r(表面张力使油滴近乎呈球状,大小为亚微米级),黏滞系数为η,同时视空气介质为均匀介质,根据斯托克斯定律有

$$f = 6\pi r\eta v_0 = mg \tag{3.8.2}$$

若设油滴的密度为ρ,则油滴质量m可表示为

$$m = \frac{4}{3}\pi r^3 \rho \tag{3.8.3}$$

联立式(3.8.2)和式(3.8.3)可得油滴半径公式为

$$r = \sqrt{\frac{9\eta v_0}{2\rho g}} \tag{3.8.4}$$

由于油滴并非刚体,且体积非常小,半径的大小可与空气分子的平均自由程相比拟,因此空气介质实际上不能被视为均匀介质,而斯托克斯定律即式(3.8.2)只对均匀介质才适用,所以黏滞系数η因子应予以修正:

$$\eta' = \frac{\eta}{1 + \dfrac{b}{pr}} \tag{3.8.5}$$

式中,p为大气压强,b为常数。

联立式(3.8.3)~式(3.8.5)可求得油滴质量m的公式为

$$m = \frac{4}{3}\pi \left[\frac{9\eta v_0}{2\rho g} \cdot \frac{1}{1 + \dfrac{b}{pr}}\right]^{\frac{3}{2}} \rho \tag{3.8.6}$$

因此,将式(3.8.6)代入式(3.8.1)便可求出该油滴所带的电量。由此可见,油滴电量q的测量关键在于油滴质量m的测定,而油滴质量m的测定关键却在于油滴速度v_0的测量。

3.油滴速度v_0的测量及静态平衡法测量油滴的电量

当撤掉平衡电压后,$U = 0$,因此电场力为零。此后,油滴会在重力和空气阻力的作用下开始变加速下降,当受到的空气阻力和重力的大小相等时,油滴便开始作匀速直线运动。由于变加速运动的时间非常短(小于0.01 s),且与仪器计时器精度相当,约占油滴运动总时间(几十秒

到 100 s 间)的万分之一,因此,变加速运动过程可以忽略不计。也就是说,撤掉平衡电压后,油滴自静止开始运动的过程就可以被看作是作匀速直线运动。

假设油滴作匀速直线运动下落的距离为 l,所用时间为 t,则油滴速度 v_0 为

$$v_0 = \frac{l}{t} \tag{3.8.7}$$

联立式(3.8.1)、式(3.8.6)和式(3.8.7)得

$$q = \frac{18\pi}{\sqrt{2\rho g}} \left[\frac{\eta l}{t\left(1 + \frac{b}{pr}\right)} \right]^{\frac{3}{2}} \cdot \frac{d}{U} \tag{3.8.8}$$

式(3.8.8)便是静态平衡法测量油滴所带电量的实验公式。式中,r 可利用式(3.8.4)进行计算。为了求得电子电量,需测量几个油滴的电量 q,求其最大公约数,该最大公约数就是电子电量 e 的值。

但是,在实际实验计算中,由于每颗油滴所带的电子电量 e 的个数 n 不同,实验求得的电量 q 也不一样,因此,直接求最大公约数很不方便。为了解决这一问题,采用反向验证法来计算,即将电子电量的理论值 $e = 1.602 \times 10^{-19}$ C 去除每颗油滴的电量 q,得到的商四舍五入取整,作为油滴所带电子电量的个数 n,反过来再用电量 q 除以取整后的 n 求得电子电量的测量值 e。将实验的测量值跟电子电量的理论值相对比发现,实验结果的误差会很小,证明实验方法可靠有效,同时,更重要的是验证了电荷的量子性。在具体计算中相应的常数如下:

油的密度:　　　　　　　　　$\rho = 981$ kg $\cdot$ m^{-3}

武汉的重力加速度:　　　　　$g = 9.79$ m $\cdot$ s^{-2}

空气的黏滞系数:　　　　　　$\eta = 1.83 \times 10^{-5}$ Pa $\cdot$ s

油滴匀速下降的距离:　　　　$l = 2.00 \times 10^{-3}$ m

修正常数:　　　　　　　　　$b = 8.226 \times 10^{-3}$ Pa $\cdot$ m

大气压强:　　　　　　　　　$p = 1.013 \times 10^5$ Pa

平行极板间的距离:　　　　　$d = 5.00 \times 10^{-3}$ m

将各常数代入式(3.8.8)中就能得到一个比较实用的计算油滴带电量公式:

$$q = \frac{1.43 \times 10^{-14}}{\left[t(1 + 0.02\sqrt{t}) \right]^{\frac{3}{2}}} \frac{1}{U} \tag{3.8.9}$$

再利用式(3.8.1)、式(3.8.3)以及式(3.8.9),油滴半径的计算公式可表示为

$$r = \frac{4.15 \times 10^{-6}}{\left[t(1 + 0.02\sqrt{t}) \right]^{\frac{1}{2}}} \tag{3.8.10}$$

【实验仪器】

MOD-5C 型密立根油滴实验仪、喷雾器、油、油滴盒、CCD 电视显微镜、电路箱、显示器、导线。

【实验步骤】

密立根油滴实验静态平衡法测量的仪器调节可分为五步,口诀是"一连、二喷、三调、四选、五计",具体操作流程如下。

1. 连接电路

首先将密立根油滴实验仪调至水平,然后进行电路连接。密立根油滴实验的电路连接线有三根:两根电源线分别用于连接密立根油滴实验仪和显示器,以便为密立根油滴实验仪和显示器供电;第三根连接线用于将密立根油滴实验仪中任意视频输出端口的输出信号通过对应的输入端口输入到显示器中。当显示器的输入端口确定后,打开显示器电源开关,按下自动按钮,然后再通过"＋"按钮选择对应的视频端口。否则,显示器就会蓝屏,不会出现一个"八行三列"的框图。

2. 喷雾油滴

将喷雾器喷嘴伸进油滴盒侧面的喷雾口内,按捏橡皮囊 2~3 次即可,使油雾喷入油雾室。正常情况下,显示屏上会出现很多油滴。如果看不到油滴,可能有两个原因:一是油雾室上的小孔堵塞,可直接对准小孔大力吹气或用纸巾擦拭疏通;二是显微镜位置不适中,可微调显微镜调焦手轮,使显示屏上显示清晰的油滴图像。

3. 调节平衡

通过"电压调节"旋钮将工作电压调至几十伏,驱走不需要的油滴,直至剩下几颗缓慢运动的油滴为止,再仔细调节电压使油滴完全静止在显示屏最上端的"起跑线"上。

4. 选择油滴

选择大小合适的油滴是本实验的关键。大而亮的油滴质量大、带电多,但速度快,难控制,因而测量误差大。太小的油滴观察困难,布朗运动明显,测量误差也大。通过"测量"和"计时联动"按钮进行粗测,选择从显示屏最上端的"起跑线"上开始匀速下降 2 mm(8 格)所需时间为几十秒的油滴作为测量对象。

5. 记录数据

通过"提升"按钮将选定的油滴重新移至显示屏最上端的"起跑线"上,先按下"计时联动"按钮,再按"测量"按钮,待油滴到达显示屏最下端的"终点线"时,迅速按起"测量"按钮,记录显示屏右上角上油滴运动时间 t 和平衡电压 U。通过"提升"按钮将油滴重新移动至"起跑线"上,再次调整平衡电压,重复测量 5 次,且选择 5 颗不同的油滴进行测量,记录相关数据,表格自拟。将记录的数据代入式(3.8.9)进行处理,就可以计算出油滴的电量。求得 5 颗油滴电量的平均值,然后利用前文中提到的反向验证法计算每颗油滴对应的电子电量,将其平均值作为最终实验测量电子电量结果。

【实验思考】

(1)实验中,油滴在水平方向运动甚至消失的原因是什么?

(2)如何在实验中判断油滴所带的电荷是正还是负?

【注意事项】

本实验所用仪器较精密,要求实验者务必看懂实验原理,明确实验步骤,精心操作。未经指导教师同意,实验者不得擅自拆卸油雾室和拨动电极压簧。现将有关仪器使用和维护的注意事项说明如下。

(1)喷雾器的油壶不可装油太满,否则喷出的是油珠,而不是油雾,且易堵塞油雾室上的小孔。长期不做实验时应将油液倒出,并将气囊与玻璃件分离保管好,以延长使用寿命。

（2）显示屏上看不到油滴（油雾室中没有油滴），有可能是由上电极中心小孔堵塞导致的，需进行清理；也有可能是由显微镜聚焦位置不对导致的。

（3）开机后屏幕上的字很乱或重叠，先关闭密立根油滴实验仪电源，过一会儿后重启开机。

（4）实验过程中"极性"开关一般拨向"＋"极后就不要再动，使用最频繁的是"电压调节"旋钮、"测量"和"计时联动"按钮，操作要轻而稳，以保证油滴正常运动。如果在使用过程中发现高压突然消失，则只需关闭密立根油滴实验仪电源半分钟后再开机即可。

【拓展应用】

100 多年来，物理学发生了根本性的变化，现如今，密立根油滴实验又重新站到实验物理的前列。近年来，根据该实验的设计思想改进的用磁漂浮的方法测量分立电荷的实验，使这一古老的实验又焕发了青春，更说明密立根油滴实验是富有巨大生命力的实验。同时，以布朗运动中爱因斯坦关系理论为指导，利用密立根油滴实验仪测量布朗运动的可行性实验方法也被提出。该方法通过对不同时间间隔内油滴位移的测量和实验结果的分析，得出与理论相一致的结果。

密立根油滴
实验拓展

【人物传记】

密立根（1868—1953），是美国实验物理学家。他于 1868 年 3 月 22 日生于美国伊利诺伊州的莫里森；于 1895 年博士毕业于哥伦比亚大学，成为哥伦比亚大学物理系建系以来毕业的第一位物理学博士。随后，他留学于德国的哥廷根大学。1896 至 1921 年间，密立根担任美国芝加哥大学物理学教授；1921 年起任教于美国加利福尼亚理工学院，直至 1945 年退休。在此期间，密立根一直担任加利福尼亚理工学院执行理事会的主席，使加利福尼亚理工学院成为美国最优秀的研究型大学之一。1953 年 12 月 19 日，密立根因心脏病发作逝世。密立根在 1910 年到 1917 年期间一直从事与油滴实验相关的工作。该实验的重大意义在于验证了电荷的不连续性，并精确地测得了电子电量的电量。他还致力于光电效应的研究。1916 年，他的实验结果完全肯定了爱因斯坦光电效应方程，并且测出了当时最精确的普朗克常量 h 的值。基于精确测量基本电荷的电量以及验证了爱因斯坦光电效应方程这两项伟大成就，密立根获得了 1923 年诺贝尔物理学奖。密立根以求真务实、严谨细致，富有创造性的实验作风成为物理学界的楷模。

3.9　温度传感器温度特性研究

17 世纪初人们就开始测量温度，温度传感器是开发最早、应用最广的一类传感器。随着半导体技术的发展，20 世纪相继开发了热电偶传感器、PN 结温度传感器和集成温度传感器。本实验主要对铂电阻与热敏电阻的温度特性进行研究，了解铂电阻和热敏电阻温度传感器的工作原理和应用。

【预习思考】

（1）什么是温度传感器？
（2）温度传感器有哪些应用？

【实验目的】

(1)掌握用恒电流法、直流电桥法测量热敏电阻阻值的方法;

(2)了解铂电阻和热敏电阻温度传感器的温度特性;

(3)了解温度传感器在工程技术中的应用。

【实验内容】

学习铂电阻和热敏电阻的温度测量原理,利用温度特性实验仪测量不同温度下铂电阻和热敏电阻的阻值,研究它们的温度特性。

【实验原理】

1. Pt100 铂电阻温度传感器的测温原理

金属铂(Pt)的电阻值具有很好的重现性和稳定性,利用金属铂的温度特性制成的传感器称为铂电阻温度传感器。铂电阻温度传感器是中低温区($-200 \sim 650$ ℃)最常用的一种温度检测器。铂电阻的阻值随温度变化的规律为

$$R_t = R_0 \left[1 + At + Bt^2 + C(t-100)t^3 \right], \quad -200 \text{ ℃} < t < 0 \text{ ℃} \tag{3.9.1}$$

$$R_t = R_0 (1 + At + Bt), \quad 0 \text{ ℃} < t < 650 \text{ ℃} \tag{3.9.2}$$

式中:R_t 为铂电阻在温度为 t 时的阻值;R_0 为铂电阻在 0 ℃时的阻值;A、B、C 分别为电阻的一阶、二阶、三阶温度系数,它们的值分别为 $A = 3.908\ 02 \times 10^{-3} \text{℃}^{-1}$;$B = -5.801\ 95 \times 10^{-7} \text{℃}^{-2}$;$C = 4.273\ 50 \times 10^{-12} \text{℃}^{-4}$。

目前国内使用较多的标准铂电阻为 Pt100 铂电阻($R_0 = 100$ Ω)和 Pt10 铂电阻($R_0 = 10$ Ω)。

2. 热敏电阻温度传感器的测温原理

热敏电阻是阻值对温度变化非常敏感的一种半导体电阻。它分为负温度系数(NTC)热敏电阻、正温度系数(PTC)热敏电阻和临界温度热敏电阻(CTR)三种。本实验主要研究负温度系数热敏电阻和正温度系数热敏电阻两种类型温度传感器的特性。负温度系数热敏电阻的阻值随着温度的升高呈指数下降;正温度系数热敏电阻的阻值与温度正相关。相较于金属电阻,热敏电阻具有很多优点,如灵敏度高、体积小、成本低等,在物理、化学和生物学等领域得到广泛的应用。

在一定的温度范围内,负温度系数热敏电阻的电阻率 ρ 和温度 T 之间有如下关系:

$$\rho = A e^{B(1/T - 1/T_0)} \tag{3.9.3}$$

式中,A 和 B 是与材料物理性质有关的常数,T 为热力学温度,T_0 为初始温度。

对于截面均匀的负温度系数热敏电阻,阻值 R_T 可用下式表示:

$$R_T = \rho \frac{l}{S} \tag{3.9.4}$$

式中,l 为负温度系数热敏电阻的长度,S 为负温度系数热敏电阻的横截面积。

将式(3.9.3)代入式(3.9.4),并令 $R_0 = A \dfrac{l}{S}$(为温度为 T_0 时负温度系数热敏电阻的阻值),可得:

$$R_T = R_0 e^{B(1/T-1/T_0)} \tag{3.9.5}$$

对一定的负温度系数热敏电阻而言,R_0 和 B 均为常数。对式(3.9.5)两边取对数,有

$$\ln R_T = B\left(\frac{1}{T} - \frac{1}{T_0}\right) + \ln R_0 \tag{3.9.6}$$

因此,$\ln R_T$ 与 $1/T$ 呈线性关系,在实验中测得与各个温度 T 对应的 R_T 值后,即可通过作图求出 R_0 和 B 值,代入式(3.9.6),即可得到 R_T 的表达式。常数 B 与半导体材料的成分和制造方法有关,一般情况下 B 为 2 000~6 000 K。负温度系数热敏电阻的温度系数 α 可定义为

$$\alpha = \frac{1}{R_T}\left(\frac{dR_T}{dT}\right) = -\frac{B}{T^2} \tag{3.9.7}$$

温度系数 α 反映了热敏电阻的温度灵敏度。从式(3.9.7)可以看出,负温度系数热敏电阻的 α 随温度的升高而迅速降低。

正温度系数热敏电阻具有独特的温度特性。它有一个电阻突变点,即居里点。当温度高于居里点时,它的微观结构会发生改变,导致阻值可以由 10 Ω 急剧增加高达 7 个数量级。正温度系数热敏电阻的阻值满足以下关系:

$$R_T = R_0 e^{A(T-T_0)} \tag{3.9.8}$$

式中,T 为热力学温度,T_0 为初始温度,R_T 和 R_0 分别是正温度系数热敏电阻在 T 和 T_0 温度下的阻值,A 的值在某一范围内近似为常数。

常用的正温度系数热敏电阻有陶瓷材质的负温度系数热敏电阻和有机材质的正温度系数热敏电阻等。

3. 恒电流法测量电阻的原理

电源采用恒流源,将一固定电阻 R_0 和热电阻 R_t 串联于电路中,分别用电压表测量两个电阻的电压。当电路中的电流为 I_0、温度为 t 时,热电阻 R_t 为

$$R_t = \frac{U_{R_t}}{I_0} \tag{3.9.9}$$

4. 单臂电桥法测量电阻的原理

惠斯通电桥原理图如图 3.9.1 所示。它由三个可调的已知标准电阻 R_1、R_2、R_3 和一个未知待测电阻 R_x 连接构成一个四边形,四边形的边称作电桥的桥臂,其中顶点 A、C 连接直流电源 E,顶点 B、D 连接电流计 G。当调节电阻 R_1、R_2、R_3 的阻值至合适值时,可使得电流计 G 中无电流通过,电流计 G 读数为零,这说明 B、D 两点之间的电势差为零,此时称电桥达到了平衡状态。

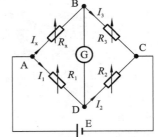

图 3.9.1　惠斯通电桥原理图

B、D 两点之间的电势差为零,说明桥臂 AB 和 AD 的电压相等、桥臂 BC 和 DC 的电压相等,即

$$I_x R_x = I_1 R_1, \quad I_3 R_3 = I_2 R_2 \tag{3.9.10}$$

同时,电流计读数为零,说明桥臂 AB 和 BC 电流相等、桥臂 AD 和 DC 电流相等,即

$$I_1 = I_2, \quad I_x = I_3 \tag{3.9.11}$$

根据电桥的平衡条件,若已知三个臂的电阻,就可以计算出第四个桥臂的电阻。因此,电桥

测电阻的计算公式为

$$R_{x} = \frac{R_1}{R_2} R_3 \tag{3.9.12}$$

式中，$\dfrac{R_1}{R_2}$ 为电桥的比例臂，R_3 为比较臂，R_x 为待测臂。

【实验仪器】

九孔板，WDW-Ⅱ型直流恒压源恒流源、温度特性实验仪、电阻箱、Pt100 铂电阻、负温度系数热敏电阻和正温度系数热敏电阻。

【实验步骤】

1. 直流电桥法测量温度传感器的温度特性

（1）注意观察温度特性实验仪面板上各模块的功能，将温度特性实验仪的信号输入、恒流输出、风扇与加热器各接口连接好，选择铂电阻，并将铂电阻的输出线与直流电桥的被测电阻 R_x 相连，此时 R_x 即为 Pt100 铂电阻的阻值。

（2）选择测温起点为 25 ℃，调节温度特性实验仪开始加热（加热电流约为 1 A），直到温度传感器达到预设温度方可开始测量。通过查表得到 Pt100 铂电阻在 25 ℃时的阻值，并据此设置好各桥臂的阻值。

（3）将 Pt100 铂电阻作为其中的一个臂，仔细调节比较臂 R_3，使桥路平衡，即电流计显示 I_g＝0。将所有初始数据记录在表 3.9.1 中。开启加热器，每隔 5 ℃设置一次温度特性实验仪，缓慢升温，待温度稳定后（大约 2 min），调节 R_3 的阻值，使得电流计电流 I_g＝0。电桥平衡后，按式（3.9.12）计算 Pt100 铂电阻的阻值 R_x。直到温度达到 100 ℃，将所有测量和计算数据记录于表 3.9.1 中。

（4）实验结束后将温度特性实验仪加热电流调到最小，先关闭电源，再断开连线。

（5）以温度为横轴，以阻值为纵轴，用所测数据等精度作出 R-t 曲线，分析比较它们的温度特性。

（6）与 Pt100 铂电阻的测量方法类似，打开仪器，做好准备工作，依次选择热敏电阻（负温度系数热敏电阻和正温度系数热敏电阻），然后重复（3）、（4）的操作。

（7）以温度为横轴，以阻值为纵轴，用所测的数据等精度作出 R-t 曲线，测量原理计算公式，计算相对误差，并分析误差来源。

2. 恒电流法测量温度传感器的温度特性

（1）按照图 3.9.2 接线。用 WDW-Ⅱ型直流恒压源恒流源来提供 1 mA 或 0.1 mA 直流电流。用万用表测量取样电阻 R_0（1 kΩ），调节 WDW-Ⅱ型直流恒压源恒流源上的电位器，使其两端的电压为 1 V 或 0.1 V。

（2）将温度传感器直接插在温度传感器实验装置的温度特性实验仪中。通过温度特性实验仪加热，测量 25～100 ℃下，铂电阻、热敏电阻（NTC 和 PTC）阻值的变化。开启加热器，每隔 5 ℃设置一次温度特性实验仪。缓慢升温，待温度稳定后，记录待测温度传感器的电压，并根据式（3.9.9）计算出对应阻值，将所有数据记录在相应的表格（见表 3.9.1～表 3.9.3）内。

（3）以温度为横轴，以阻值为纵轴，按等精度作图的方法，用所测的数据作出 R-t 曲线，分析比较它们的温度特性。

　　最后分析比较直流单臂电桥法与恒电流法的特点。

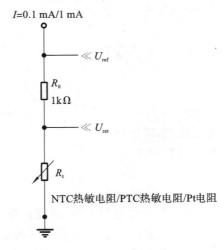

$I=0.1\,\text{mA}/1\,\text{mA}$

$\ll U_{\text{ref}}$

R_0
$1\text{k}\Omega$

$\ll U_{\text{ret}}$

R_t

NTC热敏电阻/PTC热敏电阻/Pt电阻

图 3.9.2　恒电流法原理示意图

【数据处理】

表 3.9.1　Pt100 铂电阻数据记录表

序号	1	2	3	4	···	14	15	16
温度/℃								
R_3/Ω								
R_x/Ω								

表 3.9.2　负温度系数热敏电阻数据记录表

序号	1	2	3	4	···	14	15	16
温度/℃								
R_3/Ω								
R_x/Ω								

表 3.9.3　正温度系数热敏电阻数据记录表

序号	1	2	3	4	···	14	15	16
温度/℃								
R_3/Ω								
R_x/Ω								

【实验思考】

(1)本实验测温误差的主要来源有哪些？如何改进？

(2)铂电阻有什么优点？

(3)哪种方法测量的温度特性更准确？为什么？

【注意事项】

(1)加热器温度不能太高,应控制在 120 ℃以下。

(2)测量过程中温度较高,小心操作,防止烫伤。

(3)实验完毕后应先切断电源,再断开连线。

【拓展应用】

温度传感器用途十分广阔,可用于温度测量与控制、温度补偿、液位指示、紫外光和红外光测量、微波功率测量等,被广泛地应用于生产和生活的各个领域。此外,温度传感器在军事上也得到广泛的应用,如红外成像制导技术就是利用红外探测器捕获和跟踪目标热辐射来实现精确制导的一种技术手段。它不受无线电波干扰,且制导精度高。

温度传感器的应用

【人物传记】

戴维·朱利叶斯(1955—),是美国生物学家,出生于美国纽约,1984 年获得加利福尼亚大学伯克利分校博士学位,如今是加利福尼亚大学旧金山分校教授。朱利叶斯于 2010 年获得邵逸夫生命科学与医学奖。随后,他利用辣椒素来识别皮肤神经末梢中对热有反应的传感器,由此发现了产生痛觉的细胞信号机制,进一步增加了我们对神经系统如何感知热、冷等刺激的理解。因在发现温度和触觉感受器方面的贡献,朱利叶斯和雅顿·帕塔普蒂安分享了 2021 年诺贝尔生理学或医学奖。

3.10　弦驻波实验研究

驻波是波干涉现象的一个特例,指频率和振幅均相同、振动方向一致、传播方向相反的两列相干波叠加后形成的波。驻波中振幅为零的点称为波节,振幅最大处称为波腹,相邻两波节或波腹间的距离都是半个波长。弦线上的驻波波形很难用眼睛直接观察,本实验采用弦线驻波结合示波器进行驻波波形的研究和观察。

【预习思考】

(1)行波和驻波有何区别？

(2)在弦线上产生稳定的驻波的条件和标志各是什么？

【实验目的】

(1)理解在弦线上形成驻波的条件,用实验方法确定弦线振动时驻波波长与弦线张力的关系;

(2)能够在弦线张力不变时,用实验方法确定弦线振动时驻波波长与振动频率的关系;

(3)会用对数作图法或最小二乘法进行数据处理;

(4)了解共振干涉原理在军事装备中的应用。

【实验内容】

应用弦线驻波实验仪,在弦线张力不同的情况下,观察弦线振动形成的驻波,同时测量驻波的波长,运用正确的数据处理方法计算振动频率。

【实验原理】

驻波可以由两列振动方向相同、频率相同、振幅相等、传播方向相反的简谐波叠加产生,也可以直接由发射波与其反射波叠加产生。一简谐波在拉紧的金属线上传播,设沿 x 轴正方向传播的波为入射波,沿 x 轴负方向传播的波为反射波,取它们振动相位始终相同的点作坐标原点 O,且在 $x=0$ 处,两波的初相为零,则它们的波动方程分别为

入射波:
$$y_1 = A\cos\left[2\pi\left(ft - \frac{x}{\lambda}\right)\right] \tag{3.10.1}$$

反射波:
$$y_2 = A\cos\left[2\pi\left(ft + \frac{x}{\lambda}\right)\right] \tag{3.10.2}$$

式中,A 为简谐波的振幅,f 为频率,λ 为波长,x 为弦线上质点的坐标位置。

两波叠加后的合成波为驻波,它的波动方程为

$$y = y_1 + y_2 = 2A\cos\left(\frac{2\pi x}{\lambda}\right)\cos(2\pi ft) \tag{3.10.3}$$

由此可见,入射波与反射波合成后,弦丝上各点都在以同一频率作简谐振动,它们的振幅为 $\left|2A\cos\left(\dfrac{2\pi x}{\lambda}\right)\right|$,只与质点的位置 x 有关,与时间无关。

波节处振幅为零,即 $\left|2A\cos\left(\dfrac{2\pi x}{\lambda}\right)\right|=0$,于是可得波节的位置为

$$x = (2k+1)\frac{\lambda}{4} \quad (k=0,1,2,3,\cdots) \tag{3.10.4}$$

相邻两波节之间的距离为

$$x_{k+1} - x_k = [2(k+1)+1]\frac{\lambda}{4} - (2k+1)\frac{\lambda}{4} = \frac{\lambda}{2} \tag{3.10.5}$$

又因为波腹处的质点振幅最大,即 $\left|2A\cos\dfrac{2\pi x}{\lambda}\right|=1$,所以可得波腹的位置为

$$x = \frac{k\lambda}{2} \quad (k=0,1,2,3,\cdots) \tag{3.10.6}$$

这样相邻的波腹间的距离也是半个波长。因此,在驻波实验中,只要测得相邻两波节(或相邻两波腹)间的距离,就能确定该波的波长。

由于弦线的两端是固定的,因此两端点为波节。在均匀的弦线上施加一振动波,使其往返振动。只有当均匀弦线两个固定端之间的距离(弦长)为半波长的整数倍时,才能形成驻波,即在弦线上出现驻波的条件是

$$L = n\frac{\lambda}{2} \quad (n=1,2,3,\cdots) \tag{3.10.7}$$

式中:n 为弦线上驻波的段数,即半波数;L 为弦线长度。

根据波动理论,横波沿弦线传播时,若维持张力 F 不变,则波在弦线上的传播速度 u 与张力 F 及弦线的线密度 ρ(单位长度的密度)之间的关系为

$$u = \sqrt{\frac{F}{\rho}} \tag{3.10.8}$$

若波源的振动频率为 f,横波波长为 λ,由于 $u=f\lambda$,因此波长与张力及线密度之间的关系为

$$\lambda = \frac{1}{f}\sqrt{\frac{F}{\rho}} \tag{3.10.9}$$

弦线所受的张力由弦线下端所系的重物提供,改变其质量即可改变弦线所受的张力,也就改变了弦线中的波速和波长。

结合式(3.10.7)和式(3.10.9)可知,对于长度、张力和线密度一定的弦线,两端固定时,它的自由振动频率不止一个,而是 n 个,并且仅与弦线的固有性质有关,称为固有频率,每一个 n 对应一种驻波。$n=1$ 时的驻波只有两个节点,它的波长最长,相应的频率最低,称为基频;$n>1$ 的各频率称为泛频,由于各频率都是基频的整数倍,因此也称为谐频。

在实验中,将驱动传感器放在弦线的下面,信号源产生周期性的信号,通过驱动传感器对弦线施加周期性的驱动力,使弦线受迫振动,调节信号源的频率,当驱动频率等于弦线的固有频率时,弦线将发生共振,此时可以观察到弦线上形成的驻波,也可以通过示波器观察共振信号的波形。

对式(3.10.9)两边取对数得

$$\ln\lambda = \frac{1}{2}\ln F - \ln f - \frac{1}{2}\ln\rho \tag{3.10.10}$$

当频率 f 及线密度 ρ 一定时,改变张力 F,测量相应的波长 λ,可作出 $\ln\lambda\text{-}\ln F$ 的图像。如果得到一条斜率为 0.5 的直线,则证明了 $\lambda\propto\sqrt{F}$ 的关系成立。同理,当张力 F 及线密度 ρ 一定时,改变频率,测量相应的波长 λ,可作出 $\ln\lambda\text{-}\ln f$ 的图像。如果得到一条斜率为 -1 的直线,则证明了 $\lambda\propto f^{-1}$ 的关系成立。

【实验仪器】

XZB-Ⅱ型弦振动研究实验仪、砝码、双踪示波器。

仪器结构图如图 3.10.1 所示。圆柱螺母(2)和张力杆(7)之间放置弦线(4),调节弦调节螺钉(1)可调节弦线的张力,劈尖(6)固定弦线的长度,张力杆(7)和砝码(8)可以定量给出弦线(4)的张力,驱动传感器(3)将振动发射至弦线(4)上,在两个劈尖(6)直接反射叠加形成驻波,探测传感器(5)将弦线(4)的振动转化为电信号并显示在示波器上。

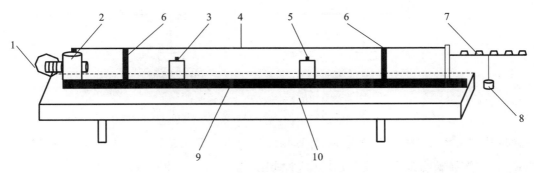

图 3.10.1　仪器结构图

1—弦调节螺钉；2—圆柱螺母；3—驱动传感器；4—弦线；5—接收传感器；

6—劈尖；7—张力杆；8—砝码；9—实验平台；10—实验桌

【实验步骤】

1. 信号源的使用和调节

(1)打开信号源的电源开关,通过调节"频率"旋钮输入一定频率的信号。用示波器可观察相应的正弦波;调节"幅度"旋钮,当幅度调节至最大时,信号的峰峰值大于或等于 10 V。这时仪器已基本正常,再通电 10 min 左右,即可进行实验。

(2)仪器的"粗调"旋钮用于较大范围地改变频率,"细调"旋钮用于准确地寻找共振频率。由于弦线的共振频率范围很小,因此应细心调节,不可过快,以免错过相应的共振频率。

(3)当弦线振动幅度过大时,应逆时针调节"幅度"旋钮,减小激振信号的幅度;而当弦线振动幅度过小时,应加大激振信号的幅度。

2. 频率(选取频率 200 Hz)和线密度一定,改变张力

(1)选择一条弦线,将弦线上带有铜圆柱的一端固定在张力杆的 U 形槽中,把弦线上带孔的一端套到调整螺杆上的圆柱螺母上。

(2)把两块劈尖(支承板)放在弦线下相距为 L(例如 60 cm,将两个劈尖分别放置在 10 cm 和 70 cm 刻度处)的两点上(它们决定弦线的长度)。注意:窄的朝上,两个劈尖对称放置。

(3)将砝码穿入砝码钩,挂入张力杆的挂钩槽,调节弦调节螺钉使张力杆水平。根据杠杆原理,可算出弦线张力。注意:在不同位置悬挂质量相同的物块,产生的张力不同。O 点是支点,张力杆的尺寸如图 3.10.2 所示。图 3.10.2(a)中挂质量为 m 的重物在张力杆的挂钩槽 2 处,根据杠杆原理,弦线的张力等于 $2mg$;图 3.10.2(b)中挂质量为 m 的重物在张力杆的挂钩槽 3 处,弦线的张力为 $3mg$ 等。由于张力不同,弦线的伸长量也不同,因此需重新调节张力杆至水平。将 100 g 砝码分别放置在不同的挂钩槽处,每个张力均需测量的半波数 n 分别为 1、2。

(4)将驱动传感器的引线接至信号源的"激振"端,且将驱动传感器靠近一个劈尖(距离为 5~10 cm)。弦线的两端是波节所在的地方,根据半波数的个数估算波腹的位置。将探测传感器放置于波腹的位置,并接入示波器。注意:两个传感器的磁头位于弦线的正下方。

(5)逐步改变挂钩槽位置悬挂砝码,同时改变劈尖和接收传感器的位置,观察示波器,当信

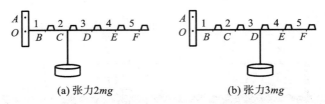

(a) 张力2mg   (b) 张力3mg

图 3.10.2 张力大小示意图

$|OA|=|OB|$；$|OC|=2|OA|$；$|OD|=3|OA|$；$|OE|=4|OA|$；$|OF|=5|OA|$

号的幅度达到最大并保持稳定时记录、计算相关的数据并填入表 3.10.1 中。根据表 3.10.1 中的数据，作驻波波长与张力的关系 $\ln\lambda$-$\ln F$ 曲线图，验证 $\lambda\propto\sqrt{F}$ 关系的正确性。

4. 张力和线密度一定，改变频率

(1)选择一根弦线和合适的张力，砝码盘上不添加砝码，左右移动劈尖的位置，改变弦线长度 L，调节驱动频率，使弦线上出现振幅较大而稳定的驻波。

(2)用实验平台上的标尺依次测量频率为 100 Hz、120 Hz、140 Hz、160 Hz 时对应的 L 值，其中 L 值是指每个频率 f 下均需测量半波数 n 分别为 1、2 时的驻波对应的弦线长度。

(3)记录、计算相关的数据并填入表 3.10.2 中，作驻波波长与共振频率的关系 $\ln\lambda$-$\ln f$ 曲线图，验证 $\lambda\propto f^{-1}$ 关系的正确性。

【数据处理】

数据记录与处理表如表 3.10.1、表 3.10.2 所示。

表 3.10.1 频率(200 Hz)和线密度一定，改变张力

砝码质量	挂钩位置与半波数		L	λ	$\overline{\lambda}$/cm	$\ln\overline{\lambda}$	$\ln F$
	1	$n=2$	$L_1=$____ cm	$\lambda_1=$____ cm			
		$n=3$	$L_2=$____ cm	$\lambda_2=$____ cm			
	2	$n=2$	$L_1=$____ cm	$\lambda_1=$____ cm			
		$n=3$	$L_2=$____ cm	$\lambda_2=$____ cm			
100 g	3	$n=1$	$L_1=$____ cm	$\lambda_1=$____ cm			
		$n=2$	$L_2=$____ cm	$\lambda_2=$____ cm			
	4	$n=1$	$L_1=$____ cm	$\lambda_1=$____ cm			
		$n=2$	$L_2=$____ cm	$\lambda_2=$____ cm			
	5	$n=1$	$L_1=$____ cm	$\lambda_1=$____ cm			
		$n=2$	$L_2=$____ cm	$\lambda_2=$____ cm			

表 3.10.2　张力(100 g、1 槽)和线密度一定,改变频率

f/Hz	半波数	L	λ	$\bar{\lambda}$/cm	$\ln\bar{\lambda}$	$\ln f$
100	$n=1$	$L_1=$ _____ cm	$\lambda_1=$ _____ cm			
	$n=2$	$L_2=$ _____ cm	$\lambda_2=$ _____ cm			
120	$n=1$	$L_1=$ _____ cm	$\lambda_1=$ _____ cm			
	$n=2$	$L_2=$ _____ cm	$\lambda_2=$ _____ cm			
140	$n=1$	$L_1=$ _____ cm	$\lambda_1=$ _____ cm			
	$n=2$	$L_2=$ _____ cm	$\lambda_2=$ _____ cm			
160	$n=1$	$L_1=$ _____ cm	$\lambda_1=$ _____ cm			
	$n=2$	$L_2=$ _____ cm	$\lambda_2=$ _____ cm			

相关计算公式如下。

$$\ln\lambda = \frac{1}{2}\ln F - \ln f - \frac{1}{2}\ln\rho$$

$$F = xmg \ (x=1,2,3,4,5)$$

$$\ln F = \ln(xmg) = \ln x + \ln(mg)$$

当 m 不变时,$\ln(mg)$ 是常数,不影响斜率,F 的变化转化成位置的变化。

【实验思考】

(1)通过实验,说明弦线的共振频率和波速与哪些条件有关。

(2)换用不同的弦线后,共振频率有何变化? 二者之间存在什么关系?

(3)弦线弯曲或不均匀对共振频率和驻波有何影响?

【注意事项】

(1)仪器应可靠放置,张力挂钩应置于实验桌外侧,并注意不要让仪器滑落。

(2)弦线应可靠挂放,取放砝码动作要轻,以免使弦线崩断而发生事故。

(3)在移动劈尖调节弦线长度时,探测传感器不能处于波节位置,且要等驻波稳定后,再记录数据。

【拓展应用】

共振在军事
中的应用

声波是一种在弹性介质中传递的机械纵波。其中,频率在 20～20 000 Hz 范围内的声波叫可闻声波,频率低于 20 Hz 的声波叫次声波,而高于 20 000 Hz 的声波叫超声波。声波武器通过将化学能、电能或流体动能等能量转化成具有一定强度和频率的声波,并定向发射出去,实现对目标的干扰或杀伤破坏。声波武器包含噪声武器、次声武器和超声武器。噪声武器利用频率在可闻声波频率范围内的高分贝噪声刺激和影响人员,超声武器利用高能超声波产生的强大声压或声学热效应冲击或损伤人员和物体。人体器官的固有频率在 3～17 Hz 之间,而次声波的频率低于 20 Hz,与人体器官的固有频率非常接近。次声武器就是利用频率与人体各主要器官的固有频率相当的高强

次声波作用于人体,使人体产生共振,从而起到杀伤破坏作用。根据发射频率和作用于人体的部位不同,次声武器分为神经型次声武器和器官型次声武器。神经型次声武器的频率和人脑阿尔法节律相同,容易引起共振,从而对人的心理和意识产生严重影响,如使人感觉不适应、注意力下降、头昏恶心,严重时使人精神错乱、癫狂不止、休克昏厥,甚至丧失思维、致人死亡。器官型次声武器产生与人体器官的固有频率相近的次声波,作用于人体时,会与人的五脏六腑产生强烈共振,轻则使人肌肉痉挛、呼吸困难;重则使人血管破裂、内脏受损,甚至迅速死亡。

【人物传记】

加夫雷奥(1904—1967),是法国科学家、声波武器之父,被人们尊称为次声波研究的先锋。1957 年,加夫雷奥和同事们发现当马达所发出的频率小于 20 Hz 时,由于和人体器官的振动频率接近,导致共振,从而对人体产生伤害。他们将这种听不到却感受得到的声波称为次声波。他们发现次声波后,在 1960 年研究次声波时经历了从内耳的疼痛到实验室器具的振动摇晃,从而制作了一个能够发出次声波的哨子。该哨子能使周围的人们昏迷。当把哨子的直径增加时,次声波的能量甚至能撼动整个大楼的围墙。随后,他们开始研究不同型号的声波武器。

3.11 多普勒实验研究

多普勒效应(Doppler effect)是为纪念奥地利物理学家及数学家克里斯琴·约翰·多普勒(Christian Johann Doppler)而命名的。他于 1842 年首先提出了这一理论。这一理论的主要内容为物体辐射的波长因为波源和观测者的相对运动而发生变化。波源的速度越快,所产生的效应越大。根据接收波频率的变化程度,可以计算出波源和接收端循着观测方向运动的速度。多普勒效应常用于汽车测速、天文观察等领域。

【预习思考】

(1)多普勒效应的原理是什么?
(2)生活中有哪些常见的多普勒效应现象?
(3)多普勒效应可以用于测量什么?

【实验目的】

(1)了解声波的多普勒效应现象,理解不同类型的变速运动的规律;
(2)掌握超声波接收器运动速度和接收频率之间的关系,验证多普勒效应;
(3)掌握用多普勒效应测量空气中声波的传播速度的方法;
(4)了解多普勒效应在军事中的应用。

【实验内容】

通过声源发出超声波,使接收器与声源间作相对运动,根据多普勒效应,分析接收声波的频率变化,计算空气中的声速。

【实验原理】

根据多普勒效应,当声源与接收器之间有相对运动时,接收到的声源频率会发生变化。当波源靠近接收器时,接收器接收到的声波是被压缩的,因此接收到的声波的波长是缩短的,频率也因此变高,由于可见光频段内蓝紫光频率较高,因此这一现象也被称为蓝移(blue shift);而当波源远离接收器时,会产生相反的效应,接收器接收到的声波的波长是拉长的,频率也因此变低,而由于可见光频段内红光频率较低,因此这一现象也被称为红移(red shift)。波源的速度越快,所产生的效应越大。根据多普勒效应,可以计算出波源和观测器之间的相对运动速度。

下面针对机械波进行推导。为简单起见,只讨论波源和观察者在二者的连接线上运动的情形。

如图 3.11.1 所示,设声源 S、观察者 L 分别以速度 v_S、v_L 在静止介质中沿同一直线同向运动,声源发出的声波在介质中的传播速度为 v,且 $v_S < v$,$v_L < v$。当声源和接收器都不动时,声源发出频率为 f_0、波长为 λ_0 的声波,在时间 t 内声波传播的距离为 vt,这段距离分布的波数(完全波的个数)为

$$n = \frac{vt}{\lambda_0} \tag{3.11.1}$$

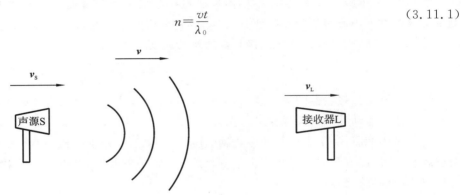

图 3.11.1　多普勒效应示意图

当声源以速度 v_S 运动时,声波相对于声源的速度为 $v - v_S$。在 t 时间内,声源发出的这 n 个完全波将分布在距离 $(v - v_S)t$ 内。若接收器相对于地面静止,则接收到的声波的波长为

$$\lambda = \frac{(v - v_S)t}{n} = \frac{v - v_S}{v}\lambda_0 \tag{3.11.2}$$

若接收器同时以速度 v_L 同向运动,则接收器相对于声波的速度为 $v - v_L$。在 t 时间内,接收器可以接收到 n' 个波长为 λ 的完全波,且这 n' 个完全波将分布在距离 $(v - v_L)t$ 内,接收器接收到的声波的波数为

$$n' = \frac{(v - v_L)t}{\lambda} = \frac{(v - v_L)t}{v - v_S} \cdot \frac{v}{\lambda_0} \tag{3.11.3}$$

此时接收器接收到的声波的频率为

$$f = \frac{n'}{t} = \frac{(v - v_L)v}{(v - v_S)\lambda_0} = \frac{v - v_L}{v - v_S}f_0 \tag{3.11.4}$$

式(3.11.4)中,当接收器远离声源时,v_L 为正值,反之为负值;当声源靠近接收器时,v_S 为正值,反之为负值。

在本实验中,声源保持不动,即 v_S 为零,因此接收器在远离或靠近声源时,接收到的声源的频率为

$$f = \frac{v \mp v_L}{v} f_0 = \left(1 \mp \frac{v_L}{v}\right) f_0 \tag{3.11.5}$$

若声源发射的声波的频率 f_0 保持不变,则根据上式可以得到

$$\left| \frac{f - f_0}{f_0} \right| = \frac{|\Delta f|}{f_0} = \frac{v_L}{v} \tag{3.11.6}$$

式(3.11.6)中,$|\Delta f|$ 为接收器接收到的声波的频率与波源发射的声波的频率之差的绝对值,由此可以计算得到声速:

$$u = \frac{f_0}{k} \tag{3.11.7}$$

式(3.11.7)中,$k = |\Delta f| / v_L$。因此,在已知接收器的运动速度 v_L 和声源的发射频率 f_0 的情况下,可以通过测量接收器接收到的声波的频率,并计算频率差 $|\Delta f|$,来测量空气中的声速 u。

实验中,为了减小系统误差,不仅需要测量接收器远离声源时的频率改变量 $\Delta f_{远}$,还需要测量接收器靠近声源时的频率改变量 $\Delta f_{近}$,综合分析两种情况,以其平均值为测量值。

若已知声速,则可以计算得到接收端的运动速度 v_L:

$$v_L = v \frac{|\Delta f|}{f_0} \tag{3.11.8}$$

通过计算得出接收器的运动速度以及测量的时刻,可以画出接收器的 $v\text{-}t$ 图,进而可以进一步对物体的运动状态以及规律进行探究。

实验采用如图 3.11.2 所示的多普勒效应综合实验仪,用电动机匀速转动螺旋转杆,使小车匀速运动,通过接收端的超声接收头测量收到的超声波的频率,并将其与发射频率相对比,运用式(3.11.7)计算得到声速的大小。

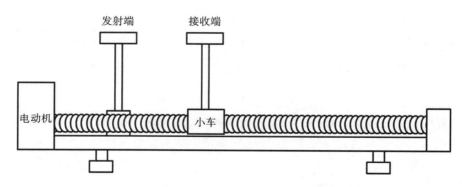

图 3.11.2　多普勒效应综合实验仪结构示意图

【实验仪器】

多普勒效应综合实验仪。

【实验步骤】

1. 实验准备

将实验导轨放置于水平平面上,通过目测手动调整超声波接收头方向,使其始终对着滑轨一端的超声波发射头方向,并调节超声波发射头的高度,使两者处于同一高度。

放置好实验主机、信号处理单元后,接通实验主机及信号处理单元的电源,连接实验主机、信号处理单元及导轨平台上的所有电缆。

2. 手动调整

打开实验主机电源,液晶屏会显示出菜单,从上到下依次为手动调整、匀速运动、加速运动、频率查询四项功能,如图 3.11.3 所示,通过上下键可以选择四项功能中的一项。

手动调整	速度	1
匀速运动	停止	
加速运动	停止	
频率查询	27	51086

图 3.11.3　实验主机液晶屏

按上下键直到反显"手动调整",按左右键可将小车调整到导轨最左侧限位位置处。

注意:导轨左右两端的限位位置是匀速运动和加速运动实验的初始位置,若不在这两个位置处,小车不会启动。

3. 匀速运动

按确定键反显"速度",此时可按上下键调整小车的三级运动速度,由此确定小车作匀速运动的速度。此时也可按左右键驱动小车,以观察实际运动效果或自行测量运动速度。

为了保证实验效果最好,将速度选择为 3 挡(此挡位小车的设定运动速度为 2.5 cm/s),再按确定键退出速度调整,直到反显"手动调整",此时通过上下键可以选择其他项目。

上下键调整到反显"匀速运动",按确定键后,小车将以匀速运动运行到右端的限位位置处停下。小车停止运动后,按上下键至反显"频率查询",此时按左右键可以查询运动过程中的频率信息。发射端发射频率为 40 kHz,一般情况下 40 kHz±10 Hz 内的频率为有效数据。记录 8 组有效数据,分别计算相应的 $\Delta f_{远}$,代入式(3.11.8)中,计算得到对应的声速值 $v_{i远}$。

4. 反向测量

按上下键,调整到反显"匀速运动",按确定键后小车将反向运行回左端的限位位置处停下。同样通过频率查询,记录 8 组有效数据的 $\Delta f_{近}$,计算得到对应的声速值 $v_{i近}$。

5. 数据计算

求得声速的平均值 $\bar{v}$,即为此温度下的声速测量值。测量此时的室温 t,代入理想气体中的声速公式:

$$u_t = u_0 \sqrt{1 + \frac{t}{T_0}} \tag{3.11.9}$$

式(3.11.9)中,$u_0 = 331.45$ m/s,$T_0 = 237.15$ K,计算此温度下的理论声速值以及声速测

量的相对误差。

6.数据处理

将测量、计算所得数据填入表 3.11.1 中,采用作图法画图并计算各测量点的斜率,由此计算得到声速的测量值和小车的加速度。

表 3.11.1　多普勒效应实验数据表格

$f_0 = 40$ kHz;$t=$____K

	测量数据									$\overline{v_{i远}}/(\text{m/s})$	$\overline{v_{i近}}/(\text{m/s})$
	次数	1	2	3	4	5	6	7	8		
匀速运动	f_0/Hz										
	$\Delta f_远/\text{Hz}$										
	$v_{i远}/(\text{m/s})$									声速测量值 $\overline{v}/(\text{m/s})$	相对误差
	$\Delta f_近/\text{Hz}$										
	$v_{i近}/(\text{m/s})$										

【实验思考】

(1)什么是蓝移和红移?

(2)如何利用多普勒效应测量两个移动物体之间的距离?

【注意事项】

(1)小车只能在左右限位位置处才能启动,实验前需调整小车至限位位置处才能进行实验。

(2)严禁通过扭动螺旋转杆或者手推小车来调整小车的位置,否则可能造成电动机损坏,只能使用实验主机调整小车的位置。

【拓展应用】

多普勒雷达的发明

多普勒效应典型的应用便是多普勒雷达,在民用方面常见的应用有测速仪、彩超机、气象雷达等。在军事领域,常见的脉冲多普勒雷达可用于机载预警、导航、低空警戒、火控瞄准、战场侦察、导弹指引、卫星跟踪定位等方面。

例如,在马航 MH370 失联事件中,参与失联航班调查的国际海事卫星组织副总裁麦克洛克林曾解释,他们是运用多普勒效应理论分析了 MH370 最后的信号,并结合其他参考因素,在大量数据分析的基础上才给出了 MH370 在印度洋南部终结的结论。

在医学方面,机械波的多普勒效应也可以用于医学的诊断,即彩超。此法应用多普勒效应原理,当波源与接收体(即探头和反射体)之间有相对运动时,回波的波长有所改变,通过测量波长的变化并应用多普勒效应分析,便可以得到测量的结果。

【人物传记】

多普勒·克里斯蒂安·安德烈亚斯(1803—1853),是奥地利物理学家、数学家和天文学家,于 1803 年 11 月 29 日出生于奥地利的萨尔茨堡。1822 年,他开始在维也纳工学院学习,并在数学方面显示出超常的水平。1825 年,他以各科优异的成绩毕业后前往维也纳大学学习高等数学、力学和天文学。1829 年,多普勒完成了学业。毕业后,他做过教学助理、工厂会计员、中学老师和布拉格理工学院的兼职讲师。直到 1841 年,他才正式成为布拉格理工学院的数学教授。多普勒是一位严谨的老师,甚至曾经因被学生投诉考试过于严厉而被学校调查。

多普勒从未放弃对科研的探索,1842 年他就因提出多普勒效应而闻名于世。1850 年,他被委任为维也纳大学物理学院的第一任院长。繁重的教务和沉重的压力使多普勒的健康每况愈下。1853 年 3 月 17 日,多普勒去世。

3.12　弗兰克-赫兹实验

1911 年,卢瑟福首次提出原子核式模型。为了解决这一模型与经典电磁理论的矛盾,玻尔于 1913 年提出著名的玻尔氢原子模型。他用普朗克的能量子来描述原子能级的概念。1914 年,德国科学家弗兰克和赫兹在用低速电子轰击汞蒸气的实验中发现透过汞蒸气的电子流随电子能量的增加出现周期性变化,能量间隔是 4.9 eV,于是他们提出了原子"临界电势"的概念,从实验上证明了原子能级的存在,为玻尔原子理论提供了直接的实验证据。弗兰克和赫兹也因此荣获 1925 年诺贝尔物理学奖。直到今天,弗兰克-赫兹实验仍是研究原子结构的重要手段之一。根据这一实验设计思想,本实验通过测量氩原子的第一激发电势,帮助学员建立原子内部能量量子化的概念。

【预习思考】

(1)本实验揭示了什么物理现象?
(2)假如原子内部的能量是连续的,试推测本实验结果的曲线形状。

【实验目的】

(1)能够测定氩(Ar)原子的第一激发电势,证明原子能级的存在;
(2)理解灯丝电压、拒斥电压等因素对 F-H 实验曲线的影响;
(3)了解实时测控系统的原理和使用方法。

【实验内容】

利用低速电子与氩原子在弗兰克-赫兹实验管内的碰撞,研究玻尔原子理论即原子内部能量量子化特性,并测出氩原子的第一激发电势。

【实验原理】

玻尔原子理论的两个基本假设如下。
(1)原子只能较长久地停留在一些稳定状态,这些稳定状态简称定态,且每一个定态对应一定的能量值;当原子处于定态时,既不向外辐射能量,也不吸收能量,各定态的能量是彼此分隔的。
(2)原子从一个定态跃迁到另一个定态而吸收或辐射能量时,吸收或辐射的频率 ν 满足下式：

$$h\nu = E_m - E_n \tag{3.12.1}$$

式中，h 为普朗克常量，E_m 和 E_n 代表相关定态的能量。

改变原子状态的方式有两种：一是原子本身吸收或发射电磁辐射，此时原子的能量变化遵循式(3.12.1)；二是通过与其他粒子发生碰撞交换能量，本实验就是利用一定能量的电子与氩原子发生碰撞，实现氩原子从基态（最低能量的状态）向激发态的跃迁。我们可以通过改变加速电压来调节电子的动能。电子与原子的碰撞原理如下：

$$\frac{1}{2}m_e\nu^2 + \frac{1}{2}m\nu_m^2 = \frac{1}{2}m_e\nu'^2 + \frac{1}{2}m\nu_m'^2 + \Delta E \tag{3.12.2}$$

式中，m_e 和 m 分别表示电子和原子的质量，ν 和 ν' 分别是电子碰撞前后的速度，ν_m 和 ν_m' 分别表示原子碰撞前后的速度，ΔE 为内能项。

因为电子的质量远小于原子的质量，所以在一定条件下电子的动能可以转化为原子的内能。原子的内能是不连续的，若假设原子基态能量为 E_0，第一激发态能量为 E_1，则当 $\frac{1}{2}m_e\nu^2 < E_1 - E_0$ 时，电子与原子发生弹性碰撞，此时原子的内能不变，即 $\Delta E = 0$；当 $\frac{1}{2}m_e\nu^2 \geq E_1 - E_0$ 时，它们发生非弹性碰撞，此时电子的动能可以转化为原子的内能，即 $\Delta E = E_1 - E_0$。

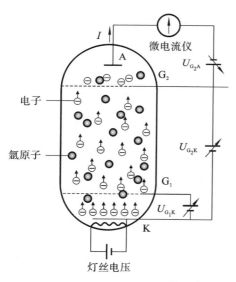

图 3.12.1　弗兰克-赫兹实验原理

弗兰克-赫兹实验原理如图 3.12.1 所示。弗兰克-赫兹管（即 F-H 管）主要包括阴极 K、极板 A、第一栅极 G_1 和第二栅极 G_2。在充满氩气的弗兰克-赫兹管中，电子由阴极 K 发出。在 K—G_1—G_2 之间加正向电压，为电子提供能量。U_{G_1K}（第一栅极电压）的作用主要是消除空间电荷对阴极 K 发射电子的影响，提高发射效率。在 G_2—A 之间加反向电压，形成拒斥电场。电子从阴极 K 发出，在 KG_2 区间获得能量，在 G_2A 区间损失能量。如果电子进入 G_2A 区间时动能大于或等于 eU_{G_2A}，就能到达极板 A 形成极板电流 I_A，并由微电流仪测出。

由于弗兰克-赫兹管中充满氩气，因此电子在运动过程中会与氩原子发生碰撞，且在不同区间的具体情况如下。

(1)KG_1 区间：电子从电场中获得能量，速度增加。

(2)G_1G_2 区间：电子继续从电场中获得能量并不断与氩原子碰撞。当电子的能量小于氩原子第一激发态与基态的能级差 $eU_1 = E_1 - E_0$（U_1 是氩原子第一激发电势）时，发生弹性碰撞，氩原子基本不吸收电子的能量。当电子的能量达到 eU_1 时，电子可能会与氩原子发生非弹性碰撞，此时氩原子会吸收这部分能量，从基态跃迁到第一激发态。eU_1 称为临界能量。

(3)G_2A 区间：拒斥电场会阻碍电子的运动。如果电子进入此区间时的能量小于 eU_{G_2A}，电子就不能达到极板 A。若这样的电子很多，微电流仪中的电流就会显著地降低。实验时，把

K—G_2 间的电压逐渐增加,观察微电流仪中的电流。这样就得到极板电流 I_A 随 K—G_2 间加速电压变化的情况,也就是氩原子在 K—G_2 间与电子进行能量交换的情况,如图 3.12.2 所示。

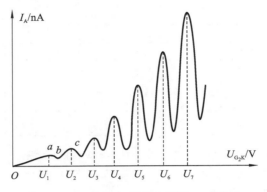

图 3.12.2　弗兰克-赫兹实验 U_{G_2K}-I 曲线

当电子的能量较低时,它与氩原子的碰撞是弹性的,不能影响氩原子的内能。当 K—G_2 间的电压 U_{G_2K} 逐渐增加时,电子在 KG_2 区间因被加速而获得越来越多的能量。它就可以穿过第二栅极 G_2 到达极板 A,且形成的极板电流 I_A 将随 U_{G_2K} 的增加而增大,如图 3.12.2 中的 Oa 段所示。当 K—G_2 间的加速电压达到氩原子的第一激发电势 U_1 时,电子在第二栅极 G_2 附近与氩原子发生非弹性碰撞,将能量 eU_1 传递给氩原子,使它从基态被激发到第一激发态。损失了大部分能量的电子将不能克服拒斥电场的作用而到达极板 A,极板电流 I_A 开始第一次下降,如图 3.12.2 中的 ab 段所示。随着加速电压 U_{G_2K} 的增加,电子获得的动能亦有所增加。这时电子与氩原子发生非弹性碰撞的区间向阴极 K 运动。碰撞后的电子在趋向第二栅极 G_2 的过程中还可以获得动能,从而克服拒斥电场的作用,最终成功到达极板 A,因此极板电流 I_A 又开始回升,如图 3.12.2 中的 bc 段所示。当 K—G_2 间加速电压的增加使经历过非弹性碰撞的电子的能量又一次达到 eU_1 时,电子将再一次通过碰撞将能量 eU_1 传递给氩原子,导致极板电流 I_A 再一次下降。以此类推,但凡 $U_{G_2K}=nU_g(n=1,2,3,\cdots)$,$I_A$ 都会相应下降,于是形成等间隔的多峰伏安特性曲线。曲线上相邻两峰(或谷)U_{G_2K} 的差值,即为氩原子的第一激发电势 U_g(公认值 $U_g=11.5$ V)。伏安特性曲线中的极大、极小值说明了氩原子只能吸收特定能量而不是任意能量,这就证明了氩原子的能级是量子化的。

【实验仪器】

FH-1 型弗兰克-赫兹实验仪、示波器。

FH-1 型弗兰克-赫兹实验仪面板示意图如图 3.12.3 所示。

关于 FH-1 型弗兰克-赫兹实验仪的使用,做以下几点说明。

(1)实际极板电流 I_A 是电流指示值与电流倍乘的乘积。

(2)在自动工作方式下,第二栅极电压 U_{KG_2} 指示(3)指示第二栅极和阴极间的(3)锯齿扫描电压正峰值;在手动工作方式下,第二栅极电压 U_{KG_2} 指示(3)指示第二栅极和阴极间的(4)直流电压。锯齿扫描电压和直流电压是一一对应的,以直流电压为准。

(5)扫描电压调节(4)用于调节锯齿波扫描电压幅度。

(6)电压选择(8)用于选择指示 U_{G_1K} 或 U_{G_2A}。

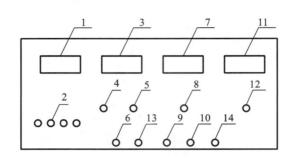

图 3.12.3　弗兰克-赫兹实验仪面板示意图

1—极板电流指示;2—电流倍乘;3—第二栅极电压 U_{KG_2} 指示;4—扫描电压调节;

5—直流电压调节;6—自动或手动方式调节;7—第一栅极电压 U_{G_1K} 或拒斥电压 U_{G_2A} 指示;

8—电压选择;9,10,12—电压调节;11—灯丝电压指示;13—Y 输出;14—X 输出;

(7)电压调节(9)用于 U_{G_1K} 的调节。

(8)电压调节(10)用于 U_{G_2A} 的调节。

(9)电压调节(12)用于灯丝电压的调节。

【实验步骤】

(1)准备工作。

①连接弗兰克-赫兹实验仪电源线。把第一阳极电压、第二阳极电压、拒斥电压、灯丝电压调到最小。

②将"电流倍乘"置于 $\times 10^{-7}$ 挡,调节"自动/手动"开关到"手动"挡位。

③打开实验仪电源。调节第一阳极电压为 1.5 V、第二阳极电压为 10.5 V、拒斥电压为 7.5 V,灯丝电压为仪器最佳电压(实验仪上有标记),预热 20 min。

(2)手动测量。

①顺时针调节扫描电压旋钮到底,将加速电压增加到最大,观察弗兰克-赫兹实验仪上板极电流的显示是否超出量程,选择合适量程。

②从 10.5 V 开始缓慢调高加速电压,每隔 0.5 V 记录一次极板电流 I_A,直到加速电压达到 80 V,找出其中 I_A 达到极大值和极小值时对应的加速电压 U_{G_2K} 和极板电流 I_A,并在坐标纸上画出 I_A-U_{G_2K} 曲线。

③改变灯丝电压或拒斥电压,测量极板电流 I_A 和加速电压 U_{G_2K} 之间的谱峰曲线,研究灯丝电压和拒斥电压对谱峰曲线的影响。

(3)自动测量。

①调节"自动/手动"开关到"自动"挡位,调节"快扫/慢扫"开关至"快扫"挡位。

②打开示波器电源,调节示波器"x""y"电压旋钮至 1 V 挡位,将仪器的 X 输出和 Y 输出分别与示波器的"CH1 输入(X)"和"CH2 输入(Y)"相连。

③顺时针调节加速电压 U_{G_2K},在示波器即可观察到谱峰曲线。观察 5～6 个峰即可。

【数据处理】

按表 3.12.1 记录数据,亦可自拟数据表格。在坐标纸上描绘出手动测试的 I_A-U_{G_2K} 曲线,求出该曲线上各峰(或谷)所对应的电压值 $U_1,U_2,\cdots,U_{n+1}$,并用逐差法计算出氩的第一激发电势的平均值,最后将实验值与理论值 $U_g = 11.5$ V 进行比较,计算出相对误差。

$$E = \frac{|\overline{\Delta U_{G_2K}} - U_g|}{U_g} \times 100\% \tag{3.12.3}$$

表 3.12.1　I_A-U_{G_2K} 数据关系

U_{G_2K}/V									
I_A/A									

【实验思考】

(1)当拒斥电压增大时,I_A 如何变化?

(2)灯丝电压对谱峰曲线有何影响?

(3)为什么 I_A-U_{G_2K} 曲线不从原点开始?

(4)举出导致实验误差产生的诸多因素。

【注意事项】

(1)仪器检查无误后才能接通电源。

(2)在设定各电压的值时,必须在给定的量程范围内设定,如果超出量程,可能会损坏仪器。

(3)由于弗兰克-赫兹管具有特定的离散性,不同的弗兰克-赫兹管在相同条件下会有不同的极板电流,因此要根据观察到的波形适当调节灯丝电压,绝对不允许因灯丝电压过大而使弗兰克-赫兹管击穿(即谱峰不消顶),一旦发现消顶或极板电流突然快速增大,须迅速减小灯丝电压。

【拓展应用】

弗兰克和赫兹最开始是研究气体放电的,然而该实验蕴含着自然界中最根本的规律。这一结果不仅证实了原子能级的存在,为玻尔原子理论提供了直接的实验证据,大大加深了人们对原子的认识;还间接地验证了爱因斯坦的光量子假设和普朗克常量的存在。由此可见,事物之间总是相互联系的,对一个事物进行研究的过程中,也可能会发现其他事物。例如:迈克耳孙-莫雷实验的初衷是寻找以太,结果却否定了以太的存在,成了狭义相对论的实验证据;普朗克研究黑体辐射现象的初衷是凑出符合热辐射实验曲线的公式,却得到了普朗克常量 h 这个微观世界中重要的常量。

【人物传记】

弗兰克-赫
兹实验

詹姆斯·弗兰克(1882－1964)，是德国著名的物理学家(后加入美国国籍)。弗兰克从事科学活动超过60年，涉及众多领域，不仅参与了原子物理和量子论的奠基与发展，还在化学与生物领域颇有建树。弗兰克对自然科学最大的贡献是他早期与赫兹共同完成的弗兰克-赫兹实验。他发现电子与惰性气体原子之间的碰撞主要是弹性碰撞，并不损失动能。这项工作导致了非弹性碰撞中电子与原子间能量量子化转移的发现。弗兰克-赫兹实验的结果表明：低能电子在与汞原子碰撞时，电子严格地损失4.9 eV的能量，也就是说，汞原子只能接收特定的能量(4.9 eV)。这一实验结果有力地证明了汞原子具有玻尔所设想的那种"完全确定的、互相分立的能量状态"，为玻尔原子理论提供了直接的实验证据。

3.13 声速测量

声波是一种在弹性介质中传播的机械波。频率低于20 Hz的声波称为次声波；频率在20～20 000 Hz范围内的声波称为可闻声波；频率超过20 000 Hz的声波称为超声波。声波在固体、液体和气体等不同介质中传播的速度是不同的，因此可通过声速的测量了解介质的性质或状态。超声波具有无噪声、波长短、穿透本领强、易于定向发射等优点，常用作声速测量中的波源。它在测距、定位、无损探伤、测液体流速和测气体温度瞬间变化情况等方面具有显著的优势。本实验通过测量超声波在介质中的传播速度，帮助学员理解压电传感器声电转换的方法，熟悉示波器和信号发生器的使用，加深对振动和波动的理解。

【预习思考】

(1)本实验介绍的几种声速测量方法的基本原理分别是什么？声速测量中的共振干涉法和李萨如图形法有何异同？

(2)如何调节和判断压电陶瓷是否处于共振状态？

(3)两列波在空间相遇时产生驻波的条件是什么？如果发射器和接收器的端面不平行，结果会怎样？

(4)李萨如图形法中作一个周期变化和共振干涉法中作一个周期变化，接收器的移动距离是否相同？

【实验目的】

(1)了解声压的概念和声驻波产生的过程；

(2)理解共振干涉法和李萨如图形法测定超声波波长的原理；

(3)掌握测量超声波在空气中的传播速度的方法；

(4)掌握用压电传感器进行电声和声电转换的方法；

(5)能够熟练使用示波器与信号源。

【实验内容】

应用共振干涉法和李萨如图形法两种方法来测定超声波在空气中的传播速度。

【实验原理】

1.声波在空气中的传播速度

声速取决于介质的密度、弹性模量等性质。一般而言,液体和固体中的声速大于气体中的声速。声速还和介质的压强、温度等状态有关。在温度为 t 的理想气体中,声速为

$$u_t = \sqrt{\frac{\gamma R T_0}{M}} \sqrt{1 + \frac{t}{T_0}} = u_0 \sqrt{1 + \frac{t}{T_0}} \tag{3.13.1}$$

式中:$\gamma = c_p / c_V$,是空气比热容比;R 是摩尔气体常数;M 是气体的摩尔质量;$T_0 = 273.15$ K;在标准状态下,声速为 $u_0 = \sqrt{\frac{\gamma R T_0}{M}} = 331.45$ m/s。

由式(3.13.1)可知,温度是影响空气中声速的主要因素。此式可作为空气中声速的理论计算公式,其中室温 t 可直接从干湿球温度计上读取。

2.超声波的发射、接收与压电传感器

由于超声波具有无噪声、波长短、穿透本领强、易于定向发射等优点,利用超声波可以在较短距离实现对声速的精确测量。通常,可通过压电效应、磁致伸缩效应、静电效应以及电磁效应等产生超声波。本实验采用基于压电效应制成的两个压电传感器来发射和接收超声波。压电传感器的结构如图 3.13.1 所示。它的核心部件是由锆钛酸钡、石英等压电材料做成的压电陶瓷片。它在交变电压的作用下会产生机械振动(即逆压电效应),机械振动被环形增强片增强后,通过喇叭状的辐射头发射,在空气中传播,形成超

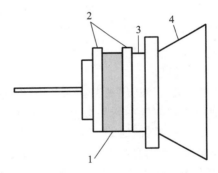

图 3.13.1　压电传感器
1—压电陶瓷片;2—正负电极板;
3—增强片;4—辐射头

声波;再利用压电晶体的压电效应,由另一端的压电传感器接收超声波,即压电陶瓷片在声压的作用下把声波信号转换为交变电信号。压电传感器具有一定的固有频率,当它的固有频率与外加信号的频率一致时就会产生谐振,此时可以获得声能和电能相互转换的最好效果。本实验中,压电陶瓷片的振动频率在 40 kHz 左右,相对应的超声波波长约为几毫米。

3.测量声速的实验原理

测量声速最简单、最有效的一种方法的思路是利用声速 u、振动频率 f 和波长 λ 之间的基本关系,即

$$u = f \cdot \lambda \tag{3.13.2}$$

只要测出声波的频率 f 和波长 λ,就可算出声波的波速 u。其中,f 由信号发生器输出,可从仪器上直接读取。因此,本实验的主要任务就是测量声波的波长。波长 λ 可用共振干涉法(也称

驻波法)和李萨如图形法(也称相位比较法或行波法)进行测量。

(1)共振干涉法测量波长。

如图 3.13.2 所示,将两个压电传感器分别用作超声波发射(换能)器 S1 和超声波接收(换能)器 S2,并使两压电传感器的端面严格平行。发射器 S1 与专用信号发生器发射端换能器相连,发出近似于平面超声波并在介质中传播。接收器 S2 将接收到的声压信号通过专用信号发生器接收端的换能器转换成交变正弦电压信号后,通过专用信号发生器接收端的波形端口输入到示波器供观察。接收器在接收超声波的同时还反射一部分超声波,超声波将在两压电传感器端面间来回反射并且叠加。根据简正模式,当发射器与接收器的距离为半波长的整数倍时,反射波与发射波发生干涉,形成稳定的驻波。

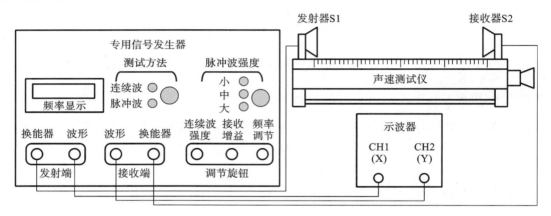

图 3.13.2　共振干涉法接线图

声波是纵波,纵波又称为疏密波,即沿着传播方向各点附近介质的密度将发生周期性变化,因而声波在空气中传播会引起大气压强发生变化,且超出静态大气压强的那部分压强被称为声压。对于驻波,波腹附近的介质密度变化最小(各点向同一个方向移动),波节附近的介质密度变化最大(两侧对应点向相反方向移动)。因此,在波节处,声压不仅绝对值最大,而且以最大的幅度作周期性变化。当接收器端面近似为波节时,接收到的声压最大,经专用信号发生器接收端的换能转换成的电压信号也最强,即从示波器上观察到的正弦电压信号的振幅最大。当接收器端面移动到某个共振位置时,示波器上出现最强的电压信号。如果继续移动接收器,将再次出现较强的电压信号。这样,两次共振位置之间的距离即为 $\lambda/2$(相邻两波节之间的间距)。值得注意的是:随着接收器和发射器之间距离的增大,声压信号的极大值是逐渐减小的,从示波器上观察到的电压信号各极大值的幅度也是逐渐衰减的。但是声压信号幅值的衰减并不影响波长的测定。因此,只要测得相邻两波节的位置 x_n、x_{n+1},即可得 $\lambda=2\left|x_{n+1}-x_n\right|$。实际测量中,为了提高测量精度,可以连续多次测量并用逐差法处理数据。

(2)用李萨如图形法测量波长。

机械波的传播是振动状态、相位的传播。因此,在同一时刻,发射器发射的超声波与接收器接收到的超声波,相位是不同的,存在相位差。此相位差 $\Delta\varphi$ 与声波的波长 λ、两压电传感器之间的距离 L 的关系为

$$\Delta\varphi=2\pi L/\lambda \tag{3.13.3}$$

由于机械波具有周期性,$\Delta\varphi$ 会随着 L 的改变而连续变化。当 λ 不变、L 改变一个 λ 时,$\Delta\varphi$

相应变化 2π。因此,可以利用示波器合成李萨如图形来观察相位的改变,从而测得波长 λ。

　　如图 3.13.3 所示,将发射端的波形信号和接收端的波形信号分别输入至示波器的 X、Y 通道,合成可以得到李萨如图形。设输入 X 通道的发射波的振动方程为

$$x = A_1 \cos(\omega t + \varphi_1) \tag{3.13.4}$$

输入 Y 通道的接收波的振动方程为

$$y = A_2 \cos(\omega t + \varphi_2) \tag{3.13.5}$$

合成振动方程为

$$\frac{x^2}{A_1^2} + \frac{y^2}{A_2^2} - \frac{2xy}{A_1 A_2} \cos(\varphi_2 - \varphi_1) = \sin^2(\varphi_2 - \varphi_1) \tag{3.13.6}$$

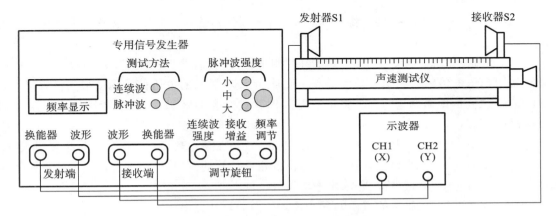

图 3.13.3　李萨如图形法接线图

　　此方程的轨迹为椭圆,椭圆的长短轴和方位由发射波和接收波之间的相位差 $\Delta\varphi = (\varphi_2 - \varphi_1)$ 决定。当连续移动接收器时,$\Delta\varphi$ 发生改变,示波器上的李萨如图形也会随之变化。图 3.13.4 所示是相位差在 $0 \rightarrow 2\pi$ 内变化的李萨如图形。若 $\Delta\varphi = 0$,则李萨如图形为图 3.13.4(a)所示的直线;若 $\Delta\varphi = \pi/2$,则李萨如图形是以坐标轴为主轴的椭圆,如图 3.13.4(b)所示;若 $\Delta\varphi = \pi$,则李萨如图形为图 3.13.4(c)所示的直线,依次类推。如果选择容易辨别的直线作为参考图形,当移动接收器 S2 到示波器上再次出现斜率相同的直线图形时,相位差变化 2π,相应地,接收器 S2 与发射器 S1 之间的距离改变一个波长 λ。实验时,记录接收器 S2 的相对位置(由仪器上的游标卡尺测量),就可以求得波长 λ,从而计算出声速。

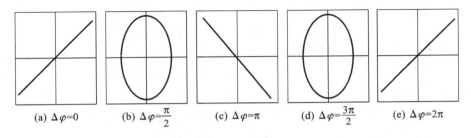

图 3.13.4　李萨如图形

　　(3)时差法测量声速。

　　将脉冲调制正弦信号输入到发射器,使发射器发出脉冲声波,脉冲声波经时间 t 后到达距

离 L 处的接收器。接收器接收到脉冲信号后,能量逐渐积累,振幅逐渐加大。脉冲信号接收完后,接收器作衰减振荡。t 可由仪器自动测量。测出 L(从数显尺上读出,也可由仪器上的游标卡尺读出接收器的位置)后,即可由 $u=L/t$ 计算声速。亦可通过示波器定性观察。

【实验仪器】

超声波测定组合仪、信号发生器、示波器、温度计等。

【实验步骤】

1. 共振干涉法

(1)参考图 3.13.2 连接电路,将 S1 与 S2 靠在一起,调整两者的端面至平行并垂直于移动方向,开机预热 10 min 左右。

(2)调节谐振频率。将专用信号发生器的"测试方法"设置为"连续波",调节输出的正弦信号的频率至与压电传感器的固有频率基本一致时,示波器显示的电压信号幅度最大。移动 S2,使 S1 和 S2 之间的距离约为 5 cm,将示波器工作方式设置为"CH2",调节专用信号发生器的"连续波强度"旋钮,使输出(发射端 S1)的正弦信号幅度(峰峰值)为 10~15 V,仔细调节专用信号发生器的频率,观察示波器的电压信号幅度变化,直到在某一频率点处电压信号幅度最大,此频率即为谐振频率 f_0。移动 S2,再次调节输出的正弦信号的频率,直至示波器显示的正弦信号幅值达到最大值,重复测量多次,并求出平均值。

(3)用温度计记下实验室的室温 t,并利用式(3.13.1)计算出声速的理论值。

(4)共振干涉法测量波长和声速。通过转动距离调节鼓轮移动 S2,观察信号幅值随距离周期变化的现象。选择某个幅值最大值作为测量起点,从游标卡尺上读出并记录下此时的位置 x_1,然后再缓慢朝一个方向移动 S2,逐一记下各振幅极大的位置 $x_2,x_3,\cdots,x_{10}$,共 10 组数据。用逐差法求出声波波长和误差,计算出声速,并与理论值进行比较。

2. 李萨如图形法

(1)按图 3.13.3 接线。将专用信号发生器的"测试方法"设置为"连续波",并将连续波调节至最佳工作频率(与采用共振干涉法时的谐振频率相同)。

(2)将示波器调至信号合成状态,即选择 CH1、CH2 的"X-Y"功能方式,这时示波器上显示出李萨如图形。

(3)用李萨如图形法测量波长和声速。移动 S2,同时观察示波器上李萨如图形的变化。选择图形为某一方向的斜线时的位置作为测量起点,记下此时 S2 的位置 x_1,然后继续沿同一方向移动 S2,依次记下示波器上图形为相同方向斜线时 S2 的位置 $x_2,x_3,\cdots,x_{10}$(相邻位置之间的距离为 λ)。用逐差法处理数据,得出波长、声速,并与理论值进行比较。

3. 用时差法测量声速(此步骤与示波器无关)

(1)按图 3.13.3 接线。为了避免连续波带来的干扰,可以将连续波的频率调离谐振频率。将专用信号发生器的"测试方法"设置为"脉冲波",将 S1、S2 之间的距离调至大于或等于 50 mm(这是因为二者的间距太小或太大时,信号干扰太多)。

(2)调节"接收增益"旋钮,使显示的时间数值读数稳定,此时在示波器上可以看到如图 3.13.5 所示的波形,记录此时 S2 的位置 L_1 和计时器显示的时间值 T_1。

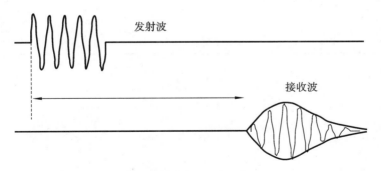

图 3.13.5　发射波和接收波合成的李萨如图形

（3）移动 S2，同时调节示波器的增益，使接收信号幅度始终保持一致。记录此时的距离 L_2 和时间值 T_2。多次测量，用逐差法处理数据，计算声速。

$$u = \frac{L_2 - L_1}{T_2 - T_1} \tag{3.13.7}$$

【数据处理】

本实验所涉及表格如表 3.13.1～表 3.13.4 所示。

表 3.13.1　谐振频率实验数据记录表

次数	1	2	3	4	5	平均值
f_0/kHz						

表 3.13.2　共振干涉法实验数据记录表

次数	1	2	3	4	5	6	7	8	9	10
S2 的位置 x_i/mm										

表 3.13.3　李萨如图形法实验数据记录表

次数	1	2	3	4	5	6	7	8	9	10
S2 的位置 x_i/mm										

表 3.13.4　时差法实验数据记录表

次数	1	2	3	4	5	6
$T_i/\mu s$						
L_i/mm						

（1）分别用逐差法计算波长。

$$\lambda_{共} = \frac{2}{25}\Big[\,|x_{10}-x_5|+|x_9-x_4|+\cdots+|x_6-x_1|\,\Big]$$

$$\lambda_{相} = \frac{1}{25}\Big[\,|x_{10}-x_5|+|x_9-x_4|+\cdots+|x_6-x_1|\,\Big]$$

（2）计算声速 $u = f \cdot \lambda$。

（3）计算超声波在空气中的传播速度的理论值 u_t，求出采用两种测量方法得到的 $\overline{u}$，计算绝对误差 Δ_u 和相对误差 E，并写出完整表达式。

$$\begin{cases} u = \overline{u} \pm \Delta_u \\ E = \dfrac{|u_t - \overline{u}|}{u_t} \times 100\% \end{cases}$$

【实验思考】

（1）本实验为什么要在谐振频率条件下进行声速测量？如何调节和判断测量系统是否处于谐振状态？准确测量谐振频率的目的是什么？

（2）若固定两个压电传感器之间的距离，改变频率，能否测量出声速？为什么？

（3）李萨如图形法为什么选择直线图形作为测量基准？从斜率为正的直线变到斜率为负的直线相位改变了多少？

（4）用逐差法处理数据的优点是什么？

（5）如何测量在其他介质（如液体和固体）中的声速？

【注意事项】

（1）压电晶体是圆环形薄片，在操作过程中，压电传感器（即 S1 与 S2）不能相碰，以免损坏。

（2）使用读数鼓轮时要防止回程误差。测量时，要缓慢、向同一方向转动读数鼓轮，中途不应改变读数鼓轮的转动方向，否则读数鼓轮与其螺杆不同步转动，会造成回程误差。

【拓展应用】

声学测量是人们认识声学本质的一种实验手段，而声速是声学研究中的一个重要的基本参量。它的精确测定不仅有重要的基础研究价值，而且在物质的物理、化学性能（如分子结构、运动状态等多种物理效应）研究中也是一种重要的分析手段。超声波由于具有无噪声、波长短、穿透本领强、易于定向发射等优点，常用作声速测量中的波源。

超声波在测距、定位、测液位、测流量、测气体温度和无损检测等方面具有显著的优势。

声速测量

在研究人体内部组织超声波的物理特性和病变间的某些规律方面,超声波与电子技术、计算机结合已成为不可缺少的诊疗手段,并发展为一门单独的学科,即超声诊断学。

在军事中,应用超声波较强的定向传播和穿透能力等物理特性,还可以制成超声波武器。它能利用高能超声波发生器产生高频声波,引起强大的机械效应和热效应,使人产生视觉模糊、恶心等生理反应,从而使人的战斗力减弱或完全丧失作战能力。

【人物传记】

王新房(1934—2021),出生于河南省洛阳市孟津区平乐镇一个农村家庭,是我国超声心动图学奠基人、国际著名超声医学专家、华中科技大学同济医学院附属协和医院超声医学科创始人,是"双氧水心脏声学造影法"的发明者,是世界胎心超声监测第一人。他在声学造影、经食管超声心动图、三维超声心动图、复杂性先天性心脏病、冠心病等领域均有卓越贡献,曾 3 次获得国家科学技术进步奖,2011 年被国际心血管超声学会襃奖为"现代超声心动图之父"。

王新房的父亲是教书先生,深知读书有用,对他的影响很大。1953 年中国百废待兴,当他的同学纷纷选择热门专业时,他的父亲却让他学医。那一年,他考入武汉中南同济医学院(现名华中科技大学同济医学院)。因成绩优异,他于毕业后留校任教,并将毕生奉献给了医学事业。20 世纪 60 年代,他首先将超声波应用于胎心监测。1963 年,他和同事又研制成功我国第一台达到当时国际先进水平,能和心电图、心音图同步显示的超声心动图仪。1978 年,他将自己作为双氧水心脏声学造影法的第一例人体临床试验者,首创了双氧水心脏声学造影的新方法,并获得国家科学技术进步奖。后来,他又将超声波探测运用于肝脓肿的诊断,使得肝脓肿的诊断率提高到 90% 以上。世界超声医学与生物学联合会、美国超声医学会曾称赞他为"超声医学历史先驱者",国际心血管超声学会更授予他业内最高荣誉——"现代超声心动图之父"的称号。

3.14　电涡流传感器

电涡流传感器能静态和动态地非接触、高线性度、高分辨力地测量被测金属导体距探头端面的距离。它是一种非接触线性化计量工具。电涡流传感器能准确测量被测体(必须是金属导体)与探头端面之间静态和动态的相对位移变化。电涡流传感器的原理是:通过电涡流效应的原理,准确测量被测体(必须是金属导体)与探头端面的相对位置。它具有长期工作可靠性好、灵敏度高、抗干扰能力强、非接触测量、响应速度快、不受油水等介质的影响等特点,常被用于对大型旋转机械的轴位移、轴振动、轴转速等参数进行长期实时监测,以便分析出设备的工作状况和故障原因,有效地对设备进行保护及预维修。

【预习思考】

电涡流效应的原理是什么?

【实验目的】

(1)了解电涡流传感器测量位移的工作原理;
(2)掌握电涡流传感器的静态标定法;

（3）了解电涡流传感器在军事中的应用。

【实验内容】

利用基于电涡流效应制作的电涡流传感器,测量微小的位移量,熟悉电涡流传感器的使用,并掌握其工作原理。

【实验原理】

1. 电涡流效应

如图 3.14.1 所示,在一个金属导体上方放置一个通入交变电流 I_1 的线圈(一般称为涡流线圈),涡流线圈周围便会出现交变磁场 $\boldsymbol{H}_1$,根据法拉第电磁感应定律,金属导体中将产生与 i_1 方向相反的感生电场。感生电场是有旋的涡流场,在它的作用下,金属导体内也会产生涡旋的电流 I_2(称为电涡流)。同样,根据法拉第电磁感应定律,电涡流也将在金属导体附近产生交变磁场 $\boldsymbol{H}_2$。依据楞次定律,交变磁场 $\boldsymbol{H}_2$ 的方向与涡流线圈的磁场方向相反。这种反向的磁场,又将反过来影响涡流线圈的电感、阻抗和品质因数等参量,这一现象便被称为涡流效应。

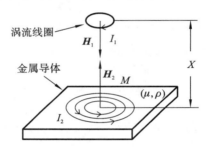

图 3.14.1　电涡流传感器工作原理

实验证明,当出现涡流效应时,涡流线圈的各种参量的变化大小与金属导体的电阻率、磁导率、几何形状、激励电流以及涡流线圈与金属导体间的距离等有关。若控制金属导体自身性质不变,只让涡流线圈与金属导体间的距离产生变化,便可以通过测量涡流线圈的参量变化来反馈距离的变化。这就是电涡流传感器测量距离的基本思路。

2. 电涡流传感器的工作原理

根据电涡流传感器的原理,涡流效应可以用如图 3.14.2 所示的电路来表示。图中,R_1 和 L_1 分别为涡流线圈的等效电阻和等效电感,R_2 和 L_2 分别为金属导体的等效电阻和等效电感,I_1 和 I_2 分别为此刻涡流线圈和金属导体内的电流,U 为激励电压,M 为金属导体与涡流线圈间的互感系数。设 $I_1 = e^{j\omega t}$,$I_2 = e^{j\omega t}$。

根据基尔霍夫定律,可以写出涡流线圈通入交变电流后的方程:

$$R_1 I_1 + j\omega L_1 I_1 - j\omega M I_2 = U \tag{3.14.1}$$

$$R_2 I_2 + j\omega L_2 I_2 - j\omega M I_1 = 0 \tag{3.14.2}$$

可以解得此时涡流线圈中的电流 I_1 为

$$I_1 = \frac{U}{\left(R_1 + \dfrac{\omega^2 M^2 R_2}{R_2^2 + \omega^2 L_2^2}\right) + j\omega\left(L_1 - \dfrac{\omega^2 M^2 L_2}{R_2^2 + \omega^2 L_2^2}\right)} \tag{3.14.3}$$

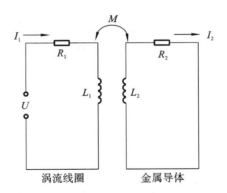

图 3.14.2　涡流效应的简单等效电路

式(3.14.3)中,分母部分是涡流线圈受金属导体感生磁场 $\boldsymbol{H}_2$ 影响后产生的阻抗 Z_1。根据基尔霍夫定律,Z_1 还可以表示为

$$Z_1 = \frac{U}{I_1} = R + j\omega L \qquad (3.14.4)$$

式中,R 和 L 分别为涡流线圈在受到金属导体感生磁场影响后的等效电阻与等效电感。

对比式(3.14.3)和式(3.14.4),R 和 L 分别为

$$R = R_1 + \frac{\omega^2 M^2 R_2}{R_2^2 + \omega^2 L_2^2} \qquad (3.14.5)$$

$$L = L_1 - \frac{\omega^2 M^2 L_2}{R_2^2 + \omega^2 L_2^2} \qquad (3.14.6)$$

由式(3.14.5)和式(3.14.6)可计算出有涡流效应时,涡流线圈的品质因数 Q 为

$$Q = \frac{\omega L}{R} \qquad (3.14.7)$$

无涡流效应时,涡流线圈的品质因数 Q_1 为

$$Q_1 = \frac{\omega L_1}{R_1} \qquad (3.14.8)$$

由式(3.14.5)、式(3.14.6)和式(3.14.7)可知,R、L、Q 均为 M 的函数。由于互感系数 M 取决于涡流线圈与金属导体间的距离,二者间的距离越近,互感系数 M 越大,涡流效应引起 R 和 L 的变化也越大,表现为涡流线圈损耗的功率增大,涡流线圈的 Q 值降低。因此,电涡流传感器就是将涡流线圈与被测金属导体间的距离转换为涡流线圈的品质因数 Q、等效电阻 R 及等效电感 L 三个参量。若将等效电阻 R 的变化经涡流变换器变换成电压信号 U 并输出至电压表,则输出电压 U 与距离 x 应呈正比关系。

当涡流线圈与被测金属导体间的距离为零时,涡流效应最强,涡流线圈的等效电阻 R 最大,输出的电压信号应该为零。为方便测量,可标定此位置为零点位置。这种标定一个静止的零点位置的方法一般称为静态标定法。

3.电涡流传感器的灵敏度

为了更好地描述电涡流传感器的测量能力,我们定义了灵敏度 S_n。将涡流线圈与金属导体间的距离 x 改变一小量 Δx,引起数字电压表电压变化 ΔU,这时传感器的灵敏度定义为

$$S_n = \frac{\Delta U}{\Delta x} \qquad (3.14.9)$$

本实验要求学员自己测量传感器的灵敏度,主要目的是通过实验让学员体会灵敏度与测量距离之间的关系,了解如何根据测量距离选择传感器。

【实验仪器】

传感器综合实验仪、示波器。

【实验步骤】

1. 安装传感器

将封装成探头的电涡流传感器固定在调节支架上,将待测金属片固定在振动平台上。调节传感器与振动平台的位置,使传感器探头正对待测金属片中心,确保传感器中轴线与待测金属片中轴线在同一竖直线上。

2. 连接电路

根据图 3.14.3 所示原理图连接电路,将传感器线圈接入涡流变换器输入端,将涡流变换器输出端接入差动放大器,放大信号后接入电压表输出。电压表挡位选择 20 V 挡位。

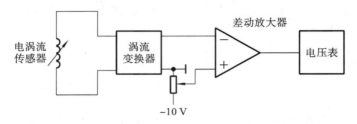

图 3.14.3　接线原理图

3. 标定零点

开启主机电源,用调节支架上的螺旋测微器调整待测金属片的位置。当传感器探头与待测金属片紧贴时,输出电压应为零。若输出电压不为零,则可能中心轴没对准,可以适当调节传感器线圈的角度。若多次尝试后输出电压依然不为零,调整至输出电压最小,并记下此时输出电压的偏移量。

记录此时螺旋测微器读数,此为零点位置。

4. 测量数据

调节螺旋测微,缓缓增大待测金属片与传感器探头间的距离,此时电压表读数将逐渐增大。利用螺旋测微器测量待测金属片与传感器探头间的距离 x,每间隔 0.5 mm 记录一次电压表读数 U。将测量得到的数据记录至表 3.14.1 中。

5. 观察信号

在间距 $x>1$ mm 时,将示波器连接至涡流变换器的输出端,观察传感器输出的电流信号频率,并记录随着传感器探头与待测金属片之间距离的变化,输出信号幅度发生变化的情况。

【数据处理】

根据记录的实验数据,进行数据处理。

表 3.14.1　电涡流传感器静态标定法实验数据表格

x/mm	0	0.5	1.0	1.5	2.0	2.5	...	10.0
U/V								

根据表中数据,画出 U-x 曲线,根据曲线找出线性区域,并根据式(3.14.9)计算量程分别为 1 mm、3 mm 及 5 mm 时传感器的灵敏度 S_n。

【实验思考】

(1)电涡流传感器的原理是什么?

(2)如何运用电涡流传感器测量距离?

(3)电涡流传感器的量程与哪些因素有关? 要求量程为 ± 3 mm 时,应如何设计传感器电路?

【注意事项】

当涡流变换器接入处于工作状态的电涡流传感器时,接入示波器会影响涡流线圈的阻抗,使涡流变换器的输出电压减小,或使电涡流传感器在距离待测金属导体很近时输出信号振幅为零。因此,观察电涡流传感器输出信号时,需在距离 $x>1$ mm 的情况下进行。

【拓展应用】

传感器发展历程

电涡流传感器由于可以把距离变化转换为电信号,因此常用作位移、振幅、厚度等参量的测量传感器。它在军事上可用于各类装备所使用的发动机、压缩机、离心泵等重要的旋转机械的轴向振动、位移、转速以及零件尺寸等重要数据的及时测量和反馈。也可以利用电阻率与温度间的关系,将温度的变化转换成电信号,做成表面温度、电介质的浓度等传感器,运用于战机飞行时的蒙皮测温、风洞测试中的温度探测,以及各类相关电子器件中的电解质浓度测量等。同时,由于电涡流传感器能够实现非接触测量,而且还具有测量范围大、灵敏度高、抗干扰能力强、不受油污等介质的影响、结构简单及安装方便等优点,电涡流传感器非常适用于复杂多变的战场条件。

【人物传记】

傅科(1819—1868),是法国物理学家。他于 1853 年获物理学博士学位,并被任为巴黎天文台物理学教授;于 1864 年当选为英国皇家学会会员,以及柏林科学院、圣彼得堡科学院院士;于 1868 年被选为巴黎科学院院士,同年卒于巴黎。傅科最初学医,后转向实验物理。他一生对物理学有多方面的重要贡献,尤其是在力学、光学、电学方面,贡献更为突出。他最出色的工作便是光速的测定、傅科摆实验以及提出涡电流理论。1851 年,他在 67 m 长钢丝下面挂一个重 28 kg 的铁球,组成一个单摆,利用摆平面的转动证实了地球有自转,这种单摆后称为傅科摆。1862 年,傅科改进了利用旋镜法测量光速的实验装置,增加了光程,提高了精度,并测得误差在百分之一以内的光速值,有力地推动了波动光学的发展。此后,他还发现了铜盘在强磁场中运动时出现涡流,提出了重要的涡电流理论。傅科一生博学多才,积极创新实验方法和制备仪器,拥有多项发明创造,备受各国科学界的垂青。

3.15　霍尔传感器

霍尔传感器是根据霍尔效应制作的一种磁场传感器。霍尔效应是磁电效应的一种,这一现象是霍尔(E. H. Hall,1855—1938)于1879年在研究金属的导电机构时发现的。后来发现半导体、导电流体等也有这种效应,而且半导体的霍尔效应比金属强得多。利用这一现象制成的各种霍尔元件,广泛地应用于工业自动化技术、检测技术及信息处理等方面。霍尔效应是研究半导体材料性能的基本方法。根据通过霍尔效应实验测定的霍尔系数,能够判断半导体材料的导电类型、载流子浓度及载流子迁移率等重要参数。

【预习思考】

霍尔效应的原理是什么? 如何运用霍尔效应测量位移?

【实验目的】

(1)掌握霍尔传感器的工作原理。
(2)了解霍尔传感器测量位移的方法。

【实验内容】

利用基于霍尔效应制作的霍尔传感器,测量微小的位移量,熟悉霍尔传感器的使用,并掌握其工作原理。

【实验原理】

对处在磁场中的导体或半导体通入电流,如果磁场方向和电流方向垂直,则会在与磁场和电流都垂直的方向上出现横向电场,这就是霍尔效应。基于霍尔效应制作的霍尔元件,可以用于磁感应强度、位移、速度、力矩等物理量的测量。

若将霍尔元件置于磁感应强度为 B 的磁场中,在霍尔元件与磁场垂直的方向上通以电流 I,则在霍尔元件与磁场和电流都垂直的两端将产生霍尔电压 U_H:

$$U_H = R\frac{IB}{d} \tag{3.15.1}$$

式中,R 为元件的霍尔灵敏度,为一个常数。

如果保持霍尔元件内的电流 I 不变,并将其置于一个磁感应强度 B 均匀变化的磁场中,则霍尔电压的变化量为

$$\Delta U_H = \frac{RI}{d}\frac{dB}{dz}\Delta z \tag{3.15.2}$$

式中,Δz 为位移量。

式(3.15.2)说明当 $\dfrac{dB}{dz}$ 为常量时,ΔU_H 与 Δz 成正比。也就说明,可以通过利用霍尔元件测量霍尔电压的变化量,来测量微小位移。

为了建立磁感应强度均匀变化的磁场,可以将两块相同的磁铁(磁铁的截面积及表面磁感

应强度相同）相对放置，将霍尔元件平行于磁铁放在该间隙的中轴上，如图 3.15.1 所示。

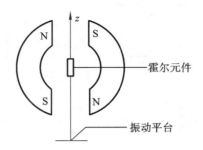

图 3.15.1　霍尔元件位置示意图

　　磁铁间隙越小，磁场梯度就越大，灵敏度就越高，因此磁铁间隙要根据测量范围和测量灵敏度要求而定。另外，磁铁截面要远大于霍尔元件，以尽可能减小边缘效应的影响，提高测量精确度。

　　分析图 3.15.1 中磁感线的分布情况可知，磁铁间隙内中心处的磁感应强度为零。因此，霍尔元件处于该处时，霍尔电压应该为零。当霍尔元件偏离中心沿 z 轴发生位移时，磁感应强度产生变化，霍尔电压随之产生，且霍尔电压的大小可以用电压表直接测量。因此，可以将霍尔电压为零时霍尔元件所处的位置作为位移参考零点，方便计算霍尔电压的变化量。

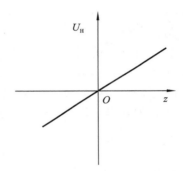

图 3.15.2　实验中霍尔电压与位移间关系示意图

　　实验与理论都可以证明，当位移较小时，霍尔电压与位移之间具有良好的线性关系。如图 3.15.2 所示，横轴为霍尔传感器在 z 轴上的位移大小，正半轴为向上位移，负半轴为向下位移；竖轴为此时的霍尔电压大小。在实验操作中，为了减小系统误差，霍尔元件沿 z 轴向上和向下移动两种情况都需要进行测量。

【实验仪器】

传感器综合实验仪。

【实验步骤】

1. 安装传感器

将封装成探头的霍尔传感器固定在调节支架上，将圆形永久磁钢固定在振动平台上。

2. 连接电路

开启主电源，将差动放大器调零后，关闭主电源，根据图 3.15.3 完成接线。其中，R_{W1}、电阻 r 组成电桥单元的直流平衡网络。

3. 初调位置

调节传感器与振动平台的位置，使传感器探头对准圆形永久磁钢中心，确保传感器中轴线与圆形永久磁钢中轴线在同一竖直线上。使用调节支架上的螺旋测微器调整两者间的距离至 2～3 mm。

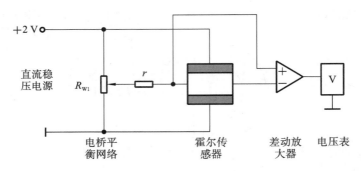

图 3.15.3　接线原理图

4.确定零点位置

开启主电源,调整电源输出至 2 V,调整 R_{W1} 使电压表指示为零。如果电压表指示不能调零,进一步调整传感器探头与圆形永久磁钢中心的距离和 R_{W1},直至电压表指示为零。记下此时螺旋测微器的刻度,此刻度即为零点位置。

5.测量数据

向上旋动螺旋测微器,记下电压表读数。每转动 0.2 mm 记一次电压表读数,直至螺旋测微器上升 3 mm。将电压表读数填入表 3.15.1 中。

为了减小系统误差,需反向旋转螺旋测微器,使振动平台向下移动,重复实验过程,直至螺旋测微器回到零点位置。将电压表读数也填入表 3.15.1 中。

【数据处理】

根据记录的实验数据,进行数据处理。

表 3.15.1　霍尔传感器位移与输出电压的关系数据记录表

Δz/mm	0	0.2	0.4	0.6	0.8	1.0	⋯	3.0
U_H/V								
Δz/mm	3.0	1.8	1.6	1.4	1.2	1.0	⋯	0
U_H/V								

根据表中数据,画出 U_H-Δz 曲线,根据曲线找出线性区域,并选择进行位移测量时的最佳工作区间。

【实验思考】

(1)霍尔传感器测量位移的原理是什么?

(2)磁感应强度方向与霍尔元件平面不完全正交,对实际结果会有怎样的影响?

(3)换成交流电源,会出现怎样的现象?

【注意事项】

(1)霍尔元件是易损元件,切忌受挤、压和碰撞等机械损伤。另外,一定要注意电源电压值不可超过±2 V,否则会烧坏霍尔元件。

(2)注意用电安全,并且仪器不宜在强磁场的环境下工作。

【拓展应用】

我国传感器
发展现状

相比于传统的测量元件,霍尔元件具有许多优点:结构简单,体积小且轻,使用寿命很长;耐高腐蚀环境,且采取了补偿和保护措施,对高强度环境的适应能力较强;测量范围广,不怕灰尘、油污、盐雾等污染;精度高、线性度好,对各种测量结果的反馈效果好,输出较为清晰。利用霍尔效应制成的霍尔传感器在军工产品测量和控制方面应用很广泛,如用于军用电源系统的检测与控制、飞机天线的限位、飞机飞控系统的控制、导弹发射时发射角度的控制等。可以说,霍尔效应的发现和霍尔传感器的发明,对电子设备的发展和进步具有重大的意义。

【人物传记】

张首晟(1963—2018),原籍为江苏省高邮市,是美国华裔物理学家、中国科学院外籍院士、斯坦福大学终身教授、丹华资本董事长。1978 年,张首晟考入复旦大学物理系。1983 年,他进入纽约州立大学石溪分校攻读博士,师从杨振宁教授。他于 1993 年被斯坦福大学聘为物理系教授,于 1996 年被斯坦福大学评为终身教授,于 2011 年当选为美国艺术与科学院院士,于 2013 年当选为中国科学院外籍院士,于 2015 年当选为美国国家科学院院士,于 2018 年因病于家中离世。

张首晟一直致力于凝聚态物理领域的研究。他与清华大学薛其坤等开展了有关理论与实验的紧密合作,发现了量子反常霍尔效应,并取得了一系列开创性成果,震惊了物理学界。另外,他还与寇煦丰、王康隆等华人科学家合作,发现了手性马约拉纳费米子。

3.16　红外物理特性研究

波长在 750 nm～1.0 mm 范围内(介于微波和可见光之间)的电磁波被称为红外光或红外波。红外光是由分子或原子的振动跃迁和振动-转动跃迁产生的,它的光谱与分子或原子的电子能级结构有关,而每种物质都有独特的分子光谱,因此红外光现已成为材料分析的重要工具。对各种材料的红外性质,如反射率、折射率、电光系数等参数进行的大量研究,为红外光和红外材料广泛应用于通信、探测、医疗、军事等许多领域奠定了基础。

【预习思考】

(1)什么是光谱?光谱是如何产生的?
(2)什么是红外光?它具有怎样的性质?

【实验目的】

(1)掌握红外通信的原理;
(2)了解红外通信材料的性能;
(3)了解红外技术在军事装备中的应用。

【实验内容】

利用红外物理特性研究实验仪,分析材料的红外特性,测量红外发射管的伏安特性、电光转换特性、角度特性和红外接收管的伏安特性。

【实验原理】

1. 红外光光源

一切温度高于绝对零度的物体都可以产生红外光,但考虑到稳定性和效率,红外通信一般选择半导体激光器或发光二极管作为光源。本实验采用发光二极管作为红外光光源。

如图 3.16.1 所示,二极管由 P 型半导体和 N 型半导体组成,两种半导体结合在一起形成 PN 结,P 区的空穴和 N 区的电子互相扩散,电荷将积累在 PN 结附近,形成空间电荷区和势垒电场,使空穴和电子向扩散的反方向作漂移运动。当扩散与漂移达到动态平衡时,空间电荷区内空穴与电子复合,导电的载流子几乎耗尽,因此该区域又被称为结区或耗尽区。

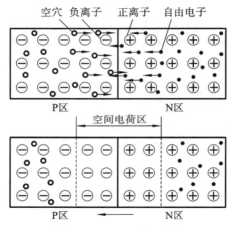

图 3.16.1　PN 结示意图

当 PN 结两端加上正向偏压时,外电场使结区变窄,P 区的空穴和 N 区的电子继续相互扩散并产生电子与空穴的复合,形成稳定电流,同时以热能或光能的形式释放能量。选用适当的材料,使复合能量以发射光子的形式释放,就制成了发光二极管。选用不同的材料及材料组分,可以控制发光二极管发射光谱的峰值波长。

2. 红外光在空间中的传播

光在空间传播时,在不同折射率的两种介质界面会反射和折射,在介质中会被介质吸收和散射,从而在传播过程中逐渐衰减。

当光波入射角为零或入射角很小时,反射率为

$$R = \left(\frac{n_1 - n_2}{n_1 + n_2}\right)^2 \tag{3.16.1}$$

式中,n_1、n_2 为反射面两边材料的折射率。

在光学介质中传播时,光强的衰减 $\mathrm{d}I$ 与材料的衰减系数 α、光强 I、传播距离 $\mathrm{d}x$ 成正比:

$$\mathrm{d}I = -\alpha I \mathrm{d}x \tag{3.16.2}$$

积分可得

$$I = I_0 e^{-aL} \tag{3.16.3}$$

式中，L 为材料的厚度。

如图 3.16.2 所示，当光波穿过介质时，测量到的反射光与透射光都是在两界面间反射和折射的多个光束的叠加。反射光强 I_R 与入射光强 I_0 之比为

$$\frac{I_R}{I_0} = R\left[1 + (1-R)^2 e^{-2aL}(1 + R^2 e^{-2aL} + R^4 e^{-4aL} + \cdots)\right] = R\left[1 + \frac{(1-R)^2 e^{-2aL}}{1 - R^2 e^{-2aL}}\right] \tag{3.16.4}$$

透射光强 I_T 与入射光强 I_0 之比为

$$\frac{I_T}{I_0} = (1-R)^2 e^{-aL}(1 + R^2 e^{-2aL} + R^4 e^{-4aL} + \cdots) = \frac{(1-R)^2 e^{-aL}}{1 - R^2 e^{-2aL}} \tag{3.16.5}$$

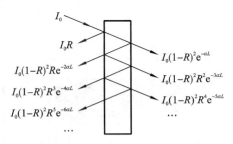

图 3.16.2　光在两界面间的多次反射

原则上，测量出 I_0、I_R、I_T，联立式(3.16.4)、式(3.16.5)，即可以求出 R 与 α。

实际情况下，反射光强和透射光强的计算非常复杂，这里只讨论两种特殊情况。

(1)对于衰减可忽略不计的红外光学材料，衰减系数 $\alpha = 0$，$e^{-aL} = 1$，由式(3.16.4)可得反射率为

$$R = \frac{I_R/I_0}{2 - I_R/I_0} \tag{3.16.6}$$

(2)对于衰减较大的非红外光学材料，光线在材料内多次反射后光强为零，因此，可以认为图 3.16.2 中的反射与透射都只发生 1 次，式(3.16.4)和式(3.16.5)只取第一项。

$$R = \frac{I_R}{I_0} \tag{3.16.7}$$

$$\alpha = \frac{1}{L}\ln\frac{I_0(1-R)^2}{I_T} \tag{3.16.8}$$

空气的折射率为 1，求出反射率后，由式(3.16.1)计算可得材料的折射率。

$$n = \frac{1 + \sqrt{R}}{1 - \sqrt{R}} \tag{3.16.9}$$

很多红外光学材料的折射率较大，在空气与红外材料的界面会产生严重的反射。例如：硫化锌的折射率为 2.2，反射率为 14%；锗的折射率为 4，反射率为 36%。为了降低表面反射损失，通常在光学元件表面镀上一层或多层增透膜来提高光学元件的透过率。

3.检测红外波光

本实验中，红外通信接收端由光电二极管完成红外光的检测。光电二极管是工作在无偏压或反向偏置状态下的 PN 结，反向偏压电场方向与势垒电场方向一致，使结区变宽，无光照时只

有很小的暗电流。

当 PN 结受光照射时,价电子吸收光能后挣脱价键的束缚成为自由电子,从而在结区产生电子-空穴对。在电场的作用下,电子向 N 区运动,空穴向 P 区运动,形成光电流。当反向偏压进一步增加时,光生载流子的生成率接近极限,光电流趋于饱和,此时光电流的大小仅取决于入射光功率。在适当的反向偏置电压下,入射光功率与饱和光电流之间呈较好的线性关系。利用这种线性关系,通过测量光电二极管的光电流,可检测并间接得到红外光的入射光功率。

【实验仪器】

整套实验系统由红外发射装置、红外接收装置、测试平台(轨道)以及测试镜片组成。红外发射装置和红外接收装置的控制面板分别如图 3.16.3 和图 3.16.4 所示。

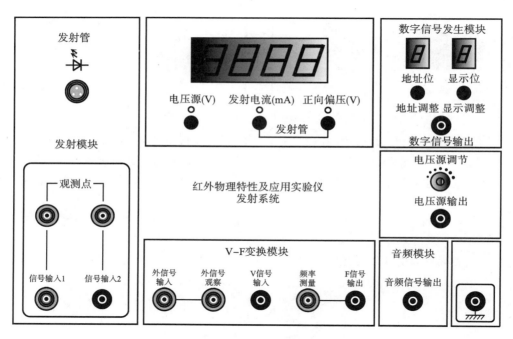

图 3.16.3　红外发射装置控制面板图

【实验步骤】

1.连接仪器

(1)按照图 3.16.5,将红外发射器连接到红外发射装置的"发射管"接口,将红外接收器连接到红外接收装置的"接收管"接口(在所有的实验操作中,都不取下发射管和接收管),并将红外发射器与红外接收器相对放置。

(2)将"电压源输出"连接到发射模块"信号输入 2"接口(注意按极性连接),向发射管输入直流信号。

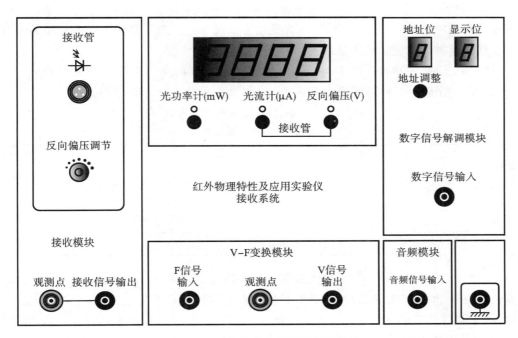

图 3.16.4　红外接收装置控制面板图

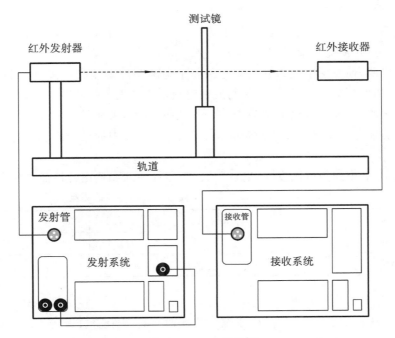

图 3.16.5　电路连接

2.测量材料的红外特性

(1)将发射系统显示窗口设置为"电压源",将接收系统显示窗口设置为"光功率计"。如果电压源输出为 0 时,光功率计显示不为 0(背景光干扰或 0 点误差),则记下此时显示的背景值,以后的光强测量数据应减去该背景值。

(2)调节电压源,使初始光强 $I_0 > 4$ mW,微调红外接收器受光方向,使显示值最大。

(3)选择并安装测试镜,测量透射光强 I_T,将测量数据记入表 3.16.1 中。

表 3.16.1　部分材料的红外特性测量

背景值:＿＿＿ mW;初始光强 $I_0 = $ ＿＿＿ mW

材料	样品厚度 /mm	透射光强 I_T/mW	反射光强 I_R/mW	反射率 R	折射率 n	衰减系数 α/(mm^{-1})
测试镜 01	2					
测试镜 02	2					
测试镜 03	2					

(4)将接收端红外接收器取下,移到紧靠发光二极管处安装好。微调样品的入射角与接收器的方位,使接收到的反射光最强,测量反射光强 I_R,记录数据。

(5)对于衰减可忽略不计的红外光学材料,用式(3.16.6)计算反射率,用式(3.16.9)计算折射率。对于衰减严重的材料,用式(3.16.7)计算反射率,式(3.16.8)计算衰减系数,用式(3.16.9)计算折射率。

3.发光二极管伏安特性与输出特性的测量

(1)将发射系统显示窗口设置为"发射电流",将接收系统显示窗口设置为"光功率计"。微调接收端的受光方向,使显示值最大。

(2)调节电压源,使发射电流为 0 mA,记录发射电流与红外接收器接收到的光功率。将发射系统显示窗口切换到"正向偏压",记录与发射电流对应的发射管两端电压。

(3)调节电压源,使发射电流依次为表 3.16.2 中的数值,重复步骤(2)。

注意:仪器实际显示值可能无法精确的调节到表 3.16.2 中的设定值,应按实际调节的发射电流数值为准。

(4)以表 3.16.2 中的数据画发光二极管的伏安特性曲线和输出特性曲线。

表 3.16.2　发光二极管伏安特性与输出特性的测量

发射电流/mA	0	5	10	15	20	25	30	35	40	45
正向偏压/V										
光功率/mW										

4.发光二极管角度特性的测量

(1)将发射系统显示窗口设置为"电压源",将接收系统显示窗口设置为"光功率计"。微调接收端的受光方向,使显示值最大。

(2)增大电压源输出,使接收的光功率大于 4 mW。

(3)以最大接收光功率点为 0°,记录此时的光功率,以顺时针方向(作为正角度方向)每隔 5°

（也可以根据需要调整角度间隔）记录一次光功率，填入表 3.16.3 中；再以逆时针方向（作为负角度方向）每隔 5°记录一次光功率，填入表 3.16.3 中。

表 3.16.3　发光二极管角度特性的测量

转动角度	$-30°$	$-25°$	$-20°$	$-15°$	$-10°$	$-5°$	$0°$	$5°$	$10°$	$15°$	$20°$	$25°$	$30°$
光功率/mW													

（4）根据表 3.16.3 中的数据，以角度为横坐标，以光强为纵坐标，画发光二极管发射光强和角度之间的关系曲线，并得出方向半值角（光强超过最大光强 60%以上的角度）。

5.光电二极管伏安特性的测量

（1）将发射系统显示窗口设置为"发射电流"，将接收系统显示窗口设置为"光功率计"。微调接收端的受光方向，使显示值最大。

（2）调节红外发射装置的电压源，使光电二极管接收到的光功率为 0 mW。

（3）将接收系统显示窗口切换到"反向偏压"，调节"反向偏压调节"旋钮，使"反向偏压"为 0 V。将接收系统显示窗口切换到"光流计"，将此时光电二极管的光电流记录到表 3.16.4 中。

表 3.16.4　光电二极管伏安特性的测量

反向偏压/V		0	1	2	3	4	5
$P=0$ mV	光电流 /μA						
$P=1$ mW							
$P=2$ mW							
$P=3$ mW							

（4）根据表 3.16.4 中的"光功率"和"反向偏压"要求，重复步骤（2）、（3）。

（5）以表 3.16.4 中的数据，画出光电二极管的伏安特性曲线。

【拓展应用】

红外光是波长介于微波与可见光之间的电磁波，频率在 0.3~400 THz 之间。它的频谱覆盖室温下物体所发出的热辐射的波段。红外光透过云雾的能力比可见光强，在通信、探测、医疗、军事等方面有广泛的用途。

（1）医疗。波长在 4~14 μm 范围内的红外线对生命的生长有着促进的作用，对活化细胞组织、血液循环有很好的作用，能够提高人体的免疫力，加强人体的新陈代谢。在医学界，将红外线称为生育光线。

（2）夜视仪。20 世纪 60 年代，美国首先研制出被动式的热像仪。它不发射红外光，不易被敌人发现，并具有透过雾、雨等进行观察的能力。1982 年，英国和阿根廷之间爆发马尔维纳斯群岛战争。4 月 13 日半夜，3 000 名英军攻击阿根廷守军的最大据点斯坦利港（即阿根廷港），英军所有的枪支、火炮都配备了红外夜视仪，能够在黑夜中清楚地发现阿军目标，而阿军却缺少红外夜视仪，不能发现英军，只有被动挨打的份儿。英军利用红外夜视器材赢得了一场兵力悬殊的战斗。由此可以看出红外夜视器材在现代战争中的重要作用。

红外光的
应用

（3）光波炉。光波炉的烧烤管由石英管或铜管换成了光波管，能够迅速产生高温高热，加热效率更高,冷却速度也更快,而且不会烤焦,能保证食物的色泽。而在成本上,光波管只比铜管或石英管多几元钱,所以,光波管在电磁波加热技术中的使用非常普遍。

【人物传记】

弗里德里克·威廉·赫歇尔(1738—1822),是英国天文学家、古典作曲家、音乐家。他出生于德国汉诺威,4 岁时就跟从父亲学习拉小提琴,16 岁时离开学校后加入了禁卫军乐团,20 岁时因躲避战争迁居英国后成为有一定知名度的作曲家。青年时赫歇尔爱好广泛,在对音乐理论的探讨过程中涉猎了数学,进而又接触了光学。赫歇尔在演出和作曲之外,利用闲暇的时间努力学习英语、意大利语、拉丁语,同时广泛阅读牛顿、莱布尼茨等科学家的自然哲学、数学、物理学著作。1776 年,赫歇尔改进了牛顿式反射望远镜、提高聚光效率,研制出"赫歇尔望远镜"。1781 年,赫歇尔通过观测,发现天王星,获柯普莱奖章并成为英国皇家学会会员。1782 年,赫歇尔编制成了第一个双星表;1783 年,赫歇尔发现了太阳的自行并计算了自行速度;1785 年,赫歇尔发表了自己的天体演化理论;1786 年、1789 年、1802 年,赫歇尔先后三次出版星团、星云表,记录了 2 500 个星云和星团。1800 年,赫歇尔发现太阳光中有一种用肉眼无法看见、波长介于5.6～1 000 μm 的远红外光线,这种光线照射有机体时,会对有机体产生放射、穿透、吸收、共振的效果。赫歇尔在天文望远镜的发展史上留下永不磨灭的足迹,是当时最伟大的观测天文学家,为恒星天文学的建立奠定了第一块基石。由于成就斐然,他被誉为"恒星天文学之父""双星研究的奠基人""音乐界和天文学界的双星"。

3.17 太阳能电池特性及应用实验

随着世界经济的发展,人们对能源的需求日益增加,能源短缺问题和大量使用化石能源带来的生态环境问题越来越突出。太阳能是最重要的可再生能源。从广义上讲,地球上几乎所有的能源,如生物质能、风能、水能等都属于太阳能。太阳能不仅数量巨大,而且清洁无污染。因此,推广使用太阳能是各国能源发展的必然趋势。

太阳能发电有两种方式:一种是光-热-电转换,另一种是光电直接转换。相较于前者,光电直接转换不仅成本较低,而且效率较高。它是利用半导体的光生伏特(简称光伏)效应进行光电转换的,所采用的技术被称为太阳能光伏技术。光电转换的基本装置就是太阳能电池,包括硅太阳能电池、有机太阳能电池等,其中,硅太阳能电池的发展最为成熟。它分为单晶硅太阳能电池、多晶硅太阳能电池和非晶硅太阳能电池三种类型,已广泛应用于生产生活的方方面面。本实验以卤钨灯模拟太阳光,研究单晶硅太阳能电池、多晶硅太阳能电池和非晶硅太阳能电池三种太阳能电池的特性和应用。

【预习思考】

(1)什么是太阳能电池?

(2)太阳能电池的开路电压和短路电流与入射光的强度之间有什么关系?

【实验目的】

(1)掌握太阳能电池的工作原理;

(2)掌握太阳能电池输出特性的测量方法;

(3)了解太阳能在军事装备中的应用。

【实验内容】

学习硅半导体光电转换原理,利用太阳能电池特性及应用实验仪对太阳能电池的开路电压、短路电流以及输出特性进行测量,研究太阳能电池的特性。

【实验原理】

1. 太阳能电池的光伏效应

硅太阳能电池是由大量硅半导体 PN 结经串联、并联构成的,它利用 PN 结在光照条件下的光伏效应进行光电转换。

图 3.17.1 所示为半导体 PN 结示意图。P 型半导体中有大量的空穴(带正电),而自由电子(带负电)很少;相反,N 型半导体中有大量的自由电子,几乎没有空穴。当这两种半导体材料结合成 PN 结时,P 区中的空穴就会向 N 区扩散;与此同时,N 区中的自由电子向 P 区扩散。结果就会在 PN 结交界面附近形成空间电荷区(又称为结区或耗尽区)与势垒电场(方向由 N 区指向 P 区)。势垒电场又称为内建电场,它会使载流子(自由电子或空穴)向扩散的反方向运动(称为漂移)。随着扩散运动的进行,势垒电场越来越强,漂移运动也增强,最终扩散与漂移达到动态平衡,此时流过 PN 结的净电流为零。在空间电荷区内,N 区的电子被从 P 区扩散来的空穴复合,P 区的空穴被来自 N 区的电子复合,使该区内几乎没有能导电的载流子。

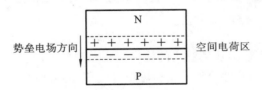

图 3.17.1 半导体 PN 结示意图

根据半导体理论,在光照条件下,半导体 PN 结会吸收特定能量的光子而产生电子-空穴对。其中,空间电荷区的电子会被势垒电场推向 N 区,而空穴则会被推向 P 区,产生光电流 I_P。这使得 N 区有过量的电子而带负电,P 区有过量的空穴而带正电,从而使 PN 结两端形成电势差,这就是光伏效应。此时在 PN 结两端接入负载电阻,就可以向负载输出电能。

2. 太阳能电池的特性参数

在研究太阳能电池在无光照条件下的特性时,可将太阳能电池视为一个二极管。此时 PN 结上的电压 U 与通过的电流 I_d 之间的关系为

$$I_d = I_0(e^{\frac{qU}{nkT}} - 1) \tag{3.17.1}$$

式中,I_0 是二极管(太阳能电池)反向饱和电流,q 是载流子电荷量,k 是玻尔兹曼常量,T 是热力学温度,n 是二极管曲线因子。

当入射光照射到 PN 结表面时,只要入射光的能量大于该 PN 结的禁带宽度,那么由于发生光伏效应,PN 结上就会产生光电流。此时太阳能电池输出净电流 I 与光电流 I_P 和二极管电流 I_d 之间的关系如下:

$$I = I_P + I_d = I_P + I_0 \left(e^{\frac{qU}{nkT}} - 1 \right) \tag{3.17.2}$$

一般情况下,I_P 比 I_0 高几个数量级,因此上式中最后的"1"可以忽略。

在一定的光照条件下,太阳能电池能吸收光的能量并将其转换为电能,改变负载电阻的大小,测量太阳能电池的输出电压与输出电流,就可以得到太阳能电池的输出特性,如图 3.17.2 中实线所示。负载电阻为零时所测得的最大电流 I_{SC} 称为短路电流。短路电流 I_{SC} 与太阳能电池的面积有关:太阳能电池的面积越大,I_{SC} 就越大。负载断开时所测得的最大电压 U_{OC} 称为开路电压。

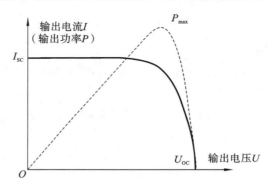

图 3.17.2　太阳能电池的输出特性

太阳能电池的输出功率是输出电压与输出电流的乘积。光照条件一定、负载电阻不同时,太阳能电池的输出功率也是不同的。以输出电压 U 为横坐标,以输出功率 P 为纵坐标,绘出的 $P\text{-}U$ 曲线如图 3.17.2 中虚线所示。当负载电阻为 R_m 时,太阳能电池的输出功率最大,并记为 P_{max}。

$$P_{max} = I_m U_m \tag{3.17.3}$$

式中,I_m 和 U_m 分别是最大输出功率对应的输出电流和输出电压。

将最大输出功率 P_{max} 与开路电压 U_{OC} 和短路电流 I_{SC} 的乘积之比定义为填充因子 FF:

$$FF = \frac{P_{max}}{I_{SC} U_{OC}} \tag{3.17.4}$$

填充因子 FF 是表征太阳能电池性能优劣的重要参数,它的大小取决于材料禁带宽度、串联电阻、并联电阻和入射光强等因素。FF 越大,说明太阳能电池的最大输出功率越接近极限输出功率,也就是说太阳能电池的光电转换效率越高。一般情况下,硅太阳能电池 FF 值在 0.75～0.8 之间。

太阳能电池本质上是一个能量转换装置,即将光能转换为电能,因此我们必须了解影响其转换效率的因素。我们将太阳能电池的转换效率 η_s 定义为最大输出功率 P_{max} 与入射光功率 P_{in} 之比:

$$\eta_s = \frac{P_{max}}{P_{in}} \times 100\% \tag{3.17.5}$$

式中,P_{in} 为入射到太阳能电池表面的光功率,即单位面积入射光强 J 与太阳能电池有效面积的乘积。

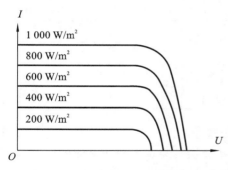

图 3.17.3　不同光照条件下的 *I-U* 曲线

经理论分析及实验研究表明,太阳能电池的短路电流 I_{sc} 和开路电压 U_{oc} 与入射光强的关系如图 3.17.3 所示。进一步可知,太阳能电池的短路电流随入射光的功率增加呈线性增长,而开路电压在入射光功率增加时只略微增加。

硅太阳能电池根据结构的不同可以分为三类,即单晶硅太阳能电池、多晶硅太阳能电池和非晶硅太阳能电池。其中,单晶硅太阳能电池光电转换效率最高,技术最为成熟,在大规模工业生产中占据主导地位。但它有个致命的缺点,就是成本过高。为了节约成本,发展了多晶硅太阳能电池和非晶硅太阳能电池作为单晶硅太阳能电池的替代产品。本实验以卤钨灯模拟太阳光来研究这三种太阳能电池的特性和应用。

【实验仪器】

TYN 型太阳能电池特性及应用实验仪。

采用卤钨灯作为光源的原因是,它的输出光谱与太阳光谱类似。调节光源与太阳能电池之间的距离,可以改变照射到太阳能电池上的光功率,具体数值由光功率计测量。实验仪为实验提供电源,同时可以测量并显示电流、电压以及光功率。电压源可以输出 0～9 V 连续可调的直流电压,为太阳能电池伏安特性测量供电。电压表可以测量并显示 0～20 V 的电压,可通过“电压量程”选择合适的测量范围。电流表可以测量 0～200 mA 的电流,通过“电流量程”选择合适的测量范围。光功率表可以测量光功率计探头测量到的光功率数值(0～2 000 W),表头下方的指示灯显示当前的状态,通过“光功率量程”可以选择适当的显示范围。

【实验步骤】

1. 测量太阳能电池的暗伏安特性

暗伏安特性是指无光照射时,通过太阳能电池的电流与外加电压之间的关系。按图 3.17.4 连线,将待测太阳能电池(单晶硅、多晶硅或非晶硅)与实验仪的电压源相连(注意正负极不要接反了),电阻箱调至 50 Ω 后串联进电路起保护作用,分别用电压表和电流表测量太阳能电池两端电压和回路中的电流。

用遮光罩罩住太阳能电池,将电压源调到 0 V,然后逐渐增加输出电压,每间隔 0.3 V 记一次电流值;将电压输入调到 0 V,然后将“电压输出”接口的两根连线互换,即给太阳能电池加上反向的电压,逐渐增加反向电压,每间隔 1 V 记一次电流值。分别测量三种太阳能电池的暗伏安特性,并将数据记录于表 3.17.1 中。以输出电压作横坐标,以输出电流作纵坐标,根据表 3.17.1 中的数据,画出三种太阳能电池的伏安特性曲线。

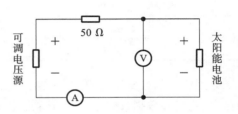

图 3.17.4　太阳能电池暗伏安特性测量接线原理图

159

表 3.17.1　三种太阳能电池的暗伏安特性测量

电压/V		−7	−6	⋯	−1	0	0.3	0.6	⋯	6.6	6.9	7
电流 /mA	单晶硅											
	多晶硅											
	非晶硅											

2.测量开路电压 U_{OC} 和短路电流 I_{SC} 与入射光强 J 的关系

打开光源开关,预热 5 min。打开遮光罩,将光功率计探头装在太阳能电池的位置,将实验仪设置为"光功率表"状态,即把光功率计探头输出与实验仪的"光功率输入"接口相连(注意正负极不要接反了)。然后由近及远移动滑动支架,计算离光源不同距离下的光强($J = P/S$,其中 P 为测量到的光功率,$S = 0.16$ cm² 为光功率计探头采光面积)。将所有测量数据记录于表 3.17.2中。

按图 3.17.5 连线,将光功率计探头换成单晶硅太阳能电池,将实验仪调至"电压表"状态,按测量光强时的距离值(光强已知),记录开路电压值于表 3.17.2中。然后将实验仪调至"电流表"状态,并将短路电流值记录于表 3.17.2中。

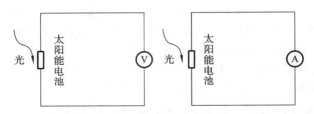

图 3.17.5　太阳能电池开路电压、短路电流测量示意图

表 3.17.2　三种太阳能电池开路电压与短路电流随入射光强变化的关系

距离/cm		10	15	20	25	30	35	40	45	50
光功率/W										
入射光强 J($= P/S$,W/m²)										
单晶硅	开路电压 U_{OC}/V									
	短路电流 I_{SC}/mA									
多晶硅	开路电压 U_{OC}/V									
	短路电流 I_{SC}/mA									
非晶硅	开路电压 U_{OC}(V)									
	短路电流 I_{SC}/mA									

分别将单晶硅太阳能电池更换为多晶硅太阳能电池和非晶硅太阳能电池,重复前面的测量步骤,并将实验数据(U_{OC} 和 I_{SC})记录于表 3.17.2中。根据表 3.17.2中的数据,分别画出三种太阳能电池的开路电压 U_{OC} 和短路电流 I_{SC} 随入射光强 J 变化的关系曲线。

3.测量太阳能电池的输出伏安特性

按图 3.17.6 连线,以电阻箱作为太阳能电池的负载,在一定的光照条件下(将滑动支架固定在导轨上操作步骤 2 所测量的位置),分别将三种太阳能电池安装到支架上,测量三种太阳能电池在不同负载电阻下输出电压 U 和输出电流 I 的关系,计算输出功率 $P=UI$,并将所有测量数据和计算数据记录于表 3.17.3 中。

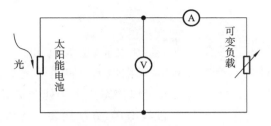

图 3.17.6　测量太阳能电池的输出特性

表 3.17.3　三种太阳能电池输出伏安特性实验

入射光强 $J=$ ____ W/m^2

单晶硅	输出电压 U/V	0	0.2	0.4	⋯	1.8	2
	输出电流 I/A						
	输出功率 P/W						
	负载电阻 R/Ω						
多晶硅	输出电压 U/V	0	0.2	0.4	⋯	1.8	2
	输出电流 I/A						
	输出功率 P/W						
	负载电阻 R/Ω						
非晶硅	输出电压 U/V	0	0.2	0.4	⋯	1.8	2
	输出电流 I/A						
	输出功率 P/W						
	负载电阻 R/Ω						

根据表 3.17.3 中的数据,以输出电压 U 作横坐标,分别以输出电流 I 和输出功率 P 作纵坐标,作出三种太阳能电池的输出伏安特性曲线及功率曲线,找出在该光照条件下太阳能电池的最大输出功率 P_{max},此时对应的电阻值即为最佳匹配负载 R_m。由式(3.17.4)计算填充因子 FF,由式(3.17.5)计算转换效率 η_s。入射到太阳能电池上的光功率 $P_{in}=JS$,$S=0.16\ cm^2$ 为太阳能电池的有效面积。

改变入射光强 J(改变滑动支架的位置),重复前面的实验。(选做)

【实验思考】

(1)什么是光伏效应?

(2)太阳能电池特性测试应注意哪些问题?

【注意事项】

(1)在光源工作及关闭后的约 1 h 内,不要触摸灯罩,以免烫伤。

（2）必须在标定的技术参数范围内使用电阻箱。

（3）太阳能电池接线时,应用手扶住太阳能电池盒。

（4）实验时要避免太阳光照射太阳能电池。

【拓展应用】

太阳能电池
特性及应用

太阳能电池应用很广,不仅涉及工业、商业、农业、通信、家电及公用设施等众多领域,还在军事领域大受欢迎。例如:太阳能无人机由于续航能力强,有着十分广阔的应用前景;太阳能应用技术可以使军用太阳能产品就地产生能量;战术太阳能系统由于具有便于携带、没有噪声、方便伪装等优点而广受军方青睐。目前,我国已成为全球主要的太阳能电池生产国。在我国的长三角、环渤海、珠三角、中西部地区,已经形成了各具特色的太阳能产业集群。

【人物传记】

林兰英(1918－2003),女,福建莆田人,中国科学院院士,物理学家,是中国半导体科学事业开拓者之一,曾获中科院科技进步奖一等奖、国家科学技术进步奖等。1936年,林兰英毕业于福建协和大学物理系。1949年,她获得狄金森学院数学学士学位。1955年,她获得宾夕法尼亚大学固体物理学博士学位,是该校建校以来第一位女博士,也是该校有史以来第一位获得博士学位的中国人。几经周折与抗争,1957年,林兰英终于回到祖国,进入中国科学院物理研究所工作。1958年,林兰英研发出中国第一根单晶硅,使我国成为世界上第三个生产出单晶硅的国家。1987年到1990年间,林兰英成功进行了数次砷化镓单晶的太空生长实验,成为世界上最早在太空制成半导体材料砷化镓单晶的科学家,并用它研制成半导体激光器,因此被人们称为"中国半导体材料之母"。

3.18 双棱镜干涉实验

法国科学家菲涅耳(Augustin J. Fresnel)在1826年进行的双棱镜实验,证明了光的干涉现象的存在。该实验不借助光的衍射而形成分波面干涉,用毫米级的测量得到纳米级的精度,它的物理思想、实验方法与测量技巧至今仍然值得我们学习。

【预习思考】

（1）双棱镜是怎样实现双光束干涉的?

（2）双棱镜和光源之间为什么要放一狭缝? 为什么缝要很窄才可以得到清晰的干涉条纹?

【实验目的】

（1）掌握分波阵面法干涉原理;

（2）会用双棱镜测量钠光的波长。

【实验内容】

应用双棱镜产生光的干涉现象,并通过测微目镜等光学仪器的使用,测定激光的波长。

【实验原理】

双棱镜干涉原理如图 3.18.1 所示。光源发射的单色光经会聚透镜后会聚于单缝 S 而成线光源,光从 S 发出,经双棱镜后形成两虚光源 S_1、S_2。这两个虚光源所发出的光满足干涉条件。

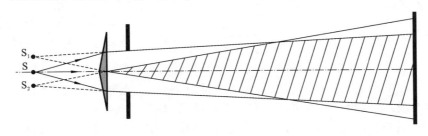

图 3.18.1　双棱镜干涉原理图

双棱镜干涉等效光路图如图 3.18.2 所示。在图中,设由双棱镜所产生的两相干虚光源 S_1、S_2 间距为 d,观察屏 P 到 S_1、S_2 平面的距离为 D。若 P 上的 P_0 点到 S_1 和 S_2 的距离相等,则 S_1 和 S_2 发出的光波到 P_0 的光程也相等,因而在 P_0 点相互加强而形成中央明条纹(零级干涉条纹)。

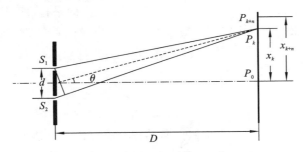

图 3.18.2　双棱镜干涉等效光路图

设 S_1 和 S_2 到屏 P 上任一点 P_k 的光程差为 δ,P_k 与 P_0 的距离为 x_k,则当 $d \ll D$ 和 $x_k \ll D$ 时,可得到

$$\delta = \frac{x_k}{D} d \tag{3.18.1}$$

当光程差 δ 为波长的整数倍,即 $\delta = \pm k\lambda (k = 0, 1, 2, \cdots)$ 时,得到明条纹。此时,由式 (3.18.1) 可得

$$x_k = \pm \frac{k\lambda}{d} D \tag{3.18.2}$$

这样,由式(3.18.2)可得,级次相差为 n 的明条纹的间距为 $\Delta x_n = x_{k+n} - x_k = n \frac{D}{d} \lambda$。于是

$$\lambda = \frac{d}{nD} \Delta x_n \tag{3.18.3}$$

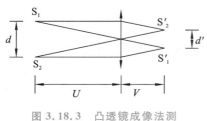

图 3.18.3 凸透镜成像法测

式中,λ 为光源之波长;Δx_n 为干涉条纹的间距,可由测微目镜测量求出;d 为虚光源 S_1、S_2 的间距,由凸透镜成像法(见图 3.18.3)求出——$d = \dfrac{U}{V}d'$,其中 U(V)为虚光源(虚光源的像)至透镜的距离,可由光具坐标尺读数读出。

对暗条纹也可得到同样的结果。式(3.18.3)即为本实验测量光波波长的公式。

【实验仪器】

光具座导轨、光具座、钠灯、可调狭缝、双棱镜、测微目镜、凸透镜。

测微目镜是用来测量微小距离的目镜,由可动分划板、固定分划板、读数鼓轮、目镜与连接装置组成。转动读数鼓轮可推动可动分划板左右移动,该分划板有十字叉丝,该十字叉丝的移动方向垂直于目镜光轴,移动距离可通过带有刻度的固定分划板及读数鼓轮读出。测微目镜的读数方法与螺旋测微器相似,竖线或交叉点位置的毫米数由固定分划板读出,毫米以下的读数由读数鼓轮确定。本实验所用仪器测长范围为 0~8 mm,测量精度为 0.01 mm,可以估读到 0.001 mm。使用时应先调节测微目镜,待叉丝清晰后转动读数鼓轮,推动可动分划板使叉丝的交点或竖线与待测物的像中心重合,便可得到一个读数。转动读数鼓轮使叉丝的交点或竖线移动到待测物像的另一中心,又得到一个读数,两读数之差即为待测物距离。

(1)测微目镜中十字叉丝移动的方向应与被测物线度方向平行,即竖线与之垂直。

(2)为消除读数鼓轮的丝杠螺纹与螺母之间的间隙以及读数鼓轮空转所引起的系统误差,测量时应缓慢朝一个方向转动读数鼓轮,中途不可逆转。

【实验步骤】

1.实验装置与光路满足的条件

实验装置如图 3.18.4 所示。除光源外,各器件均需安置在光具座上。图中:Q 为钠光源;S 为宽度及取向可调的单缝;透镜 L_1 将光源 Q 发出的光会聚于单缝 S 上,以提高照明单缝 S 上的光强度;B 为双棱镜;L_2 为辅助成像透镜,用来测量两虚光源 S_1、S_2 之间的距离 d;P 为观察屏,用作调节光路;M 为测微目镜。根据光的干涉理论和条件,为获得对比度好、清晰的干涉条纹,调节好的光路必须满足以下条件。

(1)光路中各元件同轴等高。

(2)单缝与双棱镜棱脊严格平行,通过单缝的光对称地射在双棱镜的棱脊上。

(3)单缝宽窄合适,否则干涉条纹对比度很差。

2.光路调节

实验中单缝 S 宽度的调节是通过单边移动来实现的,故单缝 S 应置于四维可调滑块上;双棱镜 B 置于二维可调滑块上;辅助成像透镜 L_2 置于二维可调滑块上。

(1)目测各器件同轴等高,调节测微目镜旋钮,使目镜视野清晰。

(2)固定钠光源 Q,调节单缝 S,使光线照射到测微目镜 M 中央。

(3)放置双棱镜 B,使光通过其棱脊,并保持光依旧照射到测微目镜 M 中央。调节单缝 S

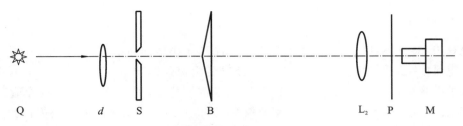

图 3.18.4　实验装置

的宽度,观察条纹变化,直至在测微目镜中央获得对比度好、清晰的干涉条纹。此时,单缝 S 与双棱镜 B 距离较合适。

(4)在双棱镜与测微目镜之间加入辅助成像透镜 L_1,并移动其位置,使通过测微目镜能观察到虚光源凸透镜成像。

(5)固定各器件,测量有关量。

3. 数据测量记录与处理(表格自拟)

(1)测量 20 条条纹间距 Δx_n,测量 3~5 组数据;

(2)测量 d',测量 3~5 组数据;

(3)测量凸透镜到虚光源的距离(单次测量)V;

(4)测量凸透镜到像的距离 U;

(5)测量像到虚光源的距离 D;

(6)参照教材中不确定度的计算方法处理数据。

【实验思考】

(1)干涉条纹的宽度与哪些因素有关?

(2)如果单缝和双棱镜的棱脊并不平行,还能观察到干涉条纹吗?为什么?

【注意事项】

(1)严格进行同轴调节,该实验对同轴性要求非常严格,调节时可借用白纸观察双缝所产生的光束是否亮度均匀,判断狭缝的宽度是否适当;

(2)读数时,必须顺一个方向旋转测微目镜,以免产生回程误差;

(3)旋转读数鼓轮时,动作要平稳、缓慢;

(4)测虚光源到测微目镜的距离时要注意获得修正值。

【拓展应用】

双棱镜的
应用

菲涅耳透镜又名螺纹透镜,是由法国物理学家菲涅耳发明的。他在 1822 年最初使用菲涅耳透镜系统设计了灯塔透镜。当时该透镜多是由聚烯烃材料注压而成的薄片,也有用玻璃制作的。镜片的两面一面为光面,另一面刻录了由小到大的同心圆,它的纹理是根据光的干涉及扰射以及相对灵敏度和接收角度要求来设计的。菲涅耳透镜的工作原理十分简单:一个透镜对光的折射仅仅发生在光学表面(如透镜表面),拿掉尽可能多的光学材料,而保留表面的弯曲度,也可实现折射效果。

【人物传记】

菲涅耳(1788—1827),是法国物理学家。菲涅耳从小体弱多病、学习迟钝。1800 年,菲涅耳在法国里昂中央理工学院接受教育时才逐渐显露出惊人的智慧。1804 年,菲涅耳以优异的成绩考入了巴黎综合工科学校。1806 年毕业后,菲涅耳进入巴黎路桥学校继续深造。1809 年毕业后,菲涅耳成为一名工程师。由于支持波旁王朝,菲涅耳被关押起来。被关押的几个月里菲涅耳全身心投入光学研究中。1818 年,菲涅耳发表关于衍射的研究报告。次年,菲涅耳获得法兰西学术院的大赛奖。1822 年,菲涅耳发明了菲涅耳透镜。1823 年,菲涅耳当选为法国西科学院院士。1825 年,菲涅耳被选为英国皇家学会会员。1827 年 7 月 14 日,菲涅耳因肺病医治无效而逝世。菲涅耳在光学研究中主要取得了两个方面的成就:一是完善了光的衍射理论,定量地建立了惠更斯-菲涅耳原理;二是完善了光的偏振理论,通过光的干涉,确定光是横波。他还发现了光的圆偏振和椭圆偏振现象,用波动说解释了偏振面的旋转。他推出了菲涅耳公式,后来根据麦克斯韦方程组也可得到完全一样的结果。他解释了马吕斯的反射光偏振现象和双折射现象,奠定了晶体光学的基础。由于在物理光学研究中的重大成就,菲涅耳被誉为"物理光学的缔造者"。

第4章 设计性实验

4.1 声光控开关制作

人们借助于感觉器官从外界获取信息,但随着科技的发展,在研究自然现象和规律以及在生产活动中,感觉器官的功能已经不能满足日益增长的观察和测量需求,因此,传感器及其相关技术应运而生。传感器是能感受规定的被测量并按照一定的规律(数学函数法则)转换成可用信号的器件或装置,通常由敏感元件和转换元件组成。可以说,传感器是人类五官的延长。它具有微型化、数字化、智能化、多功能化、系统化、网络化等特点,被广泛应用于科研、军事、宇航、通信、检测与工业自动化控制等多个领域,促进了传统产业的改造和更新换代。

【预习思考】

(1)什么是传感器?
(2)观察楼道、走廊等处的声控灯,了解灯亮、灯灭时周围的环境条件。
(3)声控灯具有怎样的优点和缺点? 它能否用到其他地方?

【实验目的】

(1)了解光电传感器、声电换能器、门电路、单向可控硅等元器件的工作原理;
(2)学会用万用表测量各元器件的参数和检测各元件的质量好坏;
(3)会用物理学原理、自动控制知识,设计声光控制电路,实现声光双控灯的功能。

【实验原理】

声光控开关是一种根据周围环境中声音音量和光照强度的变化进行电路自动化控制的开关。声信号强度可以利用声电换能器检测,光信号强度可以利用光电传感器检测。这两种传感器种类繁多、功能不一,可以根据需求选择。

1.驻极体话筒

在声光控开关电路中,一般使用驻极体话筒采集声音信号。声音的物理本质是一种振动波,它无法被电路直接识别和处理,因此需要利用驻极体话筒 MIC 将声音信号转化为可被电路识别的电信号。驻极体话筒的结构和电路如图 4.1.1 所示。其中,驻极体是实现声电转换的关键元件,它由金属电极和可振动的金属膜片组成,二者隔开形成一个电容器。金属膜片经过高压电场驻极后,驻有电荷,当声波传到金属膜片使金属膜片振动时,两极间的距离发生变化,驻极体两端将产生随声波变化的交变电压,将声音信号转化为交流电压信号。由于驻极体的电容量比较小,输出阻抗值很高,不能直接与音频放大器相匹配,因此在话筒内接入一个场效应晶体三极管,用以实现阻抗变换。

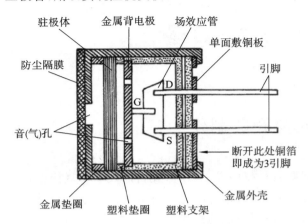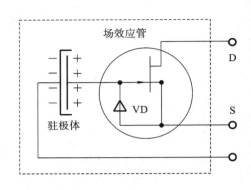

图 4.1.1　驻极体话筒的结构

2. 光敏电阻

由于光信号也无法被电路直接识别,因此在声光控开关电路中利用光敏电阻(见图 4.1.2)

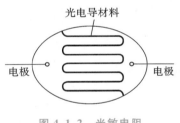

图 4.1.2　光敏电阻

检测光信号的强弱。光敏电阻的工作原理基于光电效应,当光照射光电导材料时,原子价带上的电子获得能量,使电子脱离共价键。如果光提供的能量能达到禁带宽度的能量值,那么价带的电子就能跃迁到导带,在晶体中就会产生一个自由电子和一个空穴。自由电子和空穴都能参与导电。随着光照增强,载流子浓度增大,导致材料电导率增大、电阻值减小。

3. 声光控开关电路

利用驻极体话筒和光敏电阻,可以实现声光控开关的自动控制。当光敏电阻检测到外界环境光照强度低于设定值,且驻极体话筒检测到声音音量高于设定值时,两个传感器控制电路,使开关开启。开关开启后,如果光照强度或声音音量达不到条件,延时控制电路使开启状态持续一段时间后,开关断开。

(1)声光控开关电路如图 4.1.3 所示。它可分为声音拾取放大电路、光控电路、延时控制电路三个部分:MIC、V_1、R_1、R_2、R_3、C_1 等元件组成声音拾取放大电路,主要实现声音信号的检测和放大;R_g、R_6、R_7、R_8、V_2 等元件组成光控电路,主要实现光信号的检测并控制触发器;V_3、V_4、D_1、C_3、R_9、K 等元件组成延时控制电路,主要实现延时控制功能,保障在触发器断开时,后续电路继续导通一段时间再断开。

(2)声光控开关电路的工作流程。

当外界声音音量低于设定值(可近似认为无声音)时,话筒 MIC 不输出交流电压信号,电容器断路,电阻 R_5、R_g、R_6、R_7 电压为 0,NPN 型三极管 V_2 的基极处于低电位,V_2 断开。

如果外界有说话、拍手等声音,话筒 MIC 将声音信号转换为交流电压信号,电信号经三极管 V_1 等元件放大后,再经过 R_4、C_2、R_g、R_6、R_7 到达 V_2 的基极。当外界光照强度高于设定值

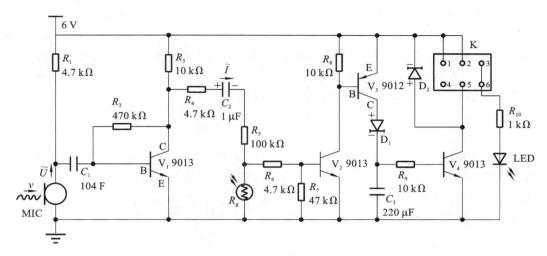

图 4.1.3　声光控开关电路

（简称有光照）时，光敏电阻 R_g 阻值低，V_2 的基极处于低电位，V_2 断开；当外界光照强度低于设定值（无光照）时，光敏电阻 R_g 阻值高，V_2 的基极处于高电位，V_2 导通。

总结：外界无光照有声音时，V_2 导通；无光照无声音、有光照有声音、有光照无声音，V_2 都断开。

（3）延时控制电路的工作流程。

①灯不亮。当 V_2 断开时，PNP 型三极管 V_3 的基极处于高电位，V_3 断开；V_3 的集电极电压为 0，NPN 型三极管 V_4 的基极处于低电位，V_4 断开；继电器 K 的线圈中没有电流，继电器 K 处于断开状态，LED 灯不亮。

②灯亮。当 V_2 导通时，V_3 的基极电压下降，处于低电位，V_3 导通；从 V_3 的集电极输出的电流穿过二极管 D_1 对 C_3 迅速充电，C_3 的电压超过 5 V，V_4 的基极处于高电位，V_4 导通；继电器 K 通电吸合，LED 点亮。

③延时控制。当外界从无光照有声音变化为其他情况时，V_2、V_3 立刻断开，但此时 C_3 的电压依然超过 5 V，V_4 维持导通，LED 灯持续发光；V_3 断开后，C_3 通过 R_9 和 V_4 向负极缓慢放电，储存的电荷逐渐减少，电压逐渐降低，V_4 的基极电压逐渐降低；当 V_4 的基极电压小于阈值电压时，V_4 断开，继电器 K 的线圈失电，LED 灯熄灭，完成一次延时控制过程。

增大 C_3 的电容值，可以延长 LED 灯亮的持续时间。R_1 是驻极体话筒的偏置电阻，调整它的阻值可适当改变话筒的灵敏度。D_2 是续流二极管，用于释放继电器 K 的线圈断电时产生的反向电动势，防止反向电动势击穿三极管 V_4 以及干扰其他电路。

【实验仪器】

导线、电阻、电容、二极管、三极管、话筒、继电器、万用表等。

【实验步骤】

（1）使用万用表，依次检测电阻、电容、二极管、三极管的参数并判断质量好坏。

（2）按照电路图，在仪器面板上连接元器件。

（3）对比电路图，检查实物电路。

（4）连接电源，观察实验现象。

如果不能观察到正确的实验现象，需要仔细检查电路并排除故障。具体检查方法如下。

①使用万用表检测电源电压，电压不足会造成 LED 灯不亮。

②使用万用表检测 LED 灯是否在连接电源后损坏。

③确保对光敏电阻的遮光效果好，否则 LED 灯不亮。

④区域检查电路，寻找接线错误和损坏的元件。

a. 使用万用表"二极管"挡位，依次连接三极管 V_4、V_3、V_2 的 B、E 针脚，使三极管导通，若灯亮，则说明 V_4、V_3、V_2 后方电路无故障。否则，说明相应电路存在故障。

b. 使用万用表测 R_3 的电压，如果 V_2 前方电路分压正常，R_3 的电压应在 4.5 V 左右（4.2～4.8 V）。否则，测量其他元件的电压，判断故障。

c. 检查电路时，如果接线没有错误，则应找出损坏的元器件。三极管最易烧坏，二极管和电容器较易损坏，其他电子元器件一般不容易损坏。

【注意事项】

（1）注意驻极体话筒、电容、二极管的正负极，仔细辨认三极管的型号和三个针脚，注意元器件针脚在电路中的位置。

（2）仔细辨认继电器 K 的六个引脚，用万用电表判断各个引脚，并正确将继电器接入电路。

（3）务必确保各个元器件插入面包板，没有短路、断路、接触不良等问题。

光敏电阻的
工作原理

【拓展应用】

光敏电阻是利用半导体的光电效应制成的一种电阻器。它的阻值会随入射光的强弱而改变，因此它又被称为光电探测器，一般用于光的测量、控制和光电转换（将光的变化转换为电的变化）。常用的光敏电阻一般使用硫化镉或硒化隔等半导体材料制成，对光的敏感性（即光谱特性）与人眼对可见光（0.4～0.76 μm）的响应很接近，只要是人眼可感受的光，都会引起它的阻值变化。当无光照时，光敏电阻呈高阻状态，暗电阻一般可达 1.5 MΩ；当有光照时，在光电效应的作用下，材料中激发出自由电子和空穴，阻值减小，随着光照强度增加，阻值迅速降低，亮电阻可小至 1 kΩ 以下。光敏电阻除具有灵敏度高、反应速度快、光谱特性与阻值一致性好等特点外，在高温、多湿的恶劣环境下，还能保持高度的稳定性和可靠性，被广泛应用于照相机、光声控开关、路灯自动开关、太阳能庭院灯、验钞机、石英钟，以及各种光控玩具、光控灯饰与灯具等光自动控制领域。

【人物传记】

亨利希·鲁道夫·赫兹（1857—1894），是德国物理学家，出生于德国汉堡。他于 1876 年进入德累斯顿工学院学习工程；之后又转入慕尼黑大学和柏林大学学习数学和物理，成为古斯塔夫·基尔霍夫和赫尔曼·范·亥姆霍兹的学生；1880 年获得博士学位；1883 年到基尔大学任教；1885 年任卡尔斯鲁厄大学物理学教授；1889 年任波恩大学物理学教授，接替 R. 克劳修斯的席位。1888 年，赫兹首先通过试验验证了麦克斯韦的理论，证明了电磁波的存在，测出电磁波传播的速度跟光速相同，并进一步观察到电磁波具有聚焦、直进性、反射、折射和偏振等性质，还发现电磁场方程可以用偏微分方程,即波动方程表达。在实验过程中,他注意到被紫外光照射的带电物体会很快失去它的电荷,从而发现了光电效应。

4.2　硅光电池特性研究

能源短缺一直是当今社会的热点问题,太阳能作为一种数量巨大的绿色能源,备受世界各国的关注。作为直接把光能转化为电能的装置,光电池具有寿命长、维护简单、功率可调、无污染等优点。光电池的研究与发展已经取得巨大进步,目前光电池广泛地应用于民用(如新能源汽车)、军用(如太阳能无人机)和航天(如人造卫星)等各个领域。其中,硅光电池的技术最为成熟,它由于具有性能稳定、频率特性好、转换效率高等优点而得到广泛应用。本实验旨在学习硅光电池的工作原理,并利用硅光电池特性研究实验仪研究它的输出特性。

【预习思考】

(1)什么是 PN 结?
(2)硅光电池的负载特性有何特点?

【实验目的】

(1)了解硅光电池的输出特性;
(2)设计测量硅光电池频率响应特性的实验方案;
(3)了解硅光电池的损坏阈值及其防护方法。

【实验内容】

了解 PN 结的结构和硅光电池的工作原理,利用硅光电池特性研究实验仪测量其负载特性以及频率响应特性。

【实验原理】

1. PN 结的形成

采用不同的掺杂工艺,可以得到硅基 P 型半导体和硅基 N 型半导体,在它们的交界面会形成结区,如图 4.2.1 所示。P 型半导体中有大量的空穴(带正电),而自由电子(带负电)很少;N型半导体中有大量的自由电子,却几乎没有空穴。当这两种半导体材料结合成 PN 结时,P 区中的空穴就会向 N 区扩散,同时 N 区的自由电子会向 P 区扩散,在交界面附近电子与空穴复合,P 区堆积负电荷,而 N 区堆积正电荷,形成势垒电场(又称内建电场,方向内由 N 区指向 P区)。该电场将阻止扩散运动的继续进行,当两者达到平衡时,交界面附近的结区中几乎没有自由移动的载流子,称为耗尽区,它的阻值较大。当 PN 结负偏时,外加电场与内建电场方向一致,耗尽区在外电场作用下变宽,势垒电场加强,此时 PN 结阻值很大,反向电流很小,处于断路状态;当 PN 结正偏时,外加电场与内建电场方向相反,耗尽区在外电场作用下变窄,势垒电场削弱,这时 PN 结阻值很小、电流较大,处于导通状态。此即为 PN 结的单向导电性,电流方向是从 P 区指向 N 区。

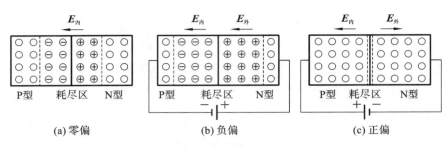

图 4.2.1　半导体 PN 结在零偏、反偏、正偏下的耗尽区

2.发光二极管的工作原理

发光二极管(一种半导体 PN 结)简称 LED,可以将电能转化为光能。当给 LED 加正向电压时,P 区的空穴与 N 区的电子在耗尽区复合,将产生特定波长的光,且辐射光的波长 λ_p 与半导体材料的禁带宽度 E_g 满足如下关系:

$$\lambda_p = hc/E_g \tag{4.2.1}$$

式中,h 为普朗克常量,c 为光速。

实际上,半导体材料的禁带宽度 E_g 有一个范围,因此 LED 辐射波长的谱线宽度一般在 25～40 nm 左右。LED 的输出光功率 P 与驱动电流 I 满足以下关系:

$$P = \eta E_p I/e \tag{4.2.2}$$

式中,η 是 LED 的发光效率,E_p 是发射的光子能量,e 是电子电量。

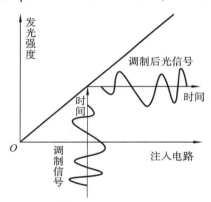

图 4.2.2　LED 信号调制原理

本实验采用一个高亮度红光 LED 作为光源,它的驱动电流 I 可调,其中 LED 信号调制原理如图 4.2.2所示。

信号调制采用光强度调制的方法,如图 4.2.3 所示。正弦信号经调制与放大后同 LED 的驱动电流叠加,使 LED 发出受调制的光信号,用以测定光电池的频率响应特性。实验仪上光强度显示的相对值在 0～2 000 之间,对应于 0～20 mA 的驱动电流。

3.硅光电池的工作原理

硅光电池的基本结构如图 4.2.4 所示。当半导体 PN 结处于零偏或负偏状态时,耗尽区存在一个势垒电场(内建电场)。在一定的光照条件下,入射光可以把 PN 结价带上的束缚电子激发到导带上,从而产生电子-空穴对,其中被激发的电子和空穴在势垒电场的作用下分别漂移到 N 区和 P 区。当在 PN 结两端加负载时就有一光生电流流过负载,硅光电池就将光能转化为电能。其中,光生电流与入射光强度保持线性变化。流过 PN 结两端的电流 I 可由式(4.2.3)确定:

$$I = I_0 \left(e^{\frac{eU}{kT}} - 1\right) + I_P \tag{4.2.3}$$

式中:I_P 为光生电流;I_0 为反向饱和电流,在反向击穿电压内基本为常量;e 为电子电量,k 为玻耳兹曼常量;U 为 PN 结两端电压(负偏);T 为热力学温度。

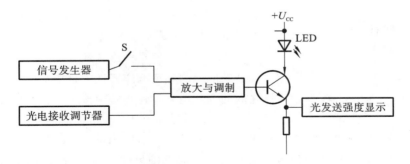

图 4.2.3 发送光的设定、驱动和调制电路框图

当硅光电池用作光电转换器时,硅光电池必须处于零偏或负偏状态,此时硅光电池产生的光生电流 I_P 与输入光功率 P_i 有以下关系:

$$I_P = RP_i \qquad\qquad (4.2.4)$$

式中,R 为响应率,与半导体材料和入射光波长有关。

硅光电池可以把接收到的光信号转换为与之成正比的电流信号,再经电流电压转换器将其成比例地转换成电压信号。硅光电池的工作原理如图 4.2.5 所示。

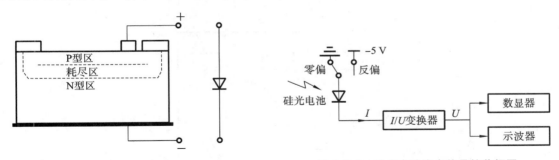

图 4.2.4 硅光电池结构示意图　　　图 4.2.5 硅光电池光电信号接收框图

4. 硅光电池的开路电压和短路电流

当 $I_P = 0$ 时,负载电阻 $R_L = \infty$。此时电路的电压称为硅光电池的开路电压,用 U_{OC} 表示。

$$U_{OC} = \frac{kT}{e}\ln\left(\frac{I_P}{I_0} + 1\right) \qquad\qquad (4.2.5)$$

当 $R_L = 0$ 时所测电流称为短路电流,用 I_{SC} 表示。

$$I_{SC} = I_P = S_E \cdot E_V \qquad\qquad (4.2.6)$$

式中,S_E 表示硅光电池的灵敏度(又称光电响应度),E_V 表示入射光照度。

由式(4.2.5)和式(4.2.6)可知,硅光电池的短路光流 I_{SC} 与入射光照度成正比,而开路电压 U_{OC} 与入射光照度之间的关系是非线性的。因此,在线性测量中,硅光电池通常以电流形式使用,故短路电流与入射光照度(光通量)呈线性关系是硅光电池重要的光照特性。

5. 硅光电池的伏安特性

硅光电池伏安特性的测定如图 4.2.6 所示。入射光子把处于价带上的束缚电子激发到导

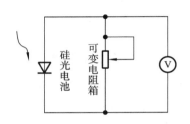

图 4.2.6　硅光电池伏安特性的测定

带上,产生的电子、空穴在势垒电场的作用下分别漂移向 PN 结两端,从而产生光伏效应。在硅光电池两端加一个负载电阻,电路中就会有电流通过。实验时可通过改变负载电阻 R_L 的值来测定硅光电池的伏安特性。

6.硅光电池的频率响应特性

硅光电池的频率响应特性就是指输入光信号与输出电压之间的变化关系。在实验中输入受正弦信号调制的光信号,分别测量不同频率下,硅光电池的输出电压的相关信息,如谐振峰值 A_0(幅频特性的最大幅值)、谐振频率 f_0(谐振峰值 A_0 对应的频率)、带宽和截止频率(截止频率是幅频特性的幅值高于 $0.707A_0$ 时的临界频率,共有高低两个截止频率——上限截止频率 f_H 和下限截止频率 f_L,f_H 和 f_L 之间的频率范围即为带宽)。

【实验仪器】

硅光电池特性研究实验仪、示波器和数字电压表。

图 4.2.7 所示为硅光电池特性研究实验仪的面板图。发光二极管在驱动电流的作用下可产生高强度可控光照,硅光电池在光照的作用下可产生光生电流,偏置电压切换开关用于选择负载、零偏和负偏状态。

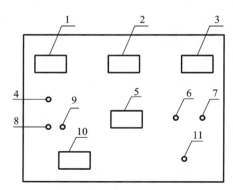

图 4.2.7　硅光电池特性研究实验仪的面板图

1—发送光强度显示;2—光源驱动与调制;3—2 V 数显电压表与接收光强度显示切换按钮;

4—调制信号输入;5—I/U 转换模块(左侧为光电流输入端,右侧为电压输出端);6—信号输出;

7—功能转换开关(共有零偏、负偏和负载三个选项);8—发送光强度调节;9—幅值调节;

10—负载调节(负载阻值范围为 0～1 111 100 Ω);11—仪器开关

【实验步骤】

熟悉仪器的功能,预热 10 min 后,按操作步骤做实验。

1.测定硅光电池在零偏和反偏状态下输出电压与入射光强度的关系

将硅光电池输出端接到 I/U 转换模块的输入端,将 I/U 转换模块的输出端连接到数字电压表的输入端(注意正负极不要接反),调节发光二极管的静态驱动电流(发光强度指示 0～2 000 相当于驱动电流 0～20 mA),将功能转换开关分别调到零偏或负偏位置,测定硅光电池的输出电压与入射光强度之间的关系,并记录数据于表 4.2.1 中,在同一张方格纸上作图,比较硅光电池在零偏和负偏状态下两条曲线之间的关系。

表 4.2.1 硅光电池输出电压与入射光强度之间的关系实验数据表格

发光二极管发光强度指示	硅光电池零偏/V	硅光电池负偏/V
100		
200		
⋮		
2 000		

2. 测定硅光电池的开路电压

将硅光电池的输出接入实验仪数显电压表,调节发光二极管的发光强度,在表 4.2.2 中记录下相应的开路电压,并根据表中数据画出对应的曲线,总结光电池开路电压特性。

表 4.2.2 硅光电池开路电压与入射光强度之间的关系实验数据表格

发光二极管发光强度指示	开路电压/V
0	
100	
200	
300	
400	
500	
600	
700	
⋮	
2 000	

3. 测定负载不变时硅光电池输出电压与入射光强度之间的关系

将硅光电池的输出接入负载电阻,并将实验仪数显电压表并联在负载电阻两端(负载电阻分别取 10 kΩ、20 kΩ、30 kΩ、40 kΩ、50 kΩ 和 60 kΩ),调节发光二极管的静态驱动电流(入射光强度),并将所测量负载电压记录于表 4.2.3 中,画出输出电压与入射光强度的关系曲线,并分析实验结果。

表 4.2.3　硅光电池输出电压与入射光强度之间的关系实验数据表格

10 kΩ		20 kΩ		30 kΩ		40 kΩ		50 kΩ		60 kΩ	
发光强度	负载电压/V	发光强度	负载电压/V	发光强度	负载电压/V	发光强度	负载电压/V	发光强度	负载电压/V	发光强度	负载电压/V
100		100		100		100		100		100	
200		200		200		200		200		200	
⋮		⋮		⋮		⋮		⋮		⋮	
2 000		2 000		2 000		2 000		2 000		2 000	

4. 测定硅光电池的伏安特性

将硅光电池的输出接入负载电阻,并将实验仪数显电压表并联在负载电阻两端。调节发光二极管的静态驱动电流(入射光强度)至 15 mA(入射光强度显示为 1 500),测量当负载在 0～100 kΩ 的范围内变化时,硅光电池的输出电压随负载电阻变化的关系曲线,并将测量数据记录于表 4.2.4 中。

表 4.2.4　硅光电池输出电压与负载电阻之间的关系实验数据表格

静态驱动电流:15 mA	
阻值/Ω	输出电压/V
10	
100	
1 000	
10 000	
100 000	

5. 测定硅光电池的频率响应特性

将功能转换开关分别调到"零偏"或"负偏"位置,然后将硅光电池的输出端连接到 I/U 转换模块的输入端。调节发光二极管的静态驱动电流至 15 mA(入射光强度显示为 1500),在信号输入端加正弦调制信号,使发光二极管发送受调制的光信号。保持输入的正弦调制信号的幅值不变,调节信号发生器的频率,用示波器观测并测定记录调制信号的频率变化时硅光电池输出电信号幅值的变化,并测定其截止频率。将所有测量数据记录于表 4.2.5 中,在同一坐标纸上画出硅光电池在零偏和负偏状态下的频率响应曲线,并分析实验结果。

表 4.2.5　测定硅光电池的频率响应特性实验数据表格

静态驱动电流 $I=15$ mA;振幅最大值 $A_0=$ ____;上限截止频率对应振幅 $A_H=$ ____;上限截止频率 $f_H=$ ____

信号频率 f/kHz	0.05	0.5	1	5	10	20	30	40	50
信号幅度 U_{pp}/mV									

【实验思考】

(1)光电池在工作时为什么要处于零偏或反偏状态?

（2）硅光电池对入射光的波长有何要求？

【注意事项】

（1）连接电表时,注意正负极不要接反,检查无误后再打开电源。
（2）每台实验仪的插线都是配套的,实验完毕后要将插线摆放整齐。
（3）调节发光二极管发光强度时要慢。
（4）操作仪器时要小心,不要损坏实验仪。

【拓展应用】

硅光电池
的应用

　　硅光电池主要分为单晶硅光电池、非晶硅光电池、多晶硅光电池三大类。单晶硅光电池转换效率最高;多晶硅光电池成本比单晶硅光电池低,而效率高于非晶硅光电池;非晶硅光电池成本低,重量轻,有极大的发展潜力。硅光电池可作为人造卫星、宇宙飞船、航标灯、无人气象站等设备的电源,也可用作近红外探测器、光电耦合器和电影还音设备等器件的光感受器。此外,硅基太阳能电池在军事上也有广泛的应用,如我国高原地区边防部队已经开始配备太阳能发电器,士兵背囊上装有太阳能发电装置,该装置在白天可为装备供电,满足巡逻电台等便携式通信装备的用电需求。太阳能战术系统由于便于携带、没有噪声和方便伪装等优点而广受军方的青睐。

【人物传记】

　　威廉·肖克利(1910—1989),是美国物理学家,出生于英国伦敦,1932年在美国加州理工学院获学士学位,1936年获麻省理工学院固体物理学博士学位。1947年,肖克利与两位同事共同发明了晶体管。这一发明被当时的媒体和科学界称为"20世纪最重要的发明",他们三人因此荣获1956年获得诺贝尔物理学奖。1951年,他成为美国国家科学院院士。1955年,他创立了肖克利实验室股份有限公司,聘用了很多优秀的人才。但很快肖克利个人的管理方法导致了公司内部不合,八名主要员工于1957年集体跳槽成立了仙童半导体公司,后来开发了第一块集成电路,而肖克利实验室股份有限公司则每况愈下,最终于1968年永久关闭。肖克利于1963年开始任斯坦福大学教授,1989年因前列腺癌去世,走完了充满传奇一生。

第5章　虚拟仿真实验

一、仿真实验简介

仿真实验通过设计虚拟仪器建立虚拟实验环境,使学生可以在这个环境中自行设计实验方案、拟订实验参数、操作仪器,模拟真实的实验过程,营造自主学习的环境。仿真实验在大面积开展开放性、设计性、研究性实验教学中发挥重要作用。

未做过实验的学生通过软件可对实验的整体环境和所用仪器的原理、结构建立起直观的认识。仪器的关键部位可拆卸,在调整过程中可以实时观察仪器各种指标和内部结构动作的变化,从而增强对仪器原理的理解,增强对功能和使用方法的训练。实验仪器实现了模块化,学生可对所提供的仪器进行选择和组合,用不同的方法完成同一实验目标,培养自己的设计思考能力,并通过对不同实验方法的优劣和误差大小的比较,提高自己的判断能力和实验技术水平。

通过剖析教学过程,仿真实验在设计上充分体现教学思想的指导,学生只有在理解的基础上通过思考才能正确操作,从而克服了实际实验中出现的盲目操作和走过场现象,大大提高了实验教学的质量和水平。对与实验相关的理论进行演示和讲解,对实验的背景和意义、应用等方面进行介绍,促使仿真实验成为连接理论教学与实验教学、培养学生理论与实践相结合思维的一种教学模式,为大面积开设设计性、研究性实验提供了良好的教学平台和教学环境。

另外,实验自带操作指导,学生可以对实验结果进行自测。

二、仿真实验登录操作方法

(1)打开浏览器,在地址栏输入仿真实验网站网址,访问"大学物理虚拟仿真实验"主页。

(2)进入登录界面,输入用户名和密码。

(3)单击位于页面上方的"仿真实验",向下翻动页面,选择具体实验。

(4)在仿真实验界面左侧,可选择浏览"实验简介""实验原理""实验内容""实验仪器""实验指导""在线演示""开始实验"。

(5)单击位于左下方的"开始实验",浏览"实验操作说明",按要求下载并安装"运行环境",之后单击位于页面中间的"开始实验"。

(6)进入虚拟仿真系统,开始实验操作。

5.1　偏振光的观察与研究虚拟仿真实验

光的偏振最早是由牛顿在 1704—1706 年间引入光学的。"光的偏振"这一术语是马吕斯在 1809 年首先提出的,他还在实验室发现了光的偏振现象。麦克斯韦在 1865—1873 年间建立了光的电磁理论,从本质上说明了光的偏振现象。根据电磁波理论,光是横波,它的振动方向和光的传播方向垂直。利用光的偏振现象,在物理学方面可以测量材料的厚度和折射率,可以了解材料的微观结构。利用偏振光的干涉现象,在力学方面可以检测材料的压力分布,在建筑工程学方面可以检测桥梁和水坝的安全度。

【实验目的】

(1)观察光的偏振现象,探索偏振的物理规律;

(2)掌握线偏振光、椭圆偏振光和圆偏振光的产生方法;

(3)掌握虚拟仿真实验的上机操作。

【实验内容】

验证马吕斯定律,研究 1/4 波片和 1/2 波片对偏振光的影响。

【实验原理】

1.偏振光的概念

波在传播过程中振动方向在振动面内的不对称性叫作偏振,只有横波才能产生偏振现象。如图 5.1.1 所示,光矢量振动的空间分布相对光的传播方向不具有对称性的现象叫作光的偏振,光的偏振不仅证明光具有波动性,还说明光是横波。

根据光的偏振特性,可以将光分为以下几类。

(1)自然光。自然光是各方向的振幅相同的光。自然光的振动在垂直于光的传播方向的平面内可取所有可能的方向,没有一个方向占有优势。若把所有方向的光振动都分解到相互垂直的两个方向上,则在这两个方向上的振动能量和振幅都相等。

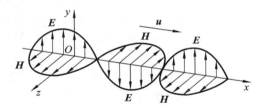

图 5.1.1 光的偏振

(2)线偏振光。线偏振光是指在垂直于光的传播方向的平面内,光矢量只沿一个固定方向振动。

(3)部分偏振光。部分偏振光可以看作由自然光和线偏振光混合而成,即它在某个方向上的振幅占优势。

(4)圆偏振光和椭圆偏振光。圆偏振光和椭圆偏振光是指光矢量末端在垂直于光的传播方向的平面上的轨迹呈圆或椭圆。

2.改变偏振态的方法和器件

将非偏振光变成线偏振光的过程称为起偏,鉴别光的偏振状态的过程称为检偏。常见的起偏或检偏元件有两种:光学棱镜和偏振片。

(1)光学棱镜:如尼科耳棱镜、格兰棱镜等,利用光学双折射的原理制成。

(2)偏振片:一般利用聚乙烯醇塑胶膜制成,这种材料具有梳状长链形结构分子,大量分子平行排列在同一方向上,只允许垂直于排列方向的光振动通过,因此,自然光穿过膜片后变为线偏振光。

马吕斯定律:马吕斯在 1809 年发现完全线偏振光通过检偏器后的光强可表示为

$$I = I_0 \cos^2 \alpha$$

式中,α 是检偏器的偏振方向和入射线偏振光的光矢量振动方向的夹角,如图 5.1.2 所示。

(3)波晶片:又称相位延迟片,是从单轴晶体中切割下来的平行平面板。如图 5.1.3 所示,光线穿过方解石晶体时,发生双折射现象,形成两束折射光:o 光和 e 光。由于波晶片内 o 光和 e 光的速度 v_o、v_e 不同,它们通过波晶片的光程也不同,且相位差 $\Delta = 2\pi(n_o - n_e)d/\lambda$。若波晶片厚度 d 满足 $(n_e - n_o)d = \lambda/4$,即 $\Delta = \pm\pi/2$,我们称之为 1/4 波片;若满足 $(n_e - n_o)d = \lambda/2$,即 $\Delta = \pm\pi$,我们称之为 1/2 波片;若满足 $(n_e - n_o)d = \lambda$,即 $\Delta = 2\pi$,则称之为全波片。

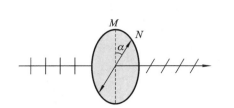

图 5.1.2　马吕斯定律

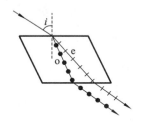

图 5.1.3　波晶片光路

3.借助检偏器和 1/4 波片检验光的五种偏振态

(1)只用检偏器(转动)。

对于线偏振光,可以出现极大和消光现象。

对于椭圆偏振光和部分偏振光,可以出现极大和极小现象。

对于圆偏振光和非偏振光,各方向光强不变。

(2)用 1/4 波片和检偏器(转动)。

对于非偏振光(自然光),各方向光强不变。

对于部分偏振光,仍出现极大和极小现象。

对于圆偏振光,出现消光现象。

对于椭圆偏振光,当把 1/4 波片的快慢轴放在光强极大位置时出现消光现象。

【实验仪器】

光源、偏振片、波晶片、光屏,如图 5.1.4 所示。

光源

偏振片

波晶片

光屏

图 5.1.4　实验仪器

【上机操作】

1. 选择实验

在大学物理虚拟仿真系统中选"光学实验"分类中的"偏振光的观察与研究",单击进入该操作实验界面,单击"开始实验"。

2. 仿真操作

(1)开始实验后,从实验仪器栏中单击拖曳仪器至实验台上,界面如图 5.1.5 所示。

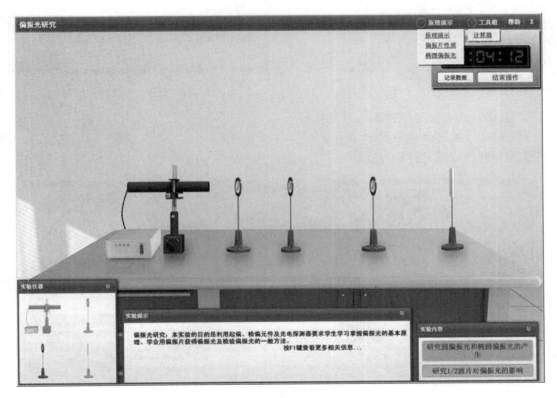

图 5.1.5　"偏振光的观察与研究"仿真实验操作主界面

(2)光源调节。

双击桌面上的光源小图标,弹出光源的调节窗体,如图 5.1.6 所示,单击光源的开关按钮,切换光源的开关状态;单击"选择发出光"按钮,选择光源发出光类型,光源默认发出的是"自然光",如图 5.1.7 所示。

(3)偏振片调节。

双击桌面上的偏振片小图标,弹出偏振片的调节窗体,如图 5.1.8 所示。初始化时偏振片的旋转角度是随机的,用户使用时需要手动去校准。单击调节窗体中的旋钮来逆时针或顺时针旋转偏振片。其中 　　　　表示顺时针旋转, 　　　　表示逆时针旋转。最大旋转范围为 $360°$,最小刻度为 $1°$。

图 5.1.6　打开光源

图 5.1.7　设置光源发出光的类型

（4）波晶片调节（1/4 波片和 1/2 波片）。

双击桌面上的波晶片小图标，弹出波晶片的调节窗体，如图 5.1.9 所示。单击调节窗体中的旋钮来逆时针或顺时针旋转波晶片。

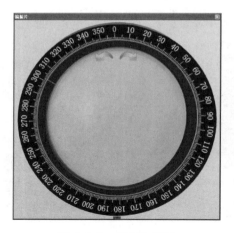

图 5.1.8　偏振片调节

图 5.1.9　波晶片调节

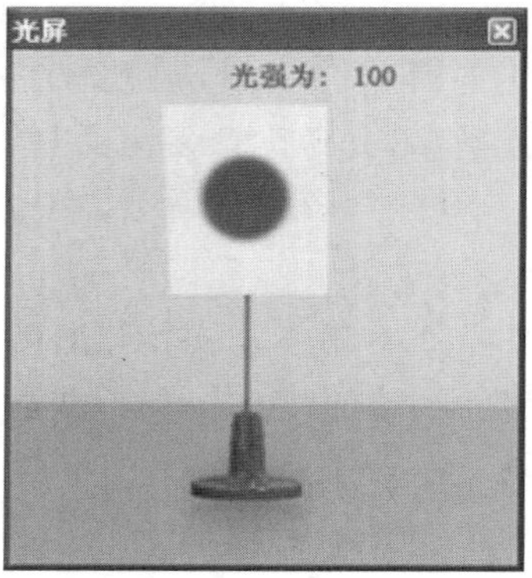

（5）光屏调节。

双击桌面上的光屏小图标，弹出光屏的调节窗体，如图 5.1.10 所示。光屏界面会显示一个光圈，光圈中的光的强度是会根据光源、偏振片、波晶片之间的关系来自动调整的。光屏上方会显示当前光强的数值，最大值为 100。

（6）记录数据。

单击记录数据按钮，弹出记录数据页面，如图 5.1.11 所示。根据要求选择发光类型，旋转偏振片和波晶片，观察光屏上光强的变化，记录实验数据。

图 5.1.10　调节光屏

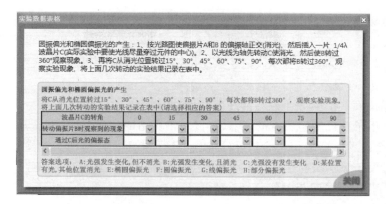

图 5.1.11　记录数据页面

【功能介绍】

1. 原理演示功能

单击位于界面右上角的"原理演示"(见图 5.1.5),在展开的选择菜单中选择"原理演示"、"偏振光性质"或"椭圆偏振光",可实现原理演示功能。其中,"原理演示"如图 5.1.12 所示。

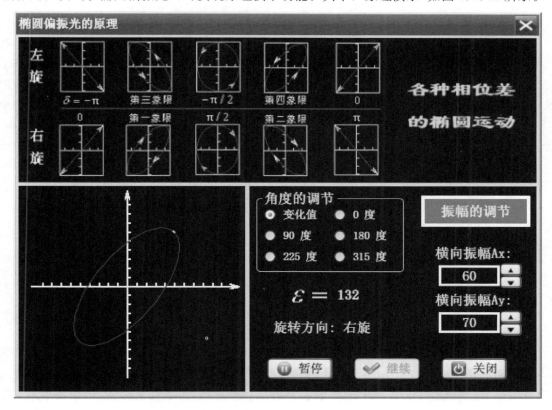

图 5.1.12　原理演示图

2.其他辅助功能介绍

位于界面右上角的功能显示框,在实验状态下,显示记录数据按钮、结束操作按钮;在考试状态下,显示考试所剩时间的倒计时、记录数据按钮、结束操作按钮、显示试卷按钮。

单击帮助按钮,可显示帮助文档。

在工具箱下拉菜单中单击计算器,可以使用计算器。

实验仪器栏用于存放实验所需的仪器,可以单击其中的仪器,将其拖放至桌面,鼠标触及仪器,实验仪器栏会显示仪器的相关信息;仪器使用完后,则不允许拖动实验仪器栏中的仪器了。

实验提示栏用于显示实验过程中的仪器信息、实验内容信息、仪器功能按钮信息等相关信息,按 F1 键可以获得更多的相关信息。

实验内容栏用于显示实验内容信息(多个实验内容依次列出),可以通过单击实验内容进行实验内容之间的切换。切换至新的实验内容后,实验桌上的仪器会重新按照当前实验内容进行初始化。

5.2　交流谐振电路及介电常数测量虚拟仿真实验

由电感、电容组成的电路,通以交流电时,即可产生简谐形式的自由振荡。由于回路中总存在一定的损耗,因此这种振荡会逐步衰减,形成阻尼振荡。若人为地给电路补充能量,使振荡能持续进行,则可从示波器上观察到回路电流随频率变化的谐振曲线,并由此求出回路的品质因数。本实验研究 RLC 串、并联电路的交流谐振现象,学习测量谐振曲线的方法,学习并掌握电路品质因数 Q 的测量方法及其物理意义。

【实验目的】

(1)观察和研究 RC、LC 串、并联电路的暂态过程,理解时间常量 τ 的意义;
(2)观察和研究 RLC 串、并联电路的暂态过程,掌握测量介电常数的方法;
(3)掌握虚拟仿真实验的上机操作。

【实验内容】

研究 RC、LC、RLC 串、并联电路的暂态过程及 RLC 阻尼振荡规律,测量介电常数。

【实验原理】

在由电容和电感组成的 LC 电路中,若给电容充电,就可在电路中产生简谐形式的自由振荡。若电路中存在一定的回路电阻,则振荡为振幅逐步衰减的阻尼振荡。此时若在电路中接入一交变信号源,不断地给电路补充能量,使振荡得以持续进行,形成受迫振动,则回路中将出现一种新的现象——交流谐振现象。电路也因串联或并联的形式不同,而展现出不同的特性。本实验研究 RLC 串、并联谐振电路的不同特性,并利用 RLC 串联电路测量未知电容,进而求得介电常数。

1. RLC 串联谐振电路

在常见的 RLC 串联电路中,若接入一个输出电压幅度一定、输出频率 f 连续可调的正弦交流信号源(见图 5.2.1),则电路的许多参数都将随着信号源频率的变化而变化。

电路总阻抗为

$$Z=\sqrt{R^2+(Z_L-Z_C)^2}=\sqrt{R^2+\left(\omega L-\frac{1}{\omega C}\right)^2} \tag{5.2.1}$$

回路电流为

$$I=\frac{u_i}{\sqrt{R^2+\left(\omega L-\frac{1}{\omega C}\right)^2}} \tag{5.2.2}$$

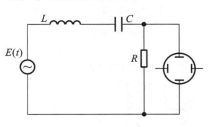

图 5.2.1 RLC 串联谐振电路

电流与信号源电压之间的相位差为

$$\varphi_i=-\arctan\left[\frac{\omega L-\dfrac{1}{\omega C}}{R}\right] \tag{5.2.3}$$

$\varphi_i<0$,表示电流相位落后于信号源电压相位;$\varphi_i>0$,表示电流相位超前于信号源电压相位。因此,当 ω 很小时,电路总阻抗 $Z\rightarrow\sqrt{R^2+\left(\dfrac{1}{\omega C}\right)^2}$,$\varphi_i\rightarrow\pi/2$,电流相位超前于信号源电压相位,整个电路呈容性。当 ω 很大时,电路总阻抗 $Z\rightarrow\sqrt{R^2+(\omega L)^2}$,$\varphi_i\rightarrow-\pi/2$,电流相位滞后于信号源电压相位,整个电路呈感性。当容抗等于感抗时,容抗与感抗互相抵消,电路总阻抗 $Z=R$,为最小值,而此时回路电流有最大值 $I_{\max}=U_i/R$,相位差 $\varphi_i=0$,整个电路呈阻性,这个现象即为谐振现象。发生谐振时的频率 f_0 称为谐振频率,此时的角频率 ω_0 即为谐振角频率,它们之间的关系为

$$\omega=\omega_0=\sqrt{\frac{1}{LC}},\quad f_0=\frac{\omega_0}{2\pi}=\frac{1}{2\pi\sqrt{LC}} \tag{5.2.4}$$

谐振时,通常用品质因数 Q 来反映谐振电路的固有性质。在交流电一个周期 T 内,电阻元件损耗的能量为 $W_R=I^2RT$。

经分析研究,可得出以下结论。

(1)Q 值越大,谐振电路储能的效率越高,储存相同能量时能量耗散越少。Q 的这个意义适用于一切谐振系统。微波谐振腔和光学谐振腔中的 Q 值都指这个意义。激光中所谓的"调 Q"技术,正是在这种意义下使用"Q 值"概念的。

(2)在谐振时,$U_R=U_I$,所以电感上和电容上的电压达到信号源电压的 Q 倍,故串联谐振电路又称为电压谐振电路。串联谐振电路的这个特点为我们提供了测量电抗元件 Q 值的方法。最常见的测 Q 值的一种仪器是 Q 表。当一个谐振电路的 Q 值为 100 时,若电路两端加 6 V 的电压,谐振时电容或电感上的电压将达到 600 V。在实验中不注意到这一点,就会很危险。

(3)Q 值决定了谐振曲线的尖锐程度(或称之为谐振电路的通频带宽度)。当电流 I 从最大值 $I_{\max}$ 下降到 $\dfrac{1}{\sqrt{2}}I_{\max}$ 时,在谐振曲线上对应有两个频率 ω_1 和 ω_2,$\Delta\omega=\omega_1-\omega_2$ 即为通频带宽度。显然,$\Delta\omega$ 越小,谐振曲线的峰就越尖锐,电路的选频性能就越好。

（4）在观察和研究 RLC 串联谐振电路的暂态过程实验中我们得知，当电阻 R 较小时，电路处于阻尼振荡状态，振幅按照 $\mathrm{e}^{-t/\tau}(\tau=2L/R)$ 的规律衰减。振幅衰减的时间常数 τ 代表振幅衰减到初始值的 $1/\mathrm{e}$ 需要的时间。这个值可用 Q 来表示，Q 值越大，振幅衰减得越慢。用示波器把 RLC 串联谐振电路的阻尼振荡曲线显示在荧光屏上，Q 值的大小即可根据各次振荡幅值之比得出。

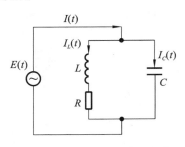

图 5.2.2 RLC 并联谐振电路

2. RLC 并联谐振电路

RLC 并联谐振电路如图 5.2.2 所示。这种电路也具有谐振的特性，但与 RLC 串联谐振电路有较大的差别。电路总阻抗为

$$Z=\sqrt{\frac{R^2+(\omega L)^2}{1-L(\omega C)^2+(\omega CR)^2}} \tag{5.2.5}$$

回路电流为

$$I=\frac{U_i}{Z} \tag{5.2.6}$$

电流与信号源电压之间的相位差为

$$\varphi_i=\arctan\frac{\omega C[R^2+(\omega L)^2]-\omega L}{R} \tag{5.2.7}$$

同 RLC 串联谐振电路一样，若固定 L、C、R 以及信号源电压峰值 U_i 不变，而只改变信号源的频率，则回路中 Z、I、φ_i 都将随信号源频率的改变而改变。当频率为 $\omega_0=\sqrt{\dfrac{1}{LC}}$ 时，Z 达到极大值，回路电流 I 达到极小值，即有 $Z_{\max}=Q^2R$，$I_{\min}=U_i/(Q^2R)$。这些特性与 RLC 串联谐振电路谐振时的情况相反。当 $\varphi_i=0$ 时，电路呈纯电阻性，达到谐振状态，此时并联谐振频率为

$$\omega_0'=\sqrt{\frac{1}{LC}-\left(\frac{R}{L}\right)^2} \tag{5.2.8}$$

RLC 并联谐振电路的特性也可用品质因数 Q 来描述，Q 值越大，电路的选频性能越强。谐振时，总回路电流 I 并不大，但 I_C 和 I_L 可以很大，它们的相位差近似为 π，幅度大小近似相等，所以，RLC 并联谐振电路在谐振时有一个很大的环形电流，且它的大小与 Q 有关。

$$Q=\frac{I_C}{I}\approx\frac{I_L}{I}=\frac{1}{\omega_0 RC} \tag{5.2.9}$$

这个大环流的物理意义就是，电磁能在电容和电感之间来回转换。RLC 并联谐振电路和 RLC 串联谐振电路一样，在无线电技术中也有着广泛的应用，特别是在振荡器和滤波器中，RLC 并联谐振电路往往是主要的组成部分。

3. 介电常数的测量

介质介电常数测量电路如图 5.2.3 所示。当开关选择 S_1 或 S_2 时，电路可以看成是一个 RLC 串联谐振电路。选择液体测量电极的任意一个挡位，用示波器监测，使 $u_i(t)$ 的峰值保持不变，测量 u_R 随频率 f 的变化情况，找到谐振频率点。根据式（5.2.4）求得接入电路的电容值 C，再根据公式 $C=\varepsilon_0 S/d$（S 和 d 已知）求出真空介电常数。

设 RLC 串联谐振电路中的总电容为 C，液体测量电极接入电路中的电容为 C_0，分布电容为 $C_\text{分}$，则有

$$C = C_0 + C_分 \qquad (5.2.10)$$

由式(5.2.10)可得 $C = C_0 + C_分 = \dfrac{1}{4L\pi^2 f^2}$，设 $k^2 = \dfrac{1}{4\pi^2 L}$，则 $C = C_0 + C_分 = \dfrac{k^2}{f^2}$。液体测量电极不注入液体，设把液体测量电极 S_1、S_2 接入 RLC 串联谐振电路时，谐振频率为 f_{01}、f_{02}，RLC 串联谐振电路的总电容为 C_{01}、C_{02}，则

$$C_{01} - C_{02} = \frac{k^2}{f_{01}^2} - \frac{k^2}{f_{02}^2} \qquad (5.2.11)$$

液体测量电极注入液体，设把液体测量电极 S_1、S_2 接入 RLC 串联谐振电路时，谐振频率为 f_1、f_2，

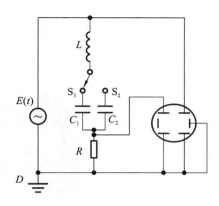

图 5.2.3　介质介电常数测量电路

RLC 串联谐振电路的总电容为 C_{01}、C_{02}，液体的介电常数为 ε_r，同理可得

$$\varepsilon_r(C_{01} - C_{02}) = \frac{k^2}{f_1^2} - \frac{k^2}{f_2^2} \qquad (5.2.12)$$

由式(5.2.11)和式(5.2.12)可得

$$\varepsilon_r = \frac{1/f_1^2 - 1/f_2^2}{1/f_{01}^2 - 1/f_{02}^2} \qquad (5.2.13)$$

【实验仪器】

电阻箱、电感箱、电容箱、示波器、信号发生器、液体测量电极。

【实验指导】

实验重点、难点如下：
(1)掌握 R、L、C 交流阻抗表达方法；
(2)熟练搭接串联和并联谐振电路；
(3)掌握测量谐振曲线的方法；
(4)掌握谐振时 R、L、C 上电压、电流和相位的变化与关系；
(5)理解频带与 Q 值的关系。

1.测量串联谐振电路谐振曲线
(1)启动实验程序，进入实验窗口。
(2)调节示波器。
打开示波器窗体。单击开关按钮，打开示波器电源。调节辉度旋钮、聚焦旋钮，并将校准信号接入示波器，分别对示波器 CH1 通道和 CH2 通道进行校准。
(3)按照图 5.2.4 进行线路连接：
①移动鼠标到仪器的接线柱上，按下鼠标左键不放；
②移动鼠标到目标接线柱上；
③松开鼠标左键，即完成一条连线。
(4)连好电路后，调节 R、L、C 至合适的值(见图 5.2.5)，根据公式计算电路发生谐振时对应的理论频率值 f_0。

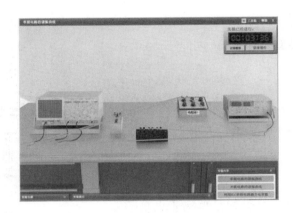

图 5.2.4　串联谐振电路连线图

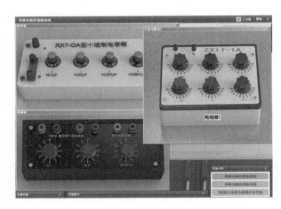

图 5.2.5　串联谐振电路仪器状态图

（5）打开信号发生器的电源，调节信号发生器的频率，使信号发生器的输出频率逐渐靠近计算出的理论值 f_0，可在 f_0 附近多选几个点进行测量，而在远离 f_0 处则可测得稀一些，观测谐振曲线，并记录频率不同时电阻上对应的电压值。

（6）将信号发生器的频率调节到电路实际发生谐振时的频率，观察示波器显示的波形，并记录下实际谐振频率值。

2.测量并联谐振电路谐振曲线

（1）在实验内容栏中选择"并联电路的谐振曲线"，在弹出的提示框中选择"是"，进入测量并联谐振电路的谐振曲线实验内容部分。

（2）调节示波器。

打开示波器窗体。单击开关按钮，打开示波器电源。调节辉度旋钮、聚焦旋钮，并将校准信号接入示波器，分别对示波器 CH1 通道和 CH2 通道进行校准。

（3）按照图 5.2.6 进行线路连接。

（4）连好电路后，调节 R_1、R_2、L、C 至合适的值，根据公式计算电路发生谐振时对应的理论频率值 f_0。调节信号发生器的频率，使信号发生器的输出频率逐渐靠近计算出的理论值 f_0，可在 f_0 附近多选几个点进行测量，而在远离 f_0 处则可测得稀一些，观测谐振曲线，并记录不同频率时电阻 R_2 与电容箱两端上对应的电压值。

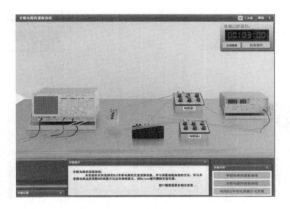

图 5.2.6　并联谐振电路连线图

(5)将信号发生器的频率调节到电路实际发生谐振时的频率,观察示波器显示的波形(见图 5.2.7),并记录下实际谐振频率值。

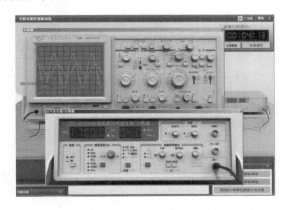

图 5.2.7　并联谐振电路曲线图

3.利用 RLC 串联谐振电路测量介电常数

(1)在实验内容栏中选择"利用 RLC 串联电路测介电常数",在弹出的提示框中选择"是",进入测量并联谐振电路的谐振曲线实验内容部分。

(2)调节示波器。

打开示波器窗体。单击开关按钮,打开示波器电源。调节辉度旋钮、聚焦旋钮,并将校准信号接入示波器,分别对示波器 CH1 通道和 CH2 通道进行校准。

(3) 按照图 5.2.8 进行线路连接。

(4)调节 R、L、C,首先选择电介质为空气进行测量。

(5)调节信号发生器的频率,观测并记录电路谐振时示波器的波形以及信号发生器所对应的频率值。

(6)保持电阻箱 R_1 和电感 L 值不变,选择"液体测量电极"中的电容介质为任意一种液体介质(如水)再次进行测量。

(7)重新调节信号发生器的频率,观测并记录电路谐振时示波器的波形以及信号发生器所对应的频率值。

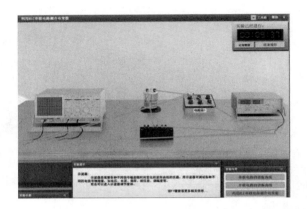

图 5.2.8 RLC 串联谐振电路测量介电常数连线图

（8）根据已知数据求出液体的介电常数以及相对介电常数。

第6章　居家物理实验

6.1　无　线　充　电

随着科技的快速发展,无线充电及相关技术在日常生活中已经比较常见,如最近几年应用日益广泛的手机无线充电、电动汽车无线充电等。其实,无线充电的物理原理和技术发明可以追溯到很久以前。1831年英国物理学家法拉第发现了电磁感应现象,之后经大量科学家研究和补充总结出的电磁感应定律为无线充电技术建立了理论基础。无线充电技术是物理学家兼发明家尼古拉·特斯拉发明的。在100多年前的哥伦比亚世博会上,特斯拉向人们展示用无线输电的方式点亮磷光照明灯。特斯拉还构想了一种无线输电方法,将地球作为内导体、电离层作为外导体,以振荡模式发射电磁波,在地球与电离层之间建立大约8 Hz的低频共振,再利用环绕地球表面的电磁波来传输能量。特斯拉的大胆构想并没有实现,虽然后人从理论上完全证实了这种方案的可行性,但地球没有实现大同,想要在全球范围内实现能量广播和免费获取是不可能的,一个伟大的科学设想就这样埋没于纸堆中。本实验从基础开始,利用无线充电装置、铜线、LED灯、智能手机探究无线充电的原理和规律。

【实验目的】

(1)了解无线充电在生活中的应用;
(2)设计实验方案,探究无线充电的原理和物理规律;
(3)探究无线充电时空间中的电磁场规律。

【实验内容】

(1)通过实验观察无线充电时的能量转化;
(2)设计实验方案,研究无线充电装置周围的磁场分布;
(3)研究无线充电装置周围的磁场变化规律。

【实验仪器】

无线充电装置、铜线、LED灯、智能手机。

【实验提示】

(1)将LED灯接入由铜线圈组成的闭合电路,改变铜线圈相对无线充电装置的位置,观察LED灯的亮度和闪烁频率。
(2)利用智能手机软件Phyphox测量空间中的磁场。

【实验报告要求】

(1)小组集体提交一份实验报告。报告内容包含实验日期和小组成员、实验目的、实验原理、设计思路和方案、实验现象(照片或视频说明)、数据图表、后续深入扩展内容等。

(2)小组答辩。要求制作 PPT 并现场进行汇报。

6.2 互感现象的研究

当一个线圈中的电流发生变化时,不仅线圈自身产生自感电动势,而且在临近的其他线圈中产生感应电动势。这种由于一个线圈中电流发生变化而在附近另外一个线圈中产生感应电动势的现象叫作互感现象,产生的感应电动势叫作互感电动势。互感现象、互感系数概念相对比较抽象,为了加强学员的感性认识,将抽象的概念具体化,使学员体会物理知识与技术、经济和社会的互动作用,并感悟利用辩证唯物主义的观点来分析问题,设计本居家实验,探究互感现象的影响因素。

【实验目的】

(1)了解互感现象以及对它的利用和防护;
(2)能够通过电磁感应的有关规律分析互感现象的成因,以及磁场的能量的转化问题。

【实验内容】

(1)通过实验观察外放音箱中声音的来源;
(2)设计实验方案,研究互感系数的影响因素。

【实验仪器】

耳机线、手机、外放音箱、线圈(2个)。

【实验提示】

(1)以小线圈作为初级线圈,将耳机线剪断,抽出两金属线,再将金属线分别接到小线圈的两接线柱上(此处接线不分正负极),将耳机与手机相连。这时手机与小线圈就构成了一个闭合的回路,且该回路会产生变化的电流。

(2)选用大线圈作为次级线圈,将外放音箱两接线柱与大线圈连接。

(3)可以从手机的声音、手机与外放音箱之间的距离、线圈中是否插入铁芯等方面研究互感系数的影响因素。

【实验报告要求】

小组集体提交一份报告。报告内容包括实验原理、实验设计思路、实验现象、测量数据和数据处理。

6.3　注水瓶的声音特性

在日常生活中,当我们向开水瓶中倒水或者直接敲瓶时,会发出声音,并且随着瓶中水面高度的变化,所发出的声音也不尽相同。这些现象都可以利用振动和波动理论来解释。注水瓶发声是由于瓶中的空气柱受到外界的干扰而与声波发生共鸣,进而形成驻波而导致的;而敲瓶发声主要是由瓶子本身的振动而导致的。本实验利用智能手机、声级计、摄像机、水泵和玻璃瓶等仪器设备探究向瓶内注水的过程中声音的变化特性。

【实验目的】

(1)观察向瓶内注水发声主要是由什么物体振动导致的;

(2)探究向瓶内注水发声的音调跟瓶内水深变化的规律;

(3)持续向瓶内注水,学会区分敲瓶发声的音调和吹瓶发声的音调有何异同。

【实验内容】

(1)设计实验装置,向一玻璃瓶注水,观察声音的来源。

(2)设计实验方案,调节玻璃瓶中水的深度,探究液面的变化如何影响声音的变化。

(3)设计实验方案,研究敲瓶发声和吹瓶发声的声音特性有何异同。

【实验仪器】

摄像机、玻璃瓶、水泵、声级计、智能手机。

【实验提示】

(1)声音的三个特征为频率、响度及音色,在向瓶内注水的过程中声音的这三个特征均会发生变化;

(2)可利用智能手机软件 Phyphox 测量声音的频率、观察声音的波形等,并建立物理模型。

【实验报告要求】

(1)小组集体提交一份实验报告。报告内容包含实验日期和小组成员、实验目的、实验原理、设计思路和方案、实验现象(照片或视频说明)、数据图表、后续深入扩展内容等。

(2)小组答辩。要求制作 PPT 并现场进行汇报。

6.4　测量重力加速度

地球表面附近的物体因受重力而产生的加速度叫作重力加速度或自由落体加速度,并用 g 表示。重力加速度不但与地球的纬度有关,而且与海拔高度有关。它的数值会随着纬度的升高而变大,随海拔高度的增大而减小。赤道的重力加速度最小,为 9.780 m/s²;而北极的重力加速度最大,为 9.832 m/s²。准确测量不同地区的重力加速度,对物理学、地球物理学、重力探矿、空间科学等都具有重要意义。重力加速度的测量方法有很多,其中单摆法是最经典的方法,有着悠久的历史。随着智能手机的普及,手机应用软件越来越多,专门针对物理实验的手机应用软件也不少。例如,Phyphox 物理实验软件也可以用来测量重力加速度,使用非常便捷。

【实验目的】

(1)掌握利用单摆测量重力加速度的原理和方法;
(2)学习长度、时间的测量与处理方法;
(3)掌握居家实验的操作,以及 Phyphox 等软件的使用;
(4)测量当地重力加速度的值。

【实验内容】

(1)设计一个单摆装置,并测量当地的重力加速度 g;
(2)研究利用智能手机软件 Phyphox 测量重力加速度 g;
(3)比较上述两种测量方法,分析引起实验误差的因素。

【实验仪器】

细线(或手机充电线、耳机线)、安装有 Phyphox 软件的智能手机、卷尺、秒表(或另一部手机自带的秒表)。

【实验提示】

(1)基于居家具备的条件制作出一个简易的单摆装置,设计时注意所选用的材料的相关参数的合理性。
(2)让单摆在同一平面内小角度摆动,并分别利用卷尺和秒表测出单摆的摆长 L 和作 50 次全摆动的时间 t,然后计算重力加速度 g。
(3)利用智能手机软件 Phyphox 中"力学"模块中的"摆"直接测量出单摆的周期 T、频率 ν、摆长 L 和重力加速度 g。
(4)分别记录实验数据,对两种测量方法进行比较,并分析引起实验误差的因素。

【实验报告要求】

(1)完成并提交实验报告。报告内容包含实验日期和小组成员、实验目的、实验原理、设计思路和方案、数据图表等。
(2)分享居家实验心得体会,展示各自制作的单摆装置。分小组以 PPT 的形式进行交流。

6.5 双缝干涉实验

杨氏双缝干涉实验是证明光的波动性的决定性实验。该实验利用极为简单的装置揭示了光的内在本质,并首次测量了光波波长。在量子力学中,双缝实验还可以验证微观粒子的波动性。因为设计巧妙和意义重大，杨氏双缝干涉实验在 2002 年被《物理世界》杂志评选为十大最美的物理实验之一。学生通过居家实验自己搭建实验装置、观察现象、测量光波波长，可以更好地领悟这一经典实验的美妙之处。

【实验目的】

(1)观察杨氏双缝干涉实验的现象，能够利用干涉原理分析干涉图像形成的原因；
(2)找到干涉现象随实验条件变化的规律，学会通过控制实验条件实现对干涉图像的调控；
(3)学会利用双缝干涉现象计算光波波长。

【实验原理】

(1)干涉原理示意图如图 6.5.1 所示。光源 S 发射的光波，通过两条间距很小的狭缝 S_1、S_2 之后，形成两束相干子波。两相干子波传播到观察屏 E 处形成干涉图样。在具体实验过程中，需调节光源和双缝的位置、双缝的间距等条件，最终满足干涉条件。

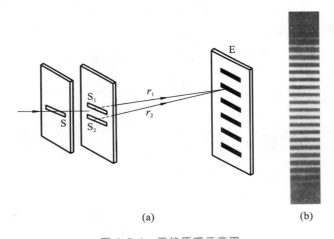

(a)　　　　　(b)

图 6.5.1　干涉原理示意图

假设 S_1、S_2 的间距为 d，双缝到观察屏的距离为 D，相邻条纹间的间距为 Δx，则入射光波长 λ 为

$$\lambda = \frac{d\Delta x}{D}$$

(2)调节双缝的间距 d 和双缝到观察屏的距离 D，观察干涉图像的变化情况；
(3)选用不同颜色的激光笔，观察不同波长的光入射时的干涉图像。

【实验内容】

(1)通过实验观察杨氏双缝干涉图像；
(2)探究干涉图像的变化规律；
(3)测量数据，计算光波波长。

【实验仪器】

光源(激光笔),杨氏双缝干涉实验装置(利用美工刀、纸片等工具自制),测量工具等。

【实验提示】

(1)自制装置,调整光路,观察实验现象,并利用干涉原理分析杨氏双缝干涉图像形成的原因。

(2)调节双缝的间距 d 和双缝到观察屏的距离 D,观察干涉图像的变化。(基础内容)

(3)测量 d、D 和相邻条纹间距 Δx,计算光源波长 λ,与光波波长的标准值进行比较,计算百分误差,并分析误差来源。(提高内容)

【实验报告要求】

居家完成实验后,需在线提交以下材料:

(1)以 PDF 的方式提交电子版实验报告;

(2)所有自制实验仪器的照片;

(3)拍摄 10 s 左右具有明显实验现象的过程视频(本人必须在视频内)。

第7章 物理实验常用仪器简介

7.1 力、热学实验常用仪器简介

长度、质量、时间和温度都是物理学中的基本物理量,这些物理量的测量方法有很多,而学习常规测量方法是学习现代化测量方法的基础,所以在大学物理实验中,对这些物理量的常规测量方法的训练至关重要。

(1)长度测量。长度测量所用的仪器主要有米尺、游标卡尺、螺旋测微器和光杠杆等。这些仪器不仅在实验室中利用率极高,而且在生产工具中应用也十分广泛。掌握它们的结构原理和使用方法是大学物理的基本要求。

(2)质量测量。质量测量所用的仪器主要有托盘天平、物理天平和分析天平。仪器的设计原理和使用操作是学习的重点。

(3)时间测量。时间测量所用的仪器主要有摆钟、机械秒表和数字毫秒计等。摆钟和机械秒表利用稳定的周期性运动来计时,而数字毫秒计利用标准脉冲信号来计时。

(4)温度测量。温度测量所用的仪器主要有水银温度计和温差电偶等。水银温度计多用于常温的测量,而温差电偶从低温测量到高温测量都可以应用。

在长度、质量、时间和温度这四个基本物理量当中,温度的测量误差最大,若实验精度要求较高,则必须做校准修正。

一、长度测量基本仪器

物理实验中常用的长度测量仪器有米尺、游标卡尺、螺旋测微器、读数显微镜和光杠杆等。一般用分度值和量程标识这些仪器的规格/尺寸。

1. 米尺

米尺是一种最常用的长度测量工具,一般最小分度值为 1 mm。米尺能够精确读到毫米位,毫米后一位则需凭眼睛估计。米尺的仪器误差取最小分度值的一半,即 0.5 mm。使用米尺时应注意以下三点。

(1)避免视差。读数时的视线应与所读刻度垂直,避免因视线方向改变而导致的读数误差。

(2)避免磨损带来的误差。若米尺的端点有磨损,测量时起点可以不从端点开始。

(3)避免刻度不均匀带来的误差。方法是取米尺的不同位置作起点反复进行测量。

2. 游标卡尺

如图 7.1.1 所示,游标卡尺由主尺(1)、游标尺(6)、测量爪(2 和 7)、深度尺(5)和紧固螺钉(4)组成。若主尺的最小分度值为 a,游标尺上共有 n 个分格,则游标卡尺的精度 δ 为

$$\delta = \frac{a}{n}$$

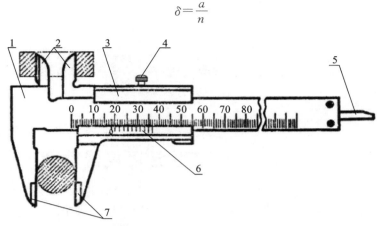

图 7.1.1　游标卡尺结构图

1—主尺;2—上量爪;3—尺框;4—紧固螺钉;5—深度尺;6—游标尺;7—下量爪

游标卡尺的读数可表示为

$$L = L_0 + \Delta L = L_0 + K\delta$$

式中,L 为待测量的总长;L_0 为主尺上的读数,是游标尺零刻度线对应的主标尺上的毫米刻度数;ΔL 为游标尺的读数,$\Delta L = K\delta = Ka/n$,$K$ 的物理意义是游标尺上的第 K 条刻线与主尺上某一条刻线对齐。

以最小刻度为 0.02 mm 的游标卡尺为例,测量结果如图 7.1.2 所示,读数为:$L = 21\ \text{mm} + 23 \times 0.02 = 21.46\ \text{mm}$。

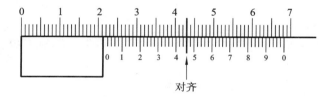

对齐

图 7.1.2　游标卡尺的读数示例

3. 螺旋测微器

螺旋测微器一般由尺架、测砧、测微螺杆、固定套管、微分套筒、测力装置和锁紧装置等组成,如图 7.1.3 所示。测量时,将待测物夹在测微螺杆端面与测砧之间。当旋转测微螺杆时,测微螺杆端面与测砧之间的距离就会发生变化。测微螺杆、微分套筒和测力装置结合在一起,旋转微分套筒同时能带动测微螺杆一起旋转,旋转测力装置时能带动微分筒和测微螺杆一起旋转。

螺旋测微器测量原理如图 7.1.4(a)所示。读数装置由固定套管和微分套筒组成。固定套管上的水平刻线为微分套筒读数的基准线。水平刻线上方是最小刻度为 1 mm 的标尺;水平刻线下方也是最小刻度为 1 mm 的标尺,但起点相对上方的标尺靠右错开了 0.5 mm,作为半毫米标尺。微分套筒的棱边作为整毫米和半毫米的读数准线。微分套筒的圆周共有 50 个分格,测微螺杆的螺距为 0.5 mm,当微分套筒每转动一格时,测微螺杆将向左或向右移动 0.01 mm。因此,微分套筒的分度值为 0.01 mm。

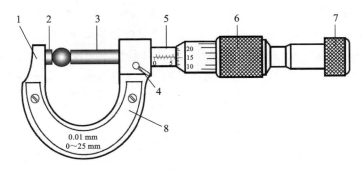

图 7.1.3　螺旋测微器结构图

1—尺架;2—测砧;3—测微螺杆;4—锁紧装置;

5—固定套管;6—微分套筒;7—测力装置;8—隔热装置

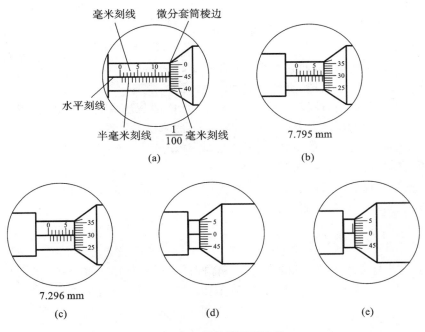

图 7.1.4　螺旋测微器读数

螺旋测微器读数原理如下:首先根据微分套筒的棱边在固定套管上的读数,读出整毫米数和半毫米数;然后从微分套筒上读出半毫米以内的部分,主要是看固定套筒的水平刻线对应的微分套筒的读数;最后估读一位,到 0.001 mm,即

待测量量读数 ＝ 固定套管上的读数 ＋ 微分套筒上的读数(含估读位)

读固定套管上的读数时,一定要注意看微分套筒的棱边是否过了固定套管水平刻线下方的半毫米刻线,若过了半毫米刻线,则最终的毫米读数应加上 0.5 mm。例如:图 7.1.4(b)为过了半毫米刻线的情况,读数是 7.795 mm;图 7.1.4(c)为未过半毫米刻线的情况,读数是 7.296 mm。两数最后的"5"和"6"均为估计位。

当测微螺杆和测砧的测量面接触时,如果微分套筒的零刻度线与固定套管上的水平刻线对准,同时微分套筒的棱边与固定套管的零刻度线重合,则此螺旋测微器没有零点误差,螺旋测微器零点读数为 0.000 mm;如果微分套筒的零刻度线未与固定套管上的水平刻线对准,则此螺旋测微器存在零点误差,如果微分套筒的零刻度线在固定套管的水平刻线之上,零点读数取负值,如图 7.1.4(d)所示,零点读数为－0.002 mm。若微分套筒零刻度线在固定套管的水平刻线之下,零点读数取正值,如图 7.1.4(e)所示,零点读数为＋0.003 mm。如果螺旋测微器存在零点误差,则测量值按下式进行修正:

$$测量值＝读数－零点读数$$

注意:当测量面与待测物快接触时,为防止螺旋测微器和待测物磨损或产生挤压变形,不能再快速旋转微分套筒,应小心旋转测力装置,使测量面轻轻地和待测物接触,待发出"咔咔"的响声时,就可以进行读数。同样,在测量完毕后,为防止热胀冷缩对仪器的损坏,应使螺旋测微器的两测量面之间留出一定的间隙,并将螺旋测微器放入量具盒内。

4. 读数显微镜

读数显微镜由光学部分和机械部分构成。光学部分是一个长焦距显微镜。机械部分主要有底座、由丝杠带动的滑台以及读数标尺等。读数显微镜的测长原理与螺旋测微器类似,读数可以精确到 0.01 mm,可估读到 0.001 mm。读数显微镜的操作方法如下。

(1)平稳放置读数显微镜,使它的物镜基本对准待测物。

(2)调节读数显微镜的目镜,直到能够看清里面的叉丝。

(3)调节物镜调焦手轮,使读数显微镜聚焦,直到能清楚地看到待测物,并且使得当眼睛左右移动时,叉丝和待测物所成像之间无相对移动。(此时视差已经消除)

(4)先让叉丝对准待测物的一端,记下读数,再转动丝杠,使叉丝对准待测物的另一端,再次记下读数,两次读数之差即为被测两点的间距。

注意:在测量过程中,丝杠只能沿同一个方向移动,中间不能反向,否则将会引起回程误差;要保证使叉丝的移动方向与被测两点间的连线平行。

二、质量测量基本仪器

天平是测量物体质量的常用仪器,利用等臂杠杆力矩平衡原理而制成。常见的天平主要有托盘天平、物理天平和分析天平。下面介绍物理天平的结构与使用方法。

图 7.1.5　物理天平结构图

物理天平的外形如图 7.1.5 所示。物理天平主要由横梁、支柱、底座、载物盘等构成。每台物理天平均配有一套砝码。物理天平的横梁上有三个刀口,中间刀口向下放置于支柱上,两侧刀口向上各悬挂一个载物盘。横梁下面正中间固定一个指针,当横梁处于制动架上时,指针下端处于支柱下方的标尺的中间刻度线处;当横梁摆动时,指针下端将在支柱下方的标尺前摆动。制动旋钮可以使横梁上升或下降。横梁上方左右两端有两个平衡螺母,用于在测物体质量前调节物理天平的初始平衡。横梁上方装有游码,用于辅助砝码进行 100 mg 以下的称衡。支柱左边有一个可以上下移动的小托盘,用于放置暂时不需要测量的物体。

1.物理天平的规格

物理天平的规格由以下考量来表示。

(1)灵敏度。物理天平在测量质量时,指针每偏转一格所需要添加的质量越小,则物理天平的灵敏度越高。

(2)量程。量程是指物理天平能够称量的最大质量。

(3)仪器误差。规范操作物理天平时,物理天平的仪器误差等于横梁上最小刻度的一半。

2.物理天平使用规程

(1)调节底板至水平。使用物理天平前,必须调节物理天平底脚螺钉,使底板上水平仪中的气泡位于中央位置,使物理天平底板处于平衡状态。

(2)调节天平至达到初始平衡。首先将游码置于横梁左端零刻度线上,然后转动制动旋钮,将横梁升起,观察指针静止后是否停在刻度线的中间位置;如不是,则需要调节左右两端的平衡螺母,直到指针指向中间刻度。

(3)遵循左物右码的原则。将物体放在物理天平的左盘,将砝码放在物理天平的右盘,并且物体和砝码都应置于载物盘的中央。此外,加减砝码必须使用镊子,严禁用手。

(4)注意横梁的放置状态。除了判断物理天平两端是否平衡时需要升起横梁外,为防止刀口损坏,取放物体和砝码、移动游标或调节物理天平时都应将横梁制动。

(5)采用"二分之一"法调游码。拨动游码时,应逐步采用调节"二分之一"的方法。

三、时间测量基本仪器

1.秒表

秒表是一种常用的测时仪器,主要分为机械秒表和电子秒表两大类。机械秒表一般有两个指针,长针是秒针,短针是分针。这种秒表的分度值一般是 0.2 s 或 0.1 s。

机械秒表使用注意事项如下。

(1)消除零点误差。使用前需检查机械秒表的零点是否准确,如果不准确,则需要利用该零点读数对测量结果进行修正,从而消除零点误差。

(2)防止摔碰。机械秒表使用时应避免碰撞振坏。

(3)测量完毕后应使机械秒表继续走动,让发条完全放松。

除机械秒表外,现在还常用电子秒表。常见的电子秒表多半以石英振荡器的振荡频率作为时间基准,由表面上的液晶显示屏显示时间,最小显示时间为 0.01 s。

2.数字毫秒计

数字毫秒计是一种精密计时装置。它利用数码管显示数字,控制计时方式有机控和光控两种。数字毫秒计的最大量程一般为 99.99 s,精度可达万分之一秒(0.1 ms)。

(1)机控。机控是利用机械接触开关的通与断来控制数字毫秒计的"计时"与"停止"。使用时将双线插头插入"机控"插孔内,将选择开关拨向"机控"位置。

(2)光控。光控需要配合光电门使用,是利用光是否照射到光电二极管,即光电二极管是否产生电脉冲来控制数字毫秒计的"计时"与"停止"。使用时将双线插头插入"光控"插孔内,将选择开关拨向"光控"位置。控制脉冲通过光电门输入挡位进行选择。

（3）时间信号选择开关。

根据测量的需要，可通过时间信号选择开关选择不同的挡位。

①0.1 ms 挡：最小单位为 0.1 ms，量程为 0～0.999 9 s。

②1 ms 挡：最小单位为 1 ms，量程为 0～9.999 s。

③10 ms 挡：最小单位为 10 ms，量程为 0～99.99 s。

（4）复位和复位延时。

复位（清零）有手动和自动两种方式。此外，还可以通过复位延时旋钮来调节自动清零的时间。将复位延时旋钮顺时针旋转可增加数据显示时间，将复位延时旋钮逆时针转动则可以做到使数据尽快清零。

四、温度计

温度计是用来准确地判断和测量温度的工具。物体的许多物理属性，如压强、体积、导体的电阻等都会随着温度的改变而发生变化。一般来说，任何物质的任一物理属性，只要它随温度的改变而发生单调的、显著的变化，都可以用来标志温度，做成温度计。科学研究中，常用的温度计有气体温度计、电阻温度计、温差电偶温度计、辐射高温计及光测高温计等。

利用气体的体积或压强随温度变化的属性制成的温度计，称为气体温度计。一般用氢气或氦气作为测温物质，因为这两种气体的液化温度接近绝对零度，所以测温范围很广。气体温度计精确度很高，多用于精密测量。气体温度计包括定容气体温度计和定压气体温度计两种。定容气体温度计的结构和操作等相对比较简单，应用更广。

利用电阻值随温度变化这一特性制成的温度计，称为电阻温度计。电阻温度计包括金属电阻温度计和半导体电阻温度计。金属电阻温度计一般采用铂、金、铜、镍等纯金属及铑铁、磷青铜合金作为测温物质；半导体电阻温度计主要采用碳、锗等作为测温物质。电阻温度计的测量范围为 -260 至 600 ℃。

7.2 电磁学实验常用仪器简介

一、电源

电源是把其他形式的能量转换成电能的装置。电源分为直流电源和交流电源两大类。

1.直流电源

直流电源接入电路后，电路两端形成恒定的电势差，此电势差可维持电流的稳恒流动。常用的直流电源有干电池、蓄电池、晶体管直流稳压电源、直流发电机等。干电池和蓄电池都是化学电池，它们放电时，会将化学能转换成电能，随着化学物质的消耗完毕，电源将不能工作。在干电池和蓄电池的使用过程中，电压会有微小的改变，对于精度要求较高的实验，应注意由此引起的系统误差。若需获得较大的电压，则可将两直流电源串联；若需获得较大的电流，则可将两等电动势的直流电源并联。

2.交流电源

交流电源接入电路后，电路中的电流方向将随时间做周期性变化。常用的交流电源是电网电源,电压为 220 V,频率为 50 Hz。若仪器对电压的稳定性要求较高,则可在电路中接入交流稳压器。若仪器的额定电压大于或小于 220 V,则可在电路中接入变压器。

二、电阻器

实验室常用的电阻器有电阻箱和滑线变阻器。

1.电阻箱

电阻箱是箱式电阻器。在它的内部,多个不同阻值的电阻按不同的方式连接。选择不同的连接方式,就可以得到不同的电阻。为保持阻值对温度的稳定性,内部的电阻选用康铜和锰铜合金丝绕制而成,使用时可通过调节转盘获得不同范围内的阻值。电阻箱的读数是将各转盘上的读数乘以面板上表示的倍数后相加。

使用电阻箱时应注意以下事项。

(1)电阻箱有一个额定功率,电路中的负载功率只能小于或等于该额定功率。此外,当选择不同的挡次时,电路中允许通过的电流不同,通常电阻挡次越高,允许通过的电流越小,使用时应注意工作电流不能超过该电流。

(2)转动转盘时,每次必须旋转到位,以保证转盘内部的弹簧触点接触良好。

2.滑线变阻器

滑线变阻器是可以连续改变阻值的电阻器。在电路中,根据实际情况不同,负载两端可能会需要不同的电压,将滑线变阻器接入电路,通过滑块的移动改变阻值,可以实现改变电压的目的。滑线变阻器与电阻箱的差别在于:变阻箱的阻值不能连续变化,但具体的大小可直接读出;滑线变阻器的阻值可连续变化,但随着滑块的移动,阻值的大小是未知的,不能直接从仪器上读出。

三、电表

电表是用来测量各种电学量的仪器。常用的电表有电流表、电压表、万用表等。有的电表通过指针的偏转表示值的大小,有的电表则直接通过数字来显示值的大小。

1.检流计

检流计是用来检验微弱电流的磁电式仪表。实验中检流计不仅可以测量微弱的电流或微弱的电压,还可以用于平衡指零。例如,在直流电桥中,就可以用检流计来判断电路是否平衡。检流计比电流计要灵敏很多,在使用过程中需要防振。此外,允许通过检流计的电流通常不能超过 1 μA,要注意对检流计的保护,不可接入过大的电流。

2.直流电流表

直流电流表是测量直流电路中电流大小的仪表。根据量程的大小,直流电流表可分为安培表、毫安表、微安表。为测量较大的电流,直流电流表内部通常都是将磁电系测量机构与分流电阻并联。电表接入电路时,大部分的电流将从分流电阻中通过,只有少量的电流通过磁电系测量机构,这样就保证了一个较大的电流量程。并联不同的分流电阻,可以得到不同量程的电流表。

使用直流电流表时需要注意以下几点。

(1)直流电流表只能串联接入电路。

（2）直流电流表存在正、负极，使用时电源的正、负极和直流电流表的正、负极必须对应。

（3）选用直流电流表时，首先要查看表的量程，为防止损坏直流电流表，一般可先选用量程较大的直流电流表进行估测，然后根据估测的结果再选择合适的直流电流表。

对于指针式直流电流表，为了减小读数误差，读数时必须平视表盘。

3.直流电压表

直流电压表是测量直流电路中电压大小的仪表。与直流电流表相反，为得到较大的电压，直流电压表内部通常需要将磁电系测量机构与一个分压电阻串联。直流电压表接入电路时，大部分的电压都落在了分压电阻的两端，只有较少的电压落在磁电系测量机构。串联不同的分压电阻，直流电压表的量程也将不同。

使用时，直流电压表只能并联接入电路。直流电压表也存在正、负极，使用时应注意正极接高电势，负极接低电势。直流电压表在量程的选择和读数方面与直流电流表类似。

4.万用表

万用表是可以用来测量电流、电压、电阻等多种物理量的多功能仪表。万用表既适用于直流电，也适用于交流电。万用表用磁电式直流电流表作表头，当测量不同的物理量时，会将表头接入不同的电路，比如：测量直流电流时，需将表头与分流电阻并联；测量直流电压时，需将表头与分压电阻串联；测量交流电压时，需在表头上加装一个并、串式半波整流电路，使交流变直流后再通过表头。万用表因为测量对象多、测量范围广、使用方便而得到广泛应用。

使用万用表时需要注意以下几点。

（1）根据测量的需要，选择合适的挡位，千万不能用电流挡和电阻挡去测量电压，否则会烧坏万用表。使用结束后，建议将挡位置于交流电压的最高挡，避免下次使用时因操作不当损坏仪表；切记，挡位不能置于电阻挡。

（2）正确选择量程。与直流电流表和直流电压表的量程选择类似，当被测量的值无法估计时，为防止损坏万用表，一般可先选用较大的量程进行估测，然后根据估测的结果再选择合适的挡位。

（3）测量电阻时，应先将两个表棒接触，使电路短路，把零点校准后再测量待测电阻。使用时，不能将用两手接触被测电阻的两端或表棒的两端，防止将人体与被测电阻并联。

（4）使用电压挡测量电压时，应注意此时万用表的内阻与被测两端电阻的大小关系，只有当万用表的内阻远大于被测两端电阻时，测量得到的电压才是可信的。

（5）测量直流电流和直流电压时，要注意万用表正、负极的正确连接，若指针翻转，则需立刻调换正、负极。

四、开关

开关是电磁学实验中用来控制电路的接通、断开或使电流转流到其他电路的电子元件。使用开关时，应注意它的额定电压和额定电流。若开关两端的电压超过它的额定电压，则两触点间会打火击穿；若通过开关的电流超过它的额定电流，则开关会被烧毁。

常用的开关有轻触开关、延时开关、光电开关等。

1.轻触开关

轻轻点按轻触开关按钮，电路接通；松开轻触开关按钮，电路断开。轻触开关的内部是一个金属弹片，通过弹片的受力弹动实现开关的接通与断开。轻触开关体积小，重量轻，常用于数码产品、遥控器、通信产品、家用电器、汽车按键等。

2. 延时开关

延时开关是用来延时接通和断开电路的一种开关，它利用的是电磁继电器的原理。延时开关主要有声控延时开关、光控延时开关和触摸式延时开关等。

3. 光电开关

光电开关主要将光的强弱变化转化为电流的大小变化，从而达到探测的目的，属于传感器中的一种，是采用集成电路技术和 SMT 安装工艺制造的新光电开关器件。光电开关延时性好，抗相互干扰能力强，可靠性高，并能自我诊断，被广泛地应用于物位检测、信号延时、自动门传感、防盗警戒等方面。

7.3　光学实验常用仪器简介

光学仪器由单个或多个光学器件构成。利用光学仪器可使实物的像放大、缩小或将像记录下来。光学仪器因为具有非接触式观察和高精度测量等优势，已成为生产、生活、科研以及国防等领域不可缺少的观察、测试、分析和记录工具。

一、概述

光学仪器是能够产生光波或接收光波、分析光波、确定光波的光学性质、进行光学成像的一类仪器。组成光学仪器的主要光学元件有透镜（各类目镜、物镜）、棱镜、反射镜（平面、球面）、光栅等。光学元件一般由玻璃构成，是光学仪器中最易损坏的部分，使用时要特别小心，必须按照操作规程正确使用，注意保护和维护。

二、常用的目视光学仪器

1. 放大镜

放大镜是用来观察物体微小细节的仪器，短焦距的凸透镜可用作放大镜。物体对眼睛所张的角称为视角，放大镜的作用是增大视角。当视角增大时，像也会增大，物的细节分辨就更加清晰了。

2. 望远镜

望远镜是用来观察远距离物体的仪器，是天文和地面观测不可缺少的工具。望远镜主要由长焦距的物镜和短焦距的目镜构成。物镜能使远距离的物体在其焦平面形成一个缩小而移近的实像，再通过目镜，就形成了一个放大、倒立的虚像。

3. 显微镜

显微镜是用来观察细小物体的仪器。与望远镜类似，它也由目镜和物镜组成。将物体放在物镜焦点外不远处，通过物镜，物体成一放大的实像，将目镜置于合适的位置，使该实像落在目镜焦点内靠近焦点处，物镜形成的实像经过目镜后再次放大并形成一位于眼睛的明视距离处的虚像。

三、常用的光源

白炽灯、钠灯、汞灯和氦氖激光器（He-Ne 激光器）是实验室最常用的光源，下面对它们作简单介绍。

1. 白炽灯

白炽灯是一种热辐射光源，一般用于照明。白炽灯由耐热玻璃泡壳内装钨电阻丝构成。为防止钨电阻丝氧化，玻璃泡壳内会充有惰性气体。通电后，钨电阻丝被加热到白炽状态，发出明亮的光芒，并向外辐射连续光谱。白炽灯因为具有使用方便、显色性好等优点而被广泛使用。需要注意的是，由于不同类型的灯泡的额定电压不同，使用时必须注意供电电压，防止灯泡烧毁或发生爆炸事故。

2. 钠灯与汞灯

钠灯与汞灯是分别利用钠蒸气、汞蒸气在强电场中发生电离放电而产生可见光的电光源。钠灯是实验室中常用的单色光源，汞灯多用于街道照明。

钠灯的发光波长如下：在额定电压 220 V 下，可产生两种波长的单色光，波长分别为 589.0 nm（黄 1）和 589.6 nm（黄 2）。由于这两条谱线波长非常接近，因此光谱线是一组靠得很近的双黄线。在实验室使用时，可取它们的平均值 589.3 nm。

汞灯的发光波长如下：低压汞灯在电源电压为 220 V、管端工作电压为 20 V 时，可产生五种单色光，波长分别是 579.0 nm（黄 1）、577.0 nm（黄 2）、546.1 nm（绿）、435.8 nm（蓝）和 404.7 nm（紫）。使用时，需要将汞灯与镇流器串联后接入电路，通常电路闭合后需要等待 3～4 min 灯管发光才能稳定。

3. 氦氖激光器（He-Ne 激光器）

He-Ne 激光器是一种以氦和氖作为工作物质的气体激光器，是最早研制成功的气体激光器。He-Ne 激光器由于单色性好、亮度大和方向性好而得到广泛应用。He-Ne 激光器在可见光频段的发光波长为 6328 Å，输出功率一般在几毫瓦到几百毫瓦之间，能连续发光。

使用 He-Ne 激光器时要注意以下几点：①由于激光管两端工作电压较高，操作时切记不能触碰；②由于激光光波能量集中，不要让眼睛直视激光；③激光器连续使用时间一般不应超过 4 h，若长时间不使用，需确保每个月至少通一次电。

7.4 物理实验基本操作知识

科学的实验结果往往来自正确的调节、规范的操作、认真的观察和合理的分析。实验仪器的正确调节与规范操作是实验得以顺利完成，并取得准确结果的重要保障。不同的实验仪器调整和操作方法不尽相同，本章我们仅介绍一些最基本的、具有普遍意义的操作知识和电学与光学实验的一般操作规程。

一、实验基本操作知识

1. 零位调整

实验仪器的测量基准称为仪器的零位，又称为零点。仪器的零位在出厂前都会经过严格的校准,但受在使用过程中磨损、老化或使用环境变化等因素的影响,仪器的零位常常会发生变化。这就要求在使用仪器前务必对仪器的零位进行检查和校准。

力学和电磁学的实验仪器,由于结构不同,校准的方法也不同。

(1)力学仪器的零位校准。力学仪器,如米尺、螺旋测微器、游标卡尺等一般没有零位校准器。在使用此类仪器前,可以先记录测量量为零时仪器的读数,并将该读数作为零点读数,在读数中进行修正。

(2)电磁学仪器的零位校准。对于各类电磁学仪器,如电压表、电流表、万用表等,仪器本身就设计有零位校准器,使用前应首先检查当测量量为零时,仪器的指示值是否为零。若不为零,则需调节零位校准器,使仪器的指示值为零。例如:使用电流表时,可以直接将电源断开,检查此时电流表的示数是否为零,若不为零则调节零位校准器;使用万用表测电阻时,可让两个表棒直接接触,使电阻为零,然后调节零位校准器,使万用表的指示值为零。

2.水平、竖直调整

实验中,仪器的水平和竖直调节对测量结果的准确度至关重要。水平仪是最常用的水平调节仪器。在物理天平、杨氏模量测定仪和转动惯量实验仪等仪器的底座上都装有水平仪。通过调节仪器底座下方的水平调节螺钉(一般有三个螺钉,一个螺钉固定,两个螺钉可调),使水平仪内的气泡位于中心位置,此时仪器调节水平。竖直调节常采用悬锤,调节仪器使悬锤的锤尖与底座上的座尖对准即可。水平与竖直调整可相互转化。例如,在拉伸法测金属丝的杨氏模量实验中,可以通过调整底座和光杠杆的水平来确保金属丝处于竖直状态。

3.共轴调整

共轴指的是各个光学元件的光轴重合。在光学实验中,所有的光学仪器的光轴都必须与光路的主光轴重合。共轴调整一般分成粗调和细调两步。

(1)粗调。

粗调主要是采用目测的方法来调节。将各光学元件靠近光源,使各光学元件的平面相互平行,各光学元件的中心与光源的中心等高,并在同一条直线上。此时,各光学元件的光轴基本重合。

(2)细调。

细调主要是基于成像规律或借助其他光学仪器进行调节。不同的装置可能有不同的细调方法,常用的细调方法主要是位移法和二次成像法。

4.消除视差

测量离不开读数,观察者对结果的准确读数是获得正确实验结果的重要保证。使用长度测量工具时,可将待测物与测量工具紧贴,从而减小读数误差。但使用电磁学测量工具时往往很难做到这一点。例如指针式电表,表内的指针与刻度盘间的距离是固定的,无法再相互靠近。使用这类仪表时,若观察者的眼睛从不同的角度去查看读数,由于存在视差,将会得到不同的结果。为了消除视差,在读数时,人眼应垂直正视电表面板,并根据人眼相对观察基线左右小角度移动时指针与标尺刻度是否有相对运动来判断是否存在视差。

光学仪器的读数同样也存在视差问题。例如望远镜和读数显微镜,它们均通过观察物体所成的像在目镜分划板上的位置来确定读数,视差产生的原因主要是所成的像与分划板不共面。为了消除视差,需仔细调节目镜与物镜之间的距离,使像与分划板处于同一平面。具体的做法就是反复小角度移动人眼,并观察像与分划板间是否有相对运动,直至无相对运动。

5.逐次逼近调整

任何实验仪器的调节都需要经过仔细、反复的调整。逐次逼近法是指根据一定的标准,逐次缩小调整范围,使仪器达到所需状态的方法。它是一种快速且有效的调节方法。例如:在天平和电桥的实验中,利用逐次逼近法可以快速调节至平衡;在分光计实验中,利用逐次逼近法可以精准地找到分光计上的光斑。

在掌握和应用这些基本的实验操作知识的基础上,为提高实验操作的有效性,实验人员还应该养成对中间数据反复检查的习惯。一般可先对理论做定性分析,得出中间数据的变化规律,再根据该规律判断中间数据正确与否。

二、电学实验操作规程

1.注意用电安全

人体的安全电压为不高于 36 V,而常用的电网电源电压(220 V)远高于人体的安全电压,某些实验电压甚至高达几万伏。所以,在电学实验操作中,要特别注意用电安全。为防止触电,实验人员必须做到以下几点。

(1)实验前检查电源线、插头是否完好。

(2)进行电路连线前,必须先关闭电源,断开电路。实验结束后拆线路前,也必须断开电路。

(3)不用手触碰导线的接口处或高压电器的导电部分。

2.正确接线,合理布局

(1)对于比较复杂的电路,应先找出电路的主回路和各个支回路,连线时,先从电源的正极开始连接主回路,主回路连接完成后再连接支回路,并且确保每个回路连接完成后再连接下一个回路。

(2)仪器布局要合理。根据电路图中各个仪器的作用和使用方法合理布局线路,将需要经常使用和读数的仪器放在便于操作和读数的地方。

(3)各器件应预先调至安全状态。例如:初始状态下,开关要断开,分压器输出电压处于最小状态;串联的滑线变阻器接入电路的阻值应为最大值;各种电表必须根据实际情况选择合理的量程等。

3.线路的检查

电路连接完成后,一定要根据电路图反复检查,确保无误后上报教师,待教师确认后才能闭合开关。闭合开关后,还应根据各仪表的指示读数进一步判断电路是否正常,若异常,应马上断开电源,然后对电路以及各仪器的初始设置再次检查,待排除故障后再报教师。

4.仪器设备的归整

实验结束后,先将各仪器的旋钮或按键调节到安全状态,然后断开开关,实验数据报教师检查签字合格后,再拆除线路,并将所有实验仪器归类摆放整齐。

三、光学实验操作规程

光学仪器一般都比较精密,核心部件又大多数由光学玻璃(如透镜、反射镜等)制成,它们的光学性能一般较好,但机械性能和化学性能相对较差,仪器在使用时一定要严格按照规范进行操作。以下为需要重点注意的事项。

1. 光学元件的保护

(1)切忌用手触摸光学元件的玻璃表面,必须用手拿玻璃元件时,只能用手接触元件的磨砂面,如透镜的边缘。

(2)当光学元件上有灰尘时,将会严重影响其光学性能。光学元件上的灰尘要用实验室专用的干燥脱脂棉轻轻擦拭,或用气囊将灰尘吹掉。切记,不可用手擦拭或用口直接对着呼气。

(3)光学元件遇到化学物品后容易腐蚀,要防止任何溶液落在光学元件的玻璃表面。

(4)光学元件为易碎品,使用时要轻拿轻放,防止摔落。

2. 机械部件的保护

光学仪器的机械部分很精密,操作时要轻、稳。使用光学仪器时,不能超过其机械部件的可操作范围,否则将影响其精度。使用完毕后,还要将所有的定位螺钉松开。此外,不能私自拆卸光学仪器,拆卸后将很难复原,也无法保证精度。

3. 注意眼睛安全

在规范操作、保证正确使用仪器的同时,我们还要注意对眼睛的保护。一方面,光学实验中使用激光光源比较多,激光的强度大、亮度高,切不可用眼睛直视。另一方面,对于部分光学实验(如牛顿环、双棱镜测光波波长等),出现的条纹多且密集,观察时间过长容易造成用眼疲劳,实验过程中应注意眼睛的适当调整休息。

附 录

　　物理学是一门实验科学,是以实验为基础的科学。科学实验对物理学的发展起着巨大的推动作用,是检验物理学理论的唯一手段。随着实验技术的发展,物理实验不断地揭示和发现各种新事实和新规律,日益加深人们对客观世界规律的正确认识,进一步推动物理学向前发展。

　　2002 年,美国布鲁克海文国家实验室的罗伯特·克瑞丝及另一位学者在美国物理学家中做了一次调查,要求受访者推举物理学发展史上最美丽的十大经典物理实验。同年 9 月,《物理世界》杂志刊登了排名前十的最"美"实验,其中多数是我们耳熟能详的经典之作。令人惊奇的是,在物理学家眼中,用最简单的仪器和设备获得最根本、最直接、最深邃的科学现象,就是"美"。这十大最"美"的经典物理实验犹如十座历史丰碑,把人们长久的困惑一扫而空。

排名第一:电子双缝干涉实验

　　20 世纪初,德布罗意类比于光的波粒二象性,提出了微观粒子(电子、质子、中子等)也具有波粒二象性,即物质波的概念。电子双缝干涉实验清晰地展现了电子这种微观粒子与光一样具有干涉现象,直接证明了电子也具有波动性。

　　1960 年,约恩孙在铜膜上刻出了宽为 $0.3~\mu m$、缝间距为 $1~\mu m$ 的双缝,将波长为 0.05×10^{-10} m 的电子束垂直入射到双缝上,从底片上摄得了类似于光的双缝干涉图样的照片,证实了电子的波动性。实验中如果让电子一个一个地通过双缝,底片上就会出现一个一个的点,显示出电子的粒子性,但随着时间的延长,电子数目逐渐增多,便会出现与光的双缝干涉图样类似的图样,又显示出电子的波动性。因此,电子双缝干涉实验证明了物质波的存在,不仅为光及微观粒子的波粒二象性学说提供了直接的实验支持,还为量子力学的建立,特别是为量子力学波动方程的概率解释提供了实验基础。

排名第二:伽利略的自由落体实验

　　伽利略是意大利著名的物理学家,是近代实验物理学的开拓者,被誉为"近代科学之父"。16 世纪以前,古希腊最著名的思想家和哲学家亚里士多德是第一个研究物理现象的科学巨人。他的《物理学》一书是世界上最早的物理学专著。但他研究物理学时并不依靠实验,而是从原始的直接经验出发,用哲学思辨代替科学实验。亚里士多德认为,所有物体都有回到自然位置的特性,物体回到自然位置的运动就是自然运动。自由落体是典型的自然运动,按照亚里士多德的观念,物体越重,回到自然位置的倾向越大,因而在自由落体运动中,物体越重,下落越快。

　　16 世纪末,伽利略大胆地向亚里士多德的观点提出了疑问,设想了一个思想实验:将一重一轻两个物体绑在一起下落。按照亚里士多德的观点,就会出现两个自相矛盾的推论,因此亚里士多德的论断是错误的,两物体必须同时落地。伽利略利用思想实验和科学推理,巧妙地揭示了亚里士多德运动理论的内在矛盾,打开了亚里士多德运动理论的缺口,导致了物理学的真正诞生。人们还传说伽利略在比萨斜塔上做了自由落体实验,证实了亚里士多德的错误,从而向世人展示了实践才是检验真理的唯一标准。

排名第三:罗伯特·密立根的油滴实验

1897 年,英国物理学家 J. J. 汤姆孙通过测定阴极射线的荷质比,证实了电子的存在,为近代物理学的发展奠定了重要的实验基础。但电子电量的定量测量却是由美国科学家罗伯特·密立根在 1909 年完成的。密立根油滴实验设计巧妙、原理清晰、设备简单、结果准确,堪称物理实验的典范,罗伯特·密立根也因此荣获 1923 年的诺贝尔物理学奖。

他用一个香水瓶的喷头向一个透明的小盒子里喷油滴。盒子的顶部和底部分别放有一个正电极和负电极。油滴高速喷出时,与空气摩擦,就带了一些电荷。改变电极间的电压,可以调节油滴的下落速度。当去除极板间的电压时,通过测定油滴在重力作用下的速度可以得出油滴半径;加上电场后,可测出油滴在重力和电场力共同作用下的速度,并由此测出油滴得到或失去电荷后的速度变化。经过反复试验,密立根得出结论:油滴的带电量是量子化的,都是基本电荷的整数倍。

排名第四:牛顿的棱镜分解太阳光

牛顿曾致力于颜色的现象和光的本性的研究。1665 年,牛顿毕业于剑桥大学的三一学院。当时人们都认为白光是一种没有其他颜色的纯光,而有色光是一种不知何故发生变化的光(亚里士多德的理论)。

1665—1667 年在家休假期间,牛顿利用三棱镜开展了著名的光的色散实验。他发现太阳光能被三棱镜分解成几种不同颜色的光谱带。进一步,他又用一块挡光板挡住其他颜色的光,只让一种颜色的光通过第二个三棱镜,结果出来的光的颜色没有改变。牛顿还发现几种不同颜色的光能合成白光,同时他还计算出了不同颜色的光的折射率。牛顿终于揭开了颜色的奥秘,也为光的色散理论奠定了基础,同时还开创了光谱学研究。牛顿在研究论文中写道:"颜色不像一般所认为的那样是从自然物体的折射或反射中所导出的光的性能,而是一种原始的、天生的性质。""通常的白光确实是几种不同颜色的光线的混合,光谱的伸长是由于玻璃对这些不同的光线折射本领不同。"

排名第五:托马斯·杨的光的干涉实验

17 世纪,随着光学仪器的快速发展,科学家对光的本性有了进一步的认识,并形成了两种截然不同的观点:以牛顿为代表的微粒说和以惠更斯为代表的波动说。由于牛顿在自然科学上的伟大贡献和巨大声望,光的微粒说占据上风并持续了近百年。

1801 年,英国科学家托马斯·杨向光的微粒说发起了挑战。他发表论文《关于声和光的实验》,指出光的微粒说存在两个缺点,并通过光的干涉实验证明光具有波动性。他在百叶窗上开了一个小洞,用厚纸片盖住小洞后在纸片上戳一个很小的洞,用一面镜子反射透过小洞的光线,然后用厚约 1/30 英寸的纸片将这束光从中间分成两束,结果看到了相交的光线和阴影。实验现象说明两束光线可以像波一样发生干涉。托马斯·杨以光的波动性解释了实验现象,并提出光波的叠加原理。因此,杨氏双缝干涉实验成为历史上最先为光的波动性提供证据的一个决定性的实验。

杨氏双缝干涉实验的意义是十分重大的,人们至今仍能从中提取出很多重要概念和新的认识。爱因斯坦指出:光的波动说的成功,在牛顿物理学体系上打开了第一道缺口,揭开了现今所谓的场物理学的第一章。这个实验也为一个世纪后量子学说的创立起到了至关重要的作用。

排名第六:卡文迪许扭秤实验

1687 年,牛顿在《自然哲学的数学原理》中指出:任意两个物体之间存在一种吸引力,该吸引力的大小与它们质量的乘积成正比,与它们距离的平方成反比。此即万有引力定律。但是牛顿在推出万有引力定律时,没能给出引力常量 G 的具体值。

18 世纪末,英国科学家亨利·卡文迪许收到地理学家约翰·米歇尔临终前赠予的扭秤装置。他经过多年不断摸索、艰苦研究,终于在 1798 年完成了著名的卡文迪许扭秤实验。他将两端带有同质量小球的长轻杆用金属线悬挂起来,金属线上固定一个小平面镜,然后在两个小球的旁边放置两个同质量大球。在大球的引力作用下,小球会向大球移动,使长轻杆产生微小的偏转,带动金属线和小平面镜扭转。此时,入射到小平面镜的光与小平面镜的夹角会发生微小的改变,测量得到旋转角度后,可以计算大球与小球间的引力大小,间接测量得到万有引力常数 G。卡文迪许的测量结果非常精确,与用现代仪器测量得到的结果相比,误差不到 1%。这是相当了不起的成就。

卡文迪许扭秤实验是物理学史上的经典实验之一,证实了万有引力的存在及万有引力定律的正确性,使地球以及其他天体的质量、密度等物理量的测算成为可能,在天体力学、天文观测学、地球物理学中具有重要的实际意义。因此,卡文迪许被称为第一个称量地球质量的人。

排名第七:埃拉托色尼测量地球圆周

博学家埃拉托色尼(约公元前 276—前 194)兴趣广泛,博学多才,在天文学、地理、音乐、数学、哲学和诗歌等领域都作出了重要贡献,是古代仅次于亚里士多德的百科全书式的学者。埃拉托色尼在他的著作《地球大小的修正》里介绍了精确测量地球圆周长度的科学方法,并通过实验测量得到了地球周长的数据。

假设地球是一个球体,那么同一时刻在地球上的不同地方,太阳照射的光线与地平面的夹角是不一样的。根据几何原理,只要在同一时刻测出两个不同位置上光线与地面的夹角,以及这两个位置之间的距离,就可以计算得到地球的周长。埃拉托色尼听说古埃及的一个名叫塞恩(今阿斯旺)的小镇上,夏至正午的太阳悬在头顶,物体没有影子,光线可以直射到井底。他意识到夏至正午的太阳光线正好垂直于塞恩的地面,塞恩可以作为测量地球周长的一个参考点。他测量了与塞恩在同一条经线上的城市亚历山大(埃拉托色尼假设亚历山大位于阿斯旺的正北方)与塞恩之间的距离,然后在夏至正午测量了亚历山大城中垂直杆的杆长和影长,发现太阳光线与垂直方向大约成 7°角,计算得到地球周长约 4 000 km。埃拉托色尼测量得到的数值与用现代仪器测量得到的结果相差无几,误差在 5% 以内,是古希腊理性科学的伟大胜利。

排名第八：伽利略的加速度实验

伽利略利用理想实验和科学推理巧妙地否定了亚里士多德的自由落体运动理论，那么自由落体运动到底应该遵循怎样的运动规律呢？1638年，伽利略发表著作《关于两门新科学的对话》，详细介绍了他完成运动实验的过程和结果，反驳了亚里士多德所说的"力是维持运动的原因"，证明力是改变运动状态的原因。

受测量条件的限制，伽利略无法直接测量自由落体物体的运动速度。他另辟蹊径，设想用斜面来"放慢"运动，并将自由落体运动视为倾角为90°的斜面运动。为此，他制作了一个6 m多长、3 m多宽的光滑直木板槽，固定木板槽后，将一个铜球从木板槽的顶端沿斜面滚下，测量铜球每次滚下的时间和距离。经过数学计算和推理，实验结果表明铜球滚过的路程和时间的平方成正比。伽利略在实验过程中还发现，将摩擦减小到可以忽略的程度，铜球从一斜面滚下之后可以滚上另一斜面，达到和出发点相同的高度，而与斜面的倾角无关。如果第二个斜面水平放置并无限延长，则铜球会一直运动下去。这实际上就是我们现在所说的惯性运动，伽利略的运动实验为牛顿建立牛顿运动定律奠定了基础。

伽利略把真实实验和理想实验相结合，把经验和理性（包括数学论证）相结合的方法，不仅对物理学，而且对整个近代自然科学都产生了深远的影响。爱因斯坦曾说："人的思维创造出一直在改变的宇宙图像，伽利略对科学的贡献就在于毁灭直觉的观点而用新的观点来代替它。这就是伽利略的发现的重要意义"。

排名第九：卢瑟福散射与原子的有核模型

1897年，J. J. 汤姆孙发现了电子，但整个原子不显电性，汤姆孙认为正电荷均匀分布在原子中，而电子镶嵌在原子上，建立了原子结构的"葡萄干布丁"模型。汤姆孙的学生卢瑟福为了证明该模型的正确性，在1909至1911年间设计并完成了著名的α粒子散射实验。

他用一束α射线轰击厚度为4 μm的金箔，通过探测器发现绝大多数α粒子穿过金箔后沿原来的方向前进，少数α粒子发生了较大的偏转，有极少数α粒子偏转的角度超过了90°，还有个别粒子的偏转角度几乎达到了180°。卢瑟福对实验结果非常惊讶："这是我一生中从未有的最难以置信的事，它好比你对一张纸发射出一发炮弹，结果被反弹回来而打到自己身上。"为了解释实验结果，卢瑟福经过反复思考和计算证明后，在1911年提出了原子核式结构：在原子的中心有一个很小的原子核，原子的全部正电荷和几乎全部质量都集中在原子核内，带负电的电子则在原子核的周围沿不同的轨道运转，就像行星环绕太阳运转一样。所以，这种模型也被形象地称为"太阳系模型"或"行星模型"。

α粒子散射实验一举将原子结构的研究引上了正确的轨道，开创了研究原子结构的先河，为建立现代原子核理论打下了基础，是具有里程碑性质的重要实验，因此卢瑟福也被誉为"原子核物理之父"。

排名第十：米歇尔·傅科钟摆实验

法国著名物理学家傅科根据哥白尼提出的地球自转理论，指出在除地球赤道以外的其他地方，单摆的振动面会发生旋转。1851年，他当众在法国巴黎先贤祠最高的圆顶下做了一次摆动实验。他将一个重28 kg、直径约0.3 m的摆锤通过长67 m的钢丝悬挂在先贤祠圆顶的中央，使摆锤可以在任何方向自由摆动,摆锤下方是直径为 6 m 的沙盘,可以显示摆尖运动的轨迹。由于摆锤惯性很大,运动时动量大、摆动时间长,可以忽略地球自转影响而自行摆动,因此,如果地球没有自转,则摆的振动面将保持不变;如果地球在不停地自转,则摆的振动面在地球上的人看来将发生转动。实验开始后,观众亲眼看到摆尖在沙盘中画出的轨迹逐渐偏移,且轨迹在沿顺时针方向缓慢转动。许多教徒目瞪口呆,有人甚至在久久凝视以后说:"确实觉得自己脚底下的地球在转动!"分析实验现象,摆锤并没有受到垂直于振动面的外力的作用,导致摆动方向变化的原因是地球绕着地轴沿着逆时针方向转动,从而有力地证明了地球在自转。

傅科建造的这一实验装置被后人称为傅科摆,是人类第一次用来验证地球自转的实验装置。该装置可以显示由于地球自转而产生科里奥利力的作用效应,也就是傅科摆振动平面绕铅垂线发生偏转的现象,即傅科效应。

附录 B　百年诺贝尔物理学奖与物理实验

一、诺贝尔与诺贝尔奖

阿尔弗雷德·伯纳德·诺贝尔(1833—1896,见图 B.1)是瑞典著名的化学家、工程师、发明家、实业家和军工装备生产商。他最为世人所知的成就便是硝化甘油炸药的发明。作为世界科学史上伟大的科学家之一,他不仅把自己的毕生精力全部贡献给了科学事业,并且将自己的全部遗产用以奖励向科学的高峰努力攀登的后人。今天,以他的名字命名的诺贝尔奖,已经成为举世瞩目的最高科学大奖,被公认为是全球最具权威的、最崇高的综合性科学奖项。

图 B.1　诺贝尔

1833 年,诺贝尔出生于斯德哥尔摩。他一生辗转多国,甚至大部分时间都在国外生活,但从未放弃瑞典国籍。他一直致力于炸药的研究,最终成功发明硝化甘油引爆剂、硝化甘油固体炸药和胶状炸药等,被誉为"炸药大王"。同时,他积极进行工业实践,一生的发明极多,获得的专利高达 355 种,其中仅炸药就达 129 种。他曾有主要生产军火的博福斯军工厂,还曾拥有一座钢铁厂,积累了巨额财富。

1896 年 12 月 10 日,诺贝尔在意大利的圣雷莫逝世。逝世的前一年,他立嘱将其遗产的大部分(约 920 万美元)作为基金,以其利息分设物理学、化学、生理学或医学、文学及和平 5 种奖金(1968 年起增设经济学奖金),授予世界各国和地区在这些领域对人类做出重大贡献的人。

下面是遗嘱的译文:

我,签名人阿尔弗雷德·伯纳德·诺贝尔,经过郑重的考虑后特此宣布,下文是关于处理我死后所留下的财产的遗嘱:

在此我要求遗嘱执行人以如下方式处置我可以兑换的剩余财产:将上述财产兑换成现金,然后进行安全可靠的投资;以这份资金成立一个基金会,将基金所产生的利息每年奖给在前一年中为人类做出杰出贡献的人。将此利息划分为五等份,分配如下:

一份奖给在物理界有最重大的发现或发明的人；

一份奖给在化学上有最重大的发现或改进的人；

一份奖给在生理学或医学界有最重大的发现的人；

一份奖给在文学界创作出具有理想倾向的最佳作品的人；

最后一份奖给为促进民族团结友好、取消或裁减常备军队以及为和平会议的组织和宣传尽到最大努力或做出最大贡献的人。

物理奖和化学奖由斯德哥尔摩瑞典皇家科学院颁发；生理学或医学奖由斯德哥尔摩卡罗林斯卡学院颁发；文学奖由瑞典文学院颁发；和平奖由挪威议会选举产生的五人委员会颁发。

对于获奖候选人的国籍不予任何考虑，也就是说，不管他或她是不是斯堪的纳维亚人，谁最符合条件谁就应该获得奖金，我在此声明，这样授予奖金是我的迫切愿望……

这是我唯一有效的遗嘱。在我死后，若发现以前任何有关财产处置的遗嘱，一概作废。

1900 年 6 月瑞典政府批准设置了诺贝尔基金会，并由议会通过了《颁发诺贝尔奖金章程》。在 1901 年 12 月 10 日诺贝尔逝世 5 周年纪念日，首次颁发诺贝尔奖。自此以后，除因战时中断外，每年的这一天分别在瑞典首都斯德哥尔摩和挪威首都奥斯陆举行隆重授奖仪式。1968 年瑞典中央银行在银行成立 300 周年之际，为纪念诺贝尔，出资增设了诺贝尔经济学奖，授予在经济科学研究领域做出重大贡献的人，并于 1969 年开始与其他 5 个奖项同时颁发。

在诺贝尔一生所从事的科学研究中，化学是他涉足最多的领域，其次便是物理学，因此他很清楚研究化学和物理学的重要性，特意为化学和物理学各设一奖。对于生理学和医学，他一直很关注，但他的精力已不足以更多地研究它，对此他一直感到很遗憾，所以他决定设立生理学或医学奖来促进医学事业的发展，以弥补他生前的遗憾。虽然诺贝尔不是文学家，但在繁忙的工作生活中阅读一些文学名著曾是他主要的消遣。完全出于对文学的热爱，他决定设置文学奖，鼓励更多优秀文学著作的出现。

诺贝尔奖包括金质奖章（见图 B.2）、证书和奖金支票。诺贝尔奖的金质奖章重约半镑，内含 23K 黄金，奖章直径约为 6.5 cm。奖章正面是诺贝尔的浮雕像，而不同奖项的奖章背面的设计并不相同。诺贝尔奖的颁奖仪式庄重而简朴，其中男士要穿燕尾服或民族服装，女士要穿严肃的晚礼服，以表示对知识的尊重。

图 B.2　诺贝尔奖金质奖章

虽然根据诺贝尔的遗嘱，在评选的整个过程中，获奖人不受国籍、民族、意识形态和宗教的影响，评选的唯一标准是成就的大小，但是依然有人指出，诺贝尔奖特别是和平奖在评选过程中有时仍受政治等因素的影响。

根据诺贝尔的遗嘱，物理学奖和化学奖由瑞典皇家科学院评定，生理学或医学奖由瑞典卡罗林斯卡学院评定,文学奖由瑞典文学院评定,和平奖由挪威诺贝尔委员会选出。后来瑞典中央银行增设的经济学奖则由瑞典皇家科学院评定,但由瑞典中央银行提供奖金。诺贝尔奖的每个授奖单位设有一个每三年一届、由五人组成的委员会负责评选工作。

诺贝尔奖评选的第一步是推荐候选人。推荐者必须满足一定的资格:前诺贝尔奖获得者,诺贝尔奖评委会委员,诺贝尔奖评委会特邀教授,特别指定的大学教授,有代表性的作家协会主席(文学奖),某些国际性会议和组织的成员(和平奖)以及各国议会议员和内阁成员(和平奖)。任何推荐者都不能推荐自己为候选者。各国政府无权干涉诺贝尔奖的评选工作,不能表示支持或反对被推荐的候选人。

诺贝尔奖评选的大致流程和时间节点如下。

(1)每年9月至次年1月31日,接收各项诺贝尔奖候选人的材料。通常每年推荐的候选人有1 000~2 000人。

(2)2月1日起,各项诺贝尔奖评委会对推荐的候选人进行筛选、审定,工作情况严加保密。到9月份时,各领域的获奖人已基本确定,然后由评委会召开大会正式决定。

(3)10月中旬,选出本年度诺贝尔奖获得者。选举结果揭晓,立即公布和通知诺贝尔奖获得者。

(4)12月10日是诺贝尔逝世纪念日,这天分别在斯德哥尔摩和奥斯陆(和平奖)隆重举行诺贝尔奖颁发仪式。

为了保证不受干扰,诺贝尔奖评选的全过程都是保密的,而且没有复议。在发布最后结果时,也只有获奖者的姓名和简要理由。50年内都不得向外界公开有关评选的记录和候选人信息等材料,即使过了这一时限,也只有研究诺贝尔奖的专业人员可以查阅。

诺贝尔奖已经颁发120多年了,其影响已远远超越了国家和地区的限制,为全世界的科学进步和社会发展做出了重大贡献。诺贝尔视金钱、名利为无物,一生质朴,无欲无求。他的一生都在为人类进步而努力,比起他的巨额财富,他的精神更是难以估量的。

二、百年诺贝尔物理学奖

在诺贝尔奖已走过的100多年里,作为最基本的自然科学,物理学经历着学科的革命与随之而来的无数伟大思想的碰撞,尤其是20世纪,甚至被称为"物理世纪"。自1901年到2000年的100年中,受到世界大战和经济大萧条的影响,有6届诺贝尔物理学奖(1916,1931,1934,1940,1941和1942)没有颁发,所以物理学奖实际上只颁发了94届,共有162人次、161位科学家获得过诺贝尔物理学奖。其中,唯一两次获得诺贝尔物理学奖的科学家是美国物理学家巴丁。此外,在这100年中,杨振宁、李政道、丁肇中、朱棣文和崔琦是五位获得诺贝尔物理学奖的炎黄子孙。

已颁发的诺贝尔物理学奖包括物理学的许多重大研究成果,遍及现代物理学发展的轨迹。现代科学革命开始于1895年X射线的发现,它以物理学的时空观、物质观、方法论和相互作用论的根本变革为中心,发展成熟于20世纪。物理学中的微观物质组成理论、相对论和量子力学推动了化学领域分子轨道理论和现代价键理论的诞生;天体物理学和恒星演化理论是核物理和相对论在宏观尺度上应用的结果;以DNA双螺旋结构的发现为基础的分子生物学大多也是一些物理学家创立的;当今高速发展的信息科学技术,更是电磁理论与固体物理相结合的产物。

可以说,诺贝尔物理学奖是过去物理学伟大成就的缩影,也折射出了现代物理学的发展脉络;也可以说,诺贝尔物理学奖的颁发对人类科学进步具有举足轻重的标志作用,体现了物理学最新成果的社会价值和历史价值。

三、物理实验与百年诺贝尔物理学奖

万众瞩目的诺贝尔奖不仅代表着巨额的财富,而且是某领域的最高荣誉之一。它代表着一种权威,代表着该领域发展的主流方向,获得诺贝尔奖是很多科研学者一生的追求。

物理实验既是理论物理学家立论的基础,是检验新理论正确性的标准,又是新技术出现的主要生长点。如果说物理学是一座大厦,那么物理实验就是其脊梁,正是物理实验这坚实的支柱使得物理学这门自然科学突飞猛进地发展。从诺贝尔物理学奖的获奖情况就能充分体现出物理学发展的动向及其发展的程度,由此也可以反映出物理实验在物理学发展中的重要作用。1901—2000 年这 100 年间诺贝尔物理学奖的获得者中,只有 50 位是理论物理学家,而剩下的 111 位都是实验物理学家或技术物理学家,这不但说明现代物理的本质是实验,还说明了现代科学革命是以实验的事实冲破经典科学理论体系为开端的。

许多诺贝尔物理学奖获得者在其科学研究中无不是做了大量的实验来证明其理论的可行性的。在长长的历届诺贝尔物理学奖获得者名单中,发现 X 射线的实验物理学家伦琴(见图 B.3、图 B.4)排在首位。X 射线的发现震撼了 19 世纪末陷入困境的经典物理理论,几天之内全世界的刊物纷纷以头条消息将其传遍各个角落。因此,伦琴才能在群雄并立的物理学界获得这个桂冠。

图 B.3　伦琴

图 B.4　伦琴的实验室

科学发展要想取得重大进展应当打破过去只着眼于从纯科学突破的观点,应认识到技术基础知识也是科学进步的重要源泉。2000 年正逢诺贝尔奖 100 年,全世界都在关注这一年诺贝尔奖的颁发。这一年,诺贝尔物理学奖评选委员会选中了异质结构半导体的发明者俄国的阿尔费罗夫(见图 B.5)和美国的克勒默(见图 B.6)、集成电路的发明者美国的基尔比(见图 B.7),给予了实验物理学家以"物理世纪"最后的最高荣誉,也为百年诺贝尔物理学奖画上了圆满句号。奖金中的一半给了俄罗斯的阿尔费罗夫和美国的克勒默,奖励他们在半导体异质结构研究方面的开创性工作;另一半给了美国的基尔比,奖励他在发明集成电路中所做的贡献。

之所以把 20 世纪最后一项诺贝尔物理学奖授予信息技术科学领域里的科学家,是因为信

图 B.5　阿尔费罗夫

图 B.6　克勒默

图 B.7　基尔比

息科学和信息技术对人类社会的发展产生了巨大影响。在半个世纪内,以晶体管和集成电路为基础的计算机产业,把人类社会带入了信息时代。现代信息和通信技术是把工业社会改变成以信息与知识为基础的社会推动力,其重要性可与书籍的印刷术相比拟,但前者传播得要快得多,其影响在几十年间就可以见效,而书籍则要历经数百年。我们很难找到有哪个领域,其最重要的发现和发明以及发现者和发明者能在如此之短的时间里改变社会和世界经济。仅仅十年时间,个人计算机就普及人类社会的各个角落——家庭、办公室、学校、工厂、医院等。互联网把全世界联系到了一起,移动电话和高速光纤宽频网络在几年的时间里迅速覆盖全球,加速了"地球村"的形成。电子革命催生出新经济——电子经济,伴随而来的是电子商务、电子邮件等,似乎什么都要跟电子发生联系。

　　虽然,技术往往是一点一点地进步,甚至还会因商业秘密而被隐藏起来,但是所有人都不会否认的是,最近几十年的变革是由微电子学领域的发展推动的,这些发展反过来又需要以许多领域的进步为支撑,而这些领域大多数和物理学息息相关。例如,半导体材料的提纯、新型信息存储介质、单芯片上组件的集成以及半导体激光器等,这些不过是与微电子学相关的许多领域中的一小部分,而微电子学则是半导体物理学衍生出来的一门应用学科。

附录 C　中华人民共和国法定计量单位

　　我国的法定计量单位包括:
　　(1)国际单位制的基本单位(见表 C.1);
　　(2)国际单位制的辅助单位(见表 C.2);
　　(3)国际单位制中具有专门名称的导出单位(见表 C.3);
　　(4)国家选定的非国际单位制单位(见表 C.4);
　　(5)由以上形式构成的组合形式的单位;
　　(6)由词头和以上单位所构成的十进倍数和分数单位(见表 C.5)。

表 C.1 国际单位制的基本单位

量的名称	单位名称	单位符号
长度	米	m
质量	千克,(公斤)	kg
时间	秒	s
电流	安[培]	A
热力学温度	开[尔文]	K
物质的量	摩[尔]	mol
发光强度	坎[德拉]	cd

表 C.2 国际单位制的辅助单位

量的名称	单位名称	单位符号
[平面]角	弧度	rad
立体角	球面度	sr

表 C.3 国际单位制中具有专门名称的导出单位

量的名称	单位名称	单位符号	其他表示式例
频率	赫[兹]	Hz	s^{-1}
力	牛[顿]	N	$kg \cdot m/s^2$
压力,压强,应力	帕[斯卡]	Pa	N/m^2
能[量],功,热量	焦[耳]	J	$N \cdot m$
功率,辐[射能]通量	瓦[特]	W	J/s
电荷[量]	库[仑]	C	$A \cdot s$
电压,电动势,电位,(电势)	伏[特]	V	W/A
电容	法[拉]	F	C/V
电阻	欧[姆]	Ω	V/A
电导	西[门子]	S	Ω^{-1}
磁通[量]	韦[伯]	Wb	$V \cdot s$
磁通[量]密度,磁感应强度	特[斯拉]	T	Wb/m^2
电感	亨[利]	H	Wb/A
摄氏温度	摄氏度	℃	
光通量	流[明]	lm	$cd \cdot sr$
[光]照度	勒[克斯]	lx	lm/m^2
[放射性]活度	贝可[勒尔]	Bq	s^{-1}
吸收剂量,比授[予]能,比释动能	戈[瑞]	Gy	J/kg
剂量当量	希[沃特]	Sv	J/kg

表 C.4　国家选定的非国际单位制单位

量的名称	单位名称	单位符号	换算关系和说明
时间	分	min	1 min＝60 s
	［小］时	h	1 h＝60 min＝3 600 s
	日,(天)	d	1 d＝24 h＝86 400 s
［平面］角	［角］秒	″	$1''＝(\pi/648\ 000)$ rad(π 为圆周率)
	［角］分	′	$1'＝60''＝(\pi/10\ 800)$ rad
	度	°	$1°＝60'＝(\pi/180)$ rad
转速	转每分	r/min	$1\ r/min＝(1/60)s^{-1}$
长度	海里	nmile	1 n mile＝1 852 m(只用于航程)
速度	节	kn	1 kn＝1 n mile/h＝(1 852/3 600) m/s (只用于航行)
质量	吨	t	$1\ t＝10^3$ kg
	原子质量单位	u	$1\ u≈1.660\ 540×10^{-27}$ kg
体积	升	L,(l)	$1\ L＝1\ dm^3＝10^{-3}\ m^3$
能	电子伏	eV	$1\ eV≈1.602\ 177×10^{-19}$ J
级差	分贝	dB	
线密度	特［克斯］	tex	1 tex＝1 g/km
面积	公顷	hm^2	$1\ hm^2＝10^4\ m^2$

表 C.5　用于构成十进倍数和分数单位的词头

所表示的因数	词头名称	词头符号
10^{24}	尧［它］	Y
10^{21}	泽［它］	Z
10^{18}	艾［可萨］	E
10^{15}	拍［它］	P
10^{12}	太［拉］	T
10^{9}	吉［咖］	G
10^{6}	兆	M
10^{3}	千	k
10^{2}	百	h
10^{1}	十	da
10^{-1}	分	d
10^{-2}	厘	c
10^{-3}	毫	m
10^{-6}	微	μ

所表示的因数	词头名称	词头符号
10^{-9}	纳[诺]	n
10^{-12}	皮[可]	p
10^{-15}	飞[母托]	f
10^{-18}	阿[托]	a
10^{-21}	仄[普托]	z
10^{-24}	幺[科托]	y

附录 D 一些常用的物理量数据表

一些常用的物理量数据表如表 D.1～表 D.5 所示。

表 D.1 基本物理常数国际推荐值

物理量	符号	数值	单位
真空中光速	c	$2.997\ 924\ 58\times10^{8}$	$m\cdot s^{-1}$
真空磁导率	μ_0	$1.256\ 637\ 061\ 4$	$H\cdot m^{-1}$
真空电容率	ε_0	$8.854\ 187\ 8171\times10^{-12}$	$F\cdot m^{-1}$
引力常数	G	$6.674\ 28\times10^{-11}$	$m^3\cdot kg^{-1}\cdot s^{-2}$
普朗克常量	h	$6.626\ 068\ 96\times10^{-34}$	$J\cdot s$
基本电荷	e	$1.602\ 176\ 487\times10^{-19}$	C
精细结构常数	α	$7.297\ 352\ 54\times10^{-3}$	
里德伯常量	R_∞	$1.097\ 373\ 156\ 9\times10^{7}$	m^{-1}
玻尔半径	a_0	$5.291\ 772\ 086\times10^{-11}$	m
电子静止质量	m_e	$9.109\ 382\ 15\times10^{-31}$	kg
质子静止质量	m_p	$1.672\ 621\ 67\times10^{-27}$	kg
中子静止质量	m_n	$1.674\ 927\ 21\times10^{-27}$	kg
阿伏伽德罗常量	N_A	$6.022\ 141\ 79\times10^{23}$	mol^{-1}
法拉第常量	F	$9.648\ 533\ 99\times10^{4}$	$C\cdot mol^{-1}$
摩尔气体常量	R	$8.314\ 472$	$J\cdot mol^{-1}\cdot K^{-1}$
玻耳兹曼常量	k	$1.380\ 650\ 4\times10^{-23}$	$J\cdot K^{-1}$

注:根据国际数据委员会 2006 年的资料。

表 D.2 在海平面上不同纬度处的重力加速度

纬度/(°)	$g/(m\cdot s^{-2})$	纬度/(°)	$g/(m\cdot s^{-2})$
0	9.780 49	5	9.780 88

纬度/(°)	g/(m·s⁻²)	纬度/(°)	g/(m·s⁻²)
10	9.782 04	55	9.815 15
15	9.783 94	60	9.819 24
20	9.786 52	65	9.822 94
25	9.789 69	70	9.826 14
30	9.793 38	75	9.828 73
35	9.797 46	80	9.830 65
40	9.801 80	85	9.831 82
45	9.806 29	90	9.832 21
50	9.810 79		

表 D.3　在 20 ℃ 时常用固体和液体的密度

物质	密度/(kg·m⁻³)	物质	密度/(kg·m⁻³)
铝	2 698.9	水晶玻璃	2 900~3 000
铜	8 960	窗玻璃	2 400~2 700
铁	7 874	冰(0 ℃)	800~920
银	10 500	甲醇	792
金	19 320	乙醇	789.4
钨	19 300	乙醚	714
铂	21 450	汽车用汽油	710~720
铅	11 350	氟利昂-12 (氟氯烷-12)	1 329
锡	7 298	变压器油	840~890
水银	13 546.2	甘油	1 260
钢	7 600~7 900	蜂蜜	1 435
石英	2 500~2 800		

表 D.4　在常温下某些物质相对于空气的光的折射率

物质	Hₐ线(656.3 nm)	D 线(589.3 nm)	H_β线(486.1 nm)
水(18 ℃)	1.331 4	1.333 2	1.337 3
乙醇(18 ℃)	1.360 9	1.362 5	1.366 5
二硫化碳(18 ℃)	1.619 9	1.629 1	1.654 1
冕玻璃(轻)	1.512 7	1.515 3	1.521 4
冕玻璃(重)	1.612 6	1.615 2	1.621 3
燧石玻璃(轻)	1.603 8	1.608 5	1.620 0

物质	H_α 线(656.3 nm)	D 线(589.3 nm)	H_β 线(486.1 nm)
燧石玻璃(重)	1.743 4	1.751 5	1.772 3
方解石(寻常光)	1.654 5	1.658 5	1.667 9
方解石(非常光)	1.484 6	1.486 4	1.490 8
水晶(寻常光)	1.541 8	1.544 2	1.549 6
水晶(非常光)	1.550 9	1.553 3	1.558 9

表 D.5　常用光源的谱线波长 λ　　　　　　单位:nm

光源	H(氢)	He(氦)	Ne(氖)	Na(钠)	Hg(汞)	He-Ne 激光
谱线波长	656.28 红	706.52 红	650.65 红	589.592 黄 D_1	623.44 橙	632.8 橙
	484.13 绿蓝	667.82 红	640.23 橙	588.995 黄 D_2	579.07 黄	
	434.05 蓝	587.56 黄	638.30 橙		576.96 黄	
	410.17 蓝紫	501.57 绿	626.65 橙		546.07 绿	
	397.01 蓝紫	492.19 绿蓝	621.73 橙		491.60 绿蓝	
		471.31 蓝	614.31 橙		453.83 蓝	
		447.15 蓝	588.19 黄		407.73 蓝紫	
		402.62 蓝紫	585.25 黄		404.66 蓝	
		388.87 蓝紫				

参 考 文 献

[1] 吕斯骅,段家忯.新编基础物理实验[M].北京:高等教育出版社,2006.

[2] 董传华.大学物理实验[M].2版.上海:上海大学出版社,2003.

[3] 盛骤,谢式千,潘承毅.概率论与数理统计[M].北京:高等教育出版社,2008.

[4] 费业泰.误差理论与数据处理[M].5版.北京:机械工业出版社,2005.

[5] 张兆奎,缪连元,张立.大学物理实验[M].2版.北京:高等教育出版社,2001.

[6] 李学慧.大学物理实验[M].北京:高等教育出版社,2005.

[7] 肖明,肖飞.普通物理实验教程[M].北京:科学出版社,2011.

[8] 王筠.近代物理实验教程[M].武汉:华中科技大学出版社,2018.

[9] 王筠.光电信息技术综合实验教程[M].武汉:华中科技大学出版社,2018.

[10] 胡波,罗春霞.大学物理实验教程[M].武汉:华中科技大学出版社,2024.

[11] 王筠,祁红艳.大学物理实验教程[M].武汉:华中科技大学出版社,2023.